水电厂生产人员技术问答丛书

2015年版

水电厂运行技术问答

中国长江电力股份有限公司　陈国庆　谢　刚　吴丹清　编

长沙电力学校　李启荣　审

U0748692

中国电力出版社
CHINA ELECTRIC POWER PRESS

内容提要

本书是《水电厂生产人员技术问答丛书》之一。

本书内容强调以操作技能为主，基本训练为重点，及基本操作技能的通用性和规范性。

本书以问答的形式全面、详尽的介绍了水电厂的各个运行环节及操作技术。全书共分五章：第一章自动控制基础知识；第二章专业基础知识；第三章运行操作基本知识及技能；第四章事故处理；第五章规程及法规。

本书可供水电厂的运行技术人员及维修技术人员阅读，也可供从事水电厂建设的技术人员参考。

图书在版编目(CIP)数据

水电厂运行技术问答/陈国庆，谢刚，吴丹清编. 北京：中国电力出版社，2005.3（2018.9重印）

（水电厂生产人员技术问答丛书）

ISBN 978-7-5083-2541-5/02

Ⅰ. 水…　Ⅱ.①陈…②谢…③吴…　Ⅲ. 水力发电厂 – 运行 – 问答　Ⅳ. TV73 – 44

中国版本图书馆 CIP 数据核字（2004）第 113238 号

中国电力出版社出版、发行

（北京市东城区北京站西街19号　100005　http://www.cepp.sgcc.com.cn）

北京雁林吉兆印刷有限公司印刷

各地新华书店经售

*

2005 年 3 月第一版　2018 年 9 月北京第八次印刷

850 毫米×1168 毫米　32 开本　13.25 印张　328 千字

印数 14001—15000 册　定价 55.00 元

目　录

4

8

18

21

第五章　规程及法规部分 ··········· 359

第一章 自动控制基础知识

1. 解释 RTU 的含义。

答：RTU 是 REMOTE TERMINAL UNIT 的英文缩写，意思是远程终端设备。

2. ROM 和 RAM 各是什么意思？

答：ROM 是只读存储器的英文缩写；RAM 是随机存储器的英文缩写。

3. ROM 和 RAM 各有何特点和用途？

答：ROM 为只读存储器，用以存放固定的程序和数据。RAM 为既可写入又可读出的存储器，用以随时写入或读出数据。

4. 什么是单片机？

答：单片机就是由一块组件独立构成的微型计算机，即在一块芯片上集成了 CPU、RAM、ROM、定时器和多种 I/O 接口等一台完整微型计算机的全部基本单元。

5. 可编程控制器（PLC）的基本功能与特点是什么？

答：可编程控制器的基本功能有：

（1）逻辑控制功能。就是位处理功能，如"与"、"或"、"非"等。

（2）定时控制功能。类似常规时间继电器的定时器等。

（3）计数控制功能。PLC 提供许多计数器。

（4）步进控制功能。PLC 提供若干移位寄存器，在一道工序完成后，在转换条件控制下，自动进行下道工序。

（5）数据处理功能。可完成数据运算、传送、转换等操作。

（6）回路控制功能。具有 A/D、D/A 转换功能。

（7）通信联网功能。可实现远程 I/O 控制及 PLC 与计算机连网等。

（8）监控功能。PLC 能在线监测运行状态，在线调整 PLC 内部定时器、计数器的设定值和当前值等，是 PLC 现场调试的重要工具。

（9）停电记忆功能和故障诊断功能。

PLC 的特点是：灵活通用，安全可靠，环境适应性好，使用方便、维护简单，速度较慢、价格较高。

6. 计算机有哪 3 大总线?

答：有地址、数据和控制 3 大总线。

7. 实时系统的特点是什么?

答：实时系统的特点是可靠性高、实时性好、有较完善的输入输出指令。

8. 水电厂采用的计算机监控方式有哪 3 种?

答：水电厂有如下 3 种计算机监控方式：

（1）计算机辅助监控方式（CASC）。

（2）以计算机为基础的监控方式（CBSC）。

（3）计算机与常规装置双重监控方式（CCSC）。

9. 水电厂常用的计算机监控系统有哪 3 种结构?

答：水电厂有如下 3 种计算机监控系统：

（1）集中监控系统。

（2）分散监控系统。

（3）分层分布处理监控系统。

10. 什么是水电厂监控系统中事故追忆功能?

答：在水电厂监控系统中，一般都有事故追忆功能。它是指监控装置在发生事故后，不仅能记录事故后的一段时间内的重要数据，而且还能记录事故前的一段时间内的重要数据。

11. 计算机操作系统有哪些主要管理功能?

答：计算机操作系统有如下 5 种管理功能：

（1）处理机管理。

（2）存储管理。

（3）设备管理。

（4）信息（文件）管理。

（5）作业的调度管理。

12. 自动发电控制程序（AGC）的基本功能有哪些？

答：自动发电机控制程序的基本功能如下：

（1）按负荷曲线方式控制全厂有功功率和系统频率。

（2）按给定负荷方式控制全厂总有功功率。

（3）在确定的运行水头和出力时，使机组按最优运行方式组合运行。

（4）在确定的运行水头和出力时，使机组按等微增率原则分配负荷，保证全厂运行工况最佳。

（5）合理地确定机组开、停机顺序。

（6）实现紧急调频功能。如果当前系统频率低于紧急调频下限频率或高于紧急调频上限频率时，AGC 自动进入"紧急调节"状态，向系统提供支援。

13. 什么是 AVC？

答：AVC（Automatil Vottage Control）就是自动电压控制，是指利用计算机监控系统，对大型电厂的超高压母线电压及全厂无功功率的闭环实时控制。

14. 何为闭环控制系统？

答：凡是控制系统的输出信号对系统的控制作用能有直接影响的系统，称作闭环控制系统。如机组的调速系统和励磁调节系统即属于此类系统。

15. 光纤通信有什么优点？

答：光纤通信的优点如下：

（1）抗电路干扰能力强。

（2）传送误码率低。

（3）输出容量大。

（4）传送损耗小。

（5）绝缘性能好。

16. 水电厂机组自动控制主要包括哪些内容？

答：水电厂机组自动控制主要包括：

（1）机组自动控制。一般包括机组的润滑、冷却、制动及调相系统的自动化。

（2）机组监控系统的自动化。一般包括机组的自动启动、停机、同期并列、有功和无功功率的自动调节。

（3）机组正常运行的监视。一般包括自动操作系统、保护系统、励磁系统、调速系统等的监视。

17. 水轮发电机组自动化系统的作用是什么？

答：水轮发电机组自动化系统的作用如下：

（1）机组的手动、自动、开机或停机。

（2）手动、自动开启与关闭机组的水、气、油管路和设备。

（3）自动监视机组冷却、润滑、密封水的通断。

（4）自动监视各轴承油箱油位；自动监控水轮机顶盖（或支撑盖）的水位及漏油箱油位。

（5）自动监视机组各有关部位的温度。

（6）自动监视与反映机组导水机构的工作状态及位置。

（7）自动发出机组相应的转速信号。

（8）自动监视需要监视的容器内和管路内介质的压力。

（9）自动控制导水机构锁锭的投入与拔出。

18. 什么是自动化元件？

答：自动化元件是指机组开机、运行、停机、事故停机及事故报警所用的自动化装置。其中主要是指温度、转速、液位、压力、液流、差压等非电量的监测、转换、操作等所使用的装置。不包括电气二次回路、发电机继电保护等电量监测、保护及操作的装置；一般也不包括电站中央控制室中需要的自动化装置及元器件。

19. 简述浮子信号器的工作原理。

答：当液位变化时，浮球随之移动。浮球上装有磁环，磁环磁力使导向管内的接点动作。从而发出各种相应的液位信号。

20. 什么是电磁阀？什么是电磁配压阀？什么是电磁空气阀？

答：利用电磁铁通电产生的电磁力来控制油、水、气系统阀门的开关，这种装置称为电磁阀。由电磁操作部分和阀门本体两部分构成，有单线圈、双线圈等系列。

电磁配压阀由电磁铁驱动油路切换，此油路通向配压阀以控制油、气、水管道的开闭。由电磁铁与配压阀构成，油路切换由电磁动铁芯带动配压阀活塞来实现，实际上为一中间放大变换元件。

电磁空气阀由电磁铁和空气阀组成。

第二章 专业基础知识

第一节 水工建筑物及水工机械设备

21. 水电厂布置有哪几种基本方式？各有什么特点？

答：按照集中落差的方法不同，水电厂的布置方式可分为堤坝式、引水式和混合式三种基本类型。

（1）堤坝式水电厂是指在河道上修建大坝拦蓄河水，使上游水位抬高，形成水库。这样，坝上游水库水面与坝下游河流的水面之间形成了水头，用输水管或隧洞，把水库里的水引入厂房，通过水轮发电机组发电。根据厂房的位置，又可分为河床式与坝后式两种。

河床式水电厂指水电厂厂房直接建在河床上，它与大坝布置在一条直线上或成一角度，厂房本身是坝体的一部分，与坝一样承受水的压力，这种型式的水电厂多建在平原地区低水头大流量的河流上。

坝后式水电厂的厂房位于坝后（即坝的下游），厂房建筑与坝分开，不承受水压力，常用于河床较窄，洪水流量较大，溢流段要求较长的情况。

此外，还有一种厂房布置在坝里面的坝内式水电厂。

（2）引水式水电厂是指水头由引水建筑物集中而成，一般在河道上建造一个引水低坝将河水引入人工引水道（如渠道、水槽、隧洞等）再引进厂房，若水头较高时，可在引水道之后，用压力管引水进入水轮机，多用在山区地势险峻，水流湍急的河道中、上游河段，以及河道坡度较陡的地方，常用于高水头水电厂。

（3）混合式水电厂兼有堤坝式和引水式水电厂的特点，其落差一部分由拦河坝集中，另一部分由引水道集中。

22. 水电厂的水工建筑物主要由哪些部分组成？

答：水电厂的水工建筑物主要包括：

（1）挡水建筑物，如拦河坝、河床式电厂的厂房等。

（2）引水建筑物，又称取水建筑物即进水口。

（3）输水建筑物，如渠道、隧洞、渡槽、压力水管等。

（4）泄水建筑物，如溢洪道、陡坡、跃水和其他泄水结构。

（5）水电厂的专门水工建筑，如调压室和压力前池等。

23. 什么叫挡水建筑物？它有什么作用？有哪些型式？

答：挡水建筑物就是大坝。大坝的功用是拦截河流的壅水，用以形成水库，积蓄水量，抬高水位，集中落差，造成水力发电的基本条件。大坝型式如下：

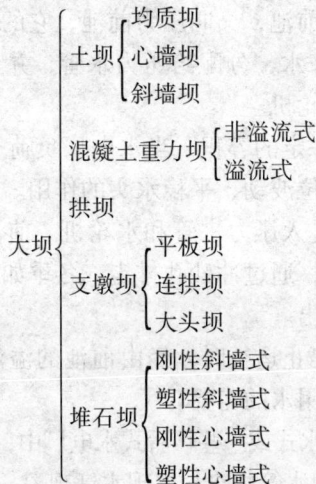

24. 什么叫水电厂引水建筑物？它应满足哪些基本条件？

答：水电厂的引水建筑物指从水库或河道中将所需要利用的水引入水电厂或其他用水系统而建造的水工建筑物。对引水建筑物的基本要求是：保证水电厂所需要的足够水量，建筑物本身操纵及管理均方便，并且安全可靠；不使有害的泥沙和漂浮物（树枝、冰凌等）进入引水道，以免影响输水道工作和使水轮机遭到损坏；使进水口处水流能量的损失降到最低限度；引水时引水建筑物任何部分不应存在负压，以免发生空蚀现象，为此，在进水口处设置有拦污栅，以及能迅速启闭的工作闸门和修理闸门。

25. 什么叫水电厂的泄水建筑物？

答：用以渲泄洪水及其他多余水量的建筑物叫泄水建筑物，如溢洪道、泄水道等，同时还可用来排冰及漂浮物，排除库底泥沙等。

26. 水电厂为什么要设置压力前池和调压室？

答：压力前池和调压室是水电厂专门水工建筑物，并非各个水电厂都设置。

（1）一般在引水式水电厂的引水渠道（或无压引水隧洞）末端，常设有一个水池，用来连接引水渠道和水轮机的压力水管，这个水池称为前池，又叫压力前池，它的作用是：

1）将渠道的来水，分配给压力水管，并且可以截流，以便检修压力水管和水轮机。

2）前池具有一定的容积，当水电厂负荷变化时，有短时间调节水量、减少水位波动、平稳水头的作用。

3）拦阻杂物进入压力水管和水轮机。前池中水流的流速较低，可使泥沙沉降，通过冲沙孔排走，冬季如有冰块时，也可将冰块由排冰孔道排出。

4）当水电厂停止运行时，经由前池的溢流设备，可将水送往下游，满足下游用水的需要。

（2）在压力引水式或一些坝后式水电厂中，由于水电厂的负荷突然变化，在压力引水管中将会出现水锤现象。由于水锤的作用对引水管的管壁产生极大的附加压力，而使得引水管的管壁和水轮机室墙壁要加厚，并且使水轮机的运行条件恶化。为了消除这一影响，通常在水轮机压力水管与引水道之间修建调压室。当水轮机需水量突然减少时，从引水道中流来的多余水量就暂时进入调压室。而当水轮机需水量突然增大时，调压室中的水又可首先予以补充，这就可以减小水轮机压力水管和引水道中的水击压力。

27. 对混凝土式水工建筑物的检查应包括哪些内容？

答：经常性的检查包括：

（1）检查建筑物表面及输水洞和廊道内有无裂缝、脱壳、松软、侵蚀、磨损及钢筋裸露等现象。

（2）检查建筑物本身及与地基两岸头部有无渗漏现象，伸缩缝、止水片和缝间填料有无损坏、流失情况等。

28. 对混凝土坝的观测包括哪几个项目？

答：对混凝土坝的观测分内部和外部观测。通常把建筑物水平位移、垂直位移、伸缩缝、局部变形、沉陷、坝基扬压力的观测称为外部观测，而把坝体内部的应力、应变、温度分布等称为内部观测。

水平位移观测通常是在坝顶或廊道内设置适当数量的测点，测量其平面位置的变化，即水位位移。

垂直位移（沉陷）观测采用在大坝两岸不受坝体变形影响的地点设置水准基点，并在坝体表面布设适当垂直位移标点，然后定期用水准测量测定各标点的高程变化，即为该点的垂直位移。

伸缩缝观测采取在伸缩缝的测点上埋设金属标点或测缝计以测量缝的变化。根据其开合情况，综合分析建筑物的状态变化。注意，在观测伸缩缝的同时，应观测建筑物的温度、上游水位、水温、气温等相关因素。

扬压力观测，扬压力是指渗透水流在坝基面和坝体内产生渗透压力，向上的渗透压力和下游水深产生的浮托力合称为扬压力。它抵消部分坝体重量，对坝的稳定性不利。故应采取措施削减扬压力。所以观测扬压力的实际数值，对于判断建筑物是否稳定和了解防渗、排水设备的效果非常重要。

29. 混凝土坝的保养和维修工作内容是什么？

答：混凝土坝的保养和维修工作内容如下：

（1）保持坝面完整，局部如有缺陷、松动及磨损，应及时修理。

（2）坝体出现裂缝、渗漏或异常位移时，应查明原因，分析研究其性质及危害程度，采取外部填补加固、灌浆、锚固等措施。

（3）坝基渗漏水增大或扬压力增高，影响安全时，要及时采取截渗、延长渗径或加强排水等措施，其基本原则是上截下排。

30. 水工机械包括哪些设备？它与水工建筑物的关系如何？

答：水工机械设备通常包括闸门、闸阀、启闭机、拦污栅、拦污栅清理机及发电引水管等。它们与水工建筑物的拦水坝、水闸、引水隧洞、引水渠、灌溉渠及船闸等组成利用水力资源的整体结构。但在加工制造等方面，它们有机械设备的性质，常用的是钢铁结构和少量的其他金属，故又称为水工钢结构或金属结构。

31. 简述闸门和阀门的作用和区别。

答：闸门和阀门的作用：都是控制水工建筑物中的过水孔口，安全地调节上、下游水位或流量，以便过船、过木、泄流、发电、排沙、排冰或排其他漂浮物。阀门（蝴蝶阀、球阀）主要作为高水头控制水量的设备，适合于高水头的水流形态，用作工作阀或事故阀。

闸门与阀门的区别在于：闸门的活动部分仅在关闭孔口挡水时，才位于水道孔口内，开放时则可脱离所在的孔口。闸门的活动部分与埋设部分是可以分离的。阀门的活动部分无论在关闭或开放时，均淹浸在孔口内或水道内，阀门的活动部分虽在埋设部分内活动，但二者仍组成互不分离的总体。

32. 水电厂常用的闸门有哪几种？各用于什么场合？

答：水电厂常用闸门按工作性质分为工作闸门、事故闸门、检修闸门和施工导流闸门等。

工作闸门是为其所在水道及水道中设备的正常运行而使用的闸门，如泄洪、发电、灌溉、过船、过渔、过木、工业取水、排沙、排冰等工作而设置的闸门，一般在动水条件下操作。

事故闸门是为其所在水道中设备发生事故时，防止事故扩大而使用的闸门，多在动水条件下关闭孔口，阻断水流，在事故消除后，则在静水条件下开放孔口。需要快速关闭时，采用快速闸门。

检修闸门是为其所在水道和水道中的水工建筑物及设备检修时使用的闸门，它总是在静水条件下操作的。

施工导流闸门是供施工时关闭导流孔口用的，一般是在动水条件下关闭孔口。导流完毕，孔口堵塞，此种闸门常被封死而不再使用。此外，水电厂还广泛使用弧形的挡水面板，绕着固定的水平轴转动，多用于泄洪。

33. 启闭机的作用是什么？运行中应检查哪些方面的问题？

答： 启闭机是水工闸门、阀门及拦污栅等的操作设备。

在运行中应注意检查下列几个方面：

（1）油缸及附属设备应完好，电磁操作阀、差动阀动作可靠，且不漏油。

（2）机组运行中，油缸及附属设备与管路无过大的振动。

（3）各管路阀门不漏油，阀门启闭位置正确。

（4）闸门开度指示正确，传动钢丝无断股，闸门行程位置触点动作正确可靠。

（5）当油泵停止后，止水阀关闭严密。

（6）当闸门下沉时，油泵能自动启动，使闸门回升到上限位置。

34. 水电厂金属结构的检查、观察和养护的内容是什么？对闸门启闭机的运用应有哪些要求？

答： 水电厂金属结构的检查、观察和养护内容如下：

（1）对金属结构的检查、观察要考虑构件部分受到外界因素的影响，注意结构有无变形、裂纹、锈蚀、空蚀、油漆剥落、磨损、振动，以及焊缝开裂、铆钉或螺栓松动等现象。

（2）对闸门和启闭机的检查、观察，除（1）的内容外，还应注意闸门框架及面板有无变形，闸门有无歪扭，门槽是否堵塞，止水是否完整，有无老化及漏水现象，导轮是否锈蚀。另外检查、观察启闭机运转是否灵活，有无不正常音响和振动，丝杆是否歪曲、磨损、锈蚀。还有，钢丝绳有无锈蚀断丝，吊点结合是否牢固，受力是否均衡、机械转动部分润滑油是否充足以及机电安全保护设施是否完好等。

（3）对闸（阀）门，要求及时做防锈、防老化处理，遇有因撞击、振动、结构变形等造成损坏时，应及时修补加固；闸门支铰、门轮和启闭设备，必须定期清洗、加油、换油养护。部件及闸门止水损坏要及时更换。启闭机的电气部分，尤其须做好防潮和防雷等安全措施。

闸门启闭机的运用有下列要求：

（1）闸门启闭机必须严格按照批准的调度运用计划和上级主管部门的指令进行，不得接受任何其他部门或个人有关启闭闸门的指令。

（2）闸门启闭机，要严格按照规定程序下达通知，由专职人员按操作规程进行启闭。

（3）闸门启闭设备，必须同时具有电动和手动操作功能。有自动装置的，也应备有手动的措施。为保证及时启闭，一般都有备用电源。

（4）闸门启闭前，要对启闭机械、闸门位置、仪表、电源、动力，上下游水位、流量和流态，以及有无船只、漂浮物或其他影响行水的障碍物等情况详细检查。

（5）闸门启闭后，要对闸门启闭依据、时间、次序、开度、流态、上下游水位变化及建筑物和启闭设备有无异常情况等，详细记载并妥为保存。

35. 拦污栅的作用是什么？运行中应注意哪些问题？

答：拦污栅是设在水电厂引水道口和抽水蓄能电站的进口与

尾水口，用以拦阻水流所挟带的沉木、树枝、杂草和其他固体杂物的设施，使杂物不易进入水道内，以确保闸、闸门、水轮机、水泵水轮机等不受损害，确保设备的正常运行。拦的杂物需及时予以清理，以减少水能损失，防止拦污栅被杂物压坏。为此应根据电厂的具体情况、杂物性质和数量，采取比较合适的清理设备。

洪水期清理出的杂物须进行处理，如运走、就地销毁或加以利用等方法。将杂物排向下游是不可取的，因为它将影响下一级水电厂的运行。

拦污栅在严寒天气运行时，若发现栅面被冰雪团堵塞时，可用机械方法或通热气加以清除。当水电厂因漂冰堵塞而有全部停机的威胁时，在确信水中没有木块、石块、大的冰块和其他固体情况下，允许短时间吊起拦污栅，让冰屑团通过水轮机。但这时水轮机导叶开度不应小于全开度的 3/4。冲击式、斜击式水轮机禁止取出拦污栅运行。当堵冰危及拦污栅本身安全时，应立即停机清除漂冰。

在枯水期要结合停机大修，对拦污栅进行检查、修理，其内容有：

（1）框架、栅条有无变形、空蚀及磨损。

（2）金属表面油漆有无脱落、生锈现象。

（3）金属表面有无裂缝，焊缝有无开焊。

根据电厂检修规程要求，定期除锈、涂漆，并采取防锈措施。通常每隔 3～5 年用抗腐蚀油漆涂刷　次。

36. 水电厂厂房潮湿的原因是什么？有哪些防潮措施？

答：厂房潮湿的原因主要有以下几个方面：

（1）水工建筑物的漏水。

（2）机组运行中事故排水。

（3）水轮机设备的漏水。

（4）设计时对洪水水位考虑不周，较大洪水时尾水位抬高使厂房进水等。

采用的防潮措施主要有：

（1）根据水工建筑物的防渗要求，及时处理建筑物的渗漏，厂房周围开好排水沟，避开大雨带来的山坡水。

（2）因设备原因造成的漏水，应在机组大修时进行彻底处理，同时在厂内疏通引水沟，把渗漏的水排向下游。

（3）由于洪水引起的潮湿，一般都是短时期的，应根据洪水水位和地形条件，加筑防洪墙，同时对厂内的排水设备进行经常性的维护与保养，做到启动迅速、运行可靠、排水效果良好。

37. 压力钢管破坏的原因是什么？

答：压力钢管被破坏的原因是多方面的，可大致归纳为：

（1）设计、施工不当，特别是钢材和焊接质量低劣。

（2）机组在某些工作状况下运行，尾水管中涡带摆动或其他振动与管道结构或管道中水体形成共振或倍频振动。

（3）闸阀或导叶对管道中水体形成自激振荡，从而引起管道振动。

（4）水轮机转轮设计制造上的缺陷，使得转轮周围进水不对称，从而形成水流的周期性冲击。

（5）运行操作上的错误，由此产生水锤压力。

（6）电力系统中发生事故，使某些电厂从系统中解列，从而导致本电厂在意外工作状态下运行。

（7）维护检修不良等，如锈蚀、冰冻和温度变化的影响等。

第二节　水轮机及辅助设备

38. 什么是水轮机？它可分为几类？其工作特点是什么？

答：水轮机是把水流能量转变为机械能的一种动力机械，是利用水电厂的水头和流量来做功的。按水流对转轮的水力作用不同，可分为反击式水轮机和冲击式水轮机两大类。

反击式水轮机主要是利用水流的势能（也有一小部分利用水流动能）来做功。水流通过转轮叶片时，叶片对水流有一个作用力，使水流改变了压力、流速的大小和方向，反过来，水流对叶片有一个大小相等、方向相反的作用力，即反作用力，形成旋转力矩，使转轮旋转。在反击式水轮机中按水流经过转轮的方向不同，又分为轴流式、混流式和贯流式三种。其中：轴流式水轮机的特点是水流经过转轮始终沿着轴的方向；混流式水轮机的特点是水流先沿辐向进入转轮，然后逐渐变为轴向而离开转轮，因此，又称辐向轴流式水轮机；贯流式水轮机的特点是水流从进口到尾水管出口都是轴向的。

冲击式水轮机是依靠高速水流（动能）冲击转轮叶片而推动水轮机转轮旋转做功的。这种按水流冲击作用原理而工作的水轮机称为冲击式水轮机，常用的有水斗（亦称冲击）式水轮机。它的工作特点是：来自压力水管的水，通过喷嘴，以高速喷射在转轮的斗叶上，推动转轮旋转做功，然后跌落在机壳下面的尾水渠中。由于水斗式水轮机喷嘴与转轮在同一平面上，射流方向为转轮圆周的切线方向，所以又称切击式水轮机。

39. 我国生产的水轮机的型号由哪几部分组成？并举例说明型号的含义是什么？

答：根据我国 JBB84—1974《水轮机型号编制规则》的规定，水轮机型号由三部分组成。

第一部分代表水轮机的型式和转轮型号（即比速代号），型式的符号如表 2 - 1 所示。

表 2 - 1　　　　　　　水轮机型式的代表符号

类别	型式	代表符号	类别	型式	代表符号
反击式	混流式	HL	冲击式	水斗式	CJ
	轴流转桨式	ZZ			
	轴流定桨式	ZD		双击式	SJ
	斜流式	XL			
	贯流转桨式	GZ		斜击式	XJ
	贯流定桨式	GD			

第二部分代表水轮机主轴的布置形式和引水室的特征，如表2-2所示。

表2-2　　　　主轴布置形式与引水室特征的代表符号

名　称	代表符号	名　称	代表符号
立轴	L	明槽式	M
卧轴	W	罐式	G
金属蜗壳	J	竖井式	S
混凝土蜗壳	H	虹吸式	X
灯泡式	P	轴伸式	Z

第三部分为水轮机转轮标称直径 D_1（cm）。

型号示例：HL220-LJ-410，表示混流式水轮机，转轮特征比转速为220，立轴，金属蜗壳，转轮直径为410cm。

40. 试述不同类型水轮机的适用范围及其优缺点？

答：（1）常用的反击式水轮机有：

1）混流式水轮机，可用于15～700m水头范围。由于运行稳定，最高效率值大，我国应用普遍，多用于40～150m中等水头水电厂。缺点是高效率区较窄。

2）轴流转桨式水轮机，可用于2～90m水头范围。过水能力大，轮叶可以转动，适用于大流量，2～18m低水头且负荷变化较大的水电厂。其运转稳定性较好，水轮机的高效率区范围较宽。

3）贯流式水轮机，可用于0.5～30m的水头范围。过水能力大，流道通畅，水力损失较小，效率较高，但对密封止水与绝缘要求高。适用于平原地区低水头（0.5～16m）、大流量的电厂和潮汐电厂。

（2）常用的冲击式水轮机，以水斗（冲击）式用得较多，它可用于80～2000m水头范围。适用于高水头、小流量的电厂，多用于水头100m以上的高水头水电站，结构较混流式简单。水轮机最高效率值也低于混流式，但高效率区宽。

41. 什么是反击式水轮机的基本部件？混流式水轮机主要由哪些部件构成？

答：对能量转换有直接影响的过流部件叫做水轮机的基本部件。反击式水轮机由引水（蜗壳）、导水（导水机构）、工作（转轮）和泄水（尾水管）四部分组成。

混流式水轮机主要部件有主轴、转轮、导轴承、导水机构、顶盖、座环、基础环、蜗壳、尾水管、止漏装置、减压装置和密封装置等。

42. 水轮机蜗壳的主要作用是什么？常用的有哪两种型式？

答：水轮机蜗壳的主要作用有：

（1）保证水流以最小的水力损失把水引向导水部件，提高水轮机的效率。

（2）保证导水部件周围的进水流量均匀，水流对称于轴，使转轮受力均衡，提高水轮机运行的稳定性。

（3）使水流在进入导水部件之前具有一定的环流，能很顺利地进入工作转轮。

（4）保证转轮在工作时，始终浸没在水中不会有大量空气进入转轮。

按照蜗壳的材料，分为金属蜗壳（一般用于水头高于40m的大、中型水轮机）和混凝土蜗壳（一般用于低水头、大流量的大中型水轮机）。

43. 反击式水轮机导水机构由哪些部件构成？其作用是什么？

答：导水机构由导叶、导叶转动机构（包括转臂、连杆和控制环等）、接力器、顶盖、底环及轴承组成。常用的有圆柱式、圆锥式（应用于灯泡贯流式和斜流式水轮机）和辐（径）向式（主要用于全贯流式水轮机）导水机构。

导水机构的主要作用是：

（1）当机组的负荷发生变化时，用来调节进入水轮机转轮的水量，改变水轮机的出力，使其与水轮发电机的电磁功率相适应。

（2）正常与事故停机时，用来截断水流，使机组停止转动。

（3）水轮机运行时，使水流按有利的方向均匀地流入转轮。

44. 反击式水轮机为什么要设置尾水管？

答：尾水管的主要作用是用来回收转轮出口水流中的剩余能量，常用的有直锥型与弯肘型两种。

由于反击式水轮机转轮出口处的水流速度很大，低水头水电站约 $3 \sim 6m/s$，而水头较高时，可达 $8 \sim 12m/s$。可见，这部分动能相当可观。混流式水轮机出口动能占工作水头的 $5\% \sim 10\%$；轴流转桨式水轮机出口动能约占工作水头的 $30\% \sim 45\%$。如果转轮出口水流直接泄入下游，则这部分动能就被损失掉了。

此外，为便于水轮机安装与检修，常将其安装在下游水位以上，则又有部分位能被损失掉。为了减少这部分能量损失，收回一部分水轮机转轮出口处的水流动能和位能，以增加水轮机的利用水头，应装设尾水管。

装设尾水管后，可使转轮出口水流顺畅引至下游。如果转轮安装在下游水位以上高程，又可利用转轮与下游水位之间水流的势能（指转轮后面的静力真空，又称吸出高度），还可使转轮出口的水流动能的大部分转换为转轮下部的动力真空，使转轮输入的压能增加。这些都将提高水轮机的工作效率。

45. 影响尾水管效率的主要原因是什么？

答：影响尾水管效率的主要原因是：

（1）尾水管的几何尺寸，如进口锥管的角度、深度、出口扩散度、长度、衬管的水力损失等。

（2）机组的运行工况。如在此工况下会出现尾水低频压水脉动等。

（3）尾水管的出口下游水位波动较大。

（4）尾水管壁管的粗糙度、形状等。

46. 混流式水轮机的转轮由哪些部件组成？各部件的作用是什么？

答：混流式水轮机的转轮主要由叶片、上冠、下环、泄水锥、减压装置和止漏装置组成。它们的作用是：

（1）叶片（亦称轮叶）是水轮机转轮实现水能转换的核心。叶片的粗糙度、波浪度、尺寸、形状和厚度是否均匀、合理和一致，对水轮机的性能（如效率、空蚀）都将产生不同程度的影响。

（2）上冠的作用是上部连接主轴，下部支撑叶片并与下环一起构成过流通道。

（3）下环将转轮的叶片连成整体，以增加转轮的强度和刚度，并与上冠一起形成过流通道。

（4）泄水锥的作用是引导经叶片流道出来的水流迅速而又顺利地向下渲泄，防止水流相互撞击，以减少水力损失，提高水轮机的效率。

（5）止漏装置的作用是减少转轮上下转动间隙的漏水量。

（6）减压装置的作用是减少作用在转轮上冠上的轴向水推力，以减轻推力轴承的负荷。

47. 轴流转桨式水轮机的转轮包括哪些部件？各部件起什么作用？

答：轴流转桨式水轮机的转轮由转轮体、叶片、泄水锥和密封装置组成。

（1）转轮体的四周安装着悬臂式叶片，当水流流经叶片时，将水能转换成机械能。

（2）转轮体内有一套控制叶片转动的机构，当导叶开度改变时，它能使叶片相应地也旋转一个角度，以便与导叶开度相适应，从而保证在改变工况下，水轮机有较高的效率。

（3）转轮体下部连接着泄水锥，它的作用是引导经叶片流出来的水迅速、顺利地流入尾水管，防止水流相互撞击，以减少水力损失，提高水轮机效率。

（4）密封装置安装在叶片的枢轴与转轮体之间，它用来防止转轮体内的压力油向外漏出，同时也防止压力水渗入转轮体内。

48. 简述推力轴承的作用、一般组成及常用类型。

答：作用：承受水轮发电机组转动部分的重量和水轮机的轴向水推力，并把这些力传递给荷重机架。

推力轴承一般由推力头、镜板、推力瓦、托盘、抗重锣钉、支座、推力支架、推力油槽、挡油板、冷却器等组成。

目前常用的推力轴承有三种：第一种是刚性支柱式；第二种是液压支柱式；第三种是平衡梁支柱式。此外还有弹性垫支承式等。上述每一种推力轴承又可根据结构不同进一步细分，如有托盘式和无托盘式等。

49. 对推力轴承的基本技术要求是什么？

答：在机组启动过程中能迅速建立起油膜；在各种负荷工况下运行，能保持轴承的油膜厚度，以确保润滑良好；各块推力瓦受力均匀；瓦的最大温升及平均温升满足设计要求，并且各瓦之间的温差较小；循环油路畅通且气泡少；冷却效果均衡且效率高；密封装置合理且效果良好；推力瓦的变形量在允许的范围内，推力损耗较低。

50. 为什么用钨金作瓦面？

答：用钨金作瓦面的优点是熔点低、质软，又有一定的弹性和耐磨性，既可保护镜板又易于修刮，在运行中可承受部分冲击力。

51. 弹性金属塑料推力瓦有什么优缺点？

答：弹性金属塑料瓦与钨金瓦比较具有下列优点：①承载能力高；②不需要高压油顶起装置和轴瓦冷却水装置，具有结构简单、启停操作简单便捷、运行成本低等特点；③机组加闸转速可降低到额定转速的20%；④运行瓦温低；⑤盘车力矩小，大修时不必刮瓦，安装检修方便。

弹性金属塑料瓦的缺点：①由于其摩擦系数小，当导叶漏水量较大时，易出现机组误启动现象。②瓦面易磨损、龟裂。当经过长时间运行后，除产生轻微的磨损外，瓦面也会出现龟裂，从而使润滑油泄漏。当裂纹较大且较长时，镜板与轴瓦间的润滑油产生大量泄漏，油膜无法建立，使镜板与推力瓦之间处于干摩擦或半干摩擦状态，导致推力瓦磨损，严重时瓦的弹性金属丝还会把镜板划伤。③对油质要求高。弹性金属塑料瓦瓦面采用的氟塑料质软，对杂质十分敏感，油中的杂质进入瓦的摩擦面会很快将塑料瓦划出沟痕，产生磨损，而摩擦产生的氟塑料屑又对油槽产生污染。

52. 以内循环、刚性支柱式推力轴承为例，说明推力轴承的工作过程。

答：工作过程如下：

力的传递：机组转动部分的重量和水推力经卡环→推力头→镜板→推力瓦→托盘→钢性支柱螺栓→轴承座→荷重机架→定子基座→混凝土基础。

推力瓦的润滑和冷却：润滑油具有一定的黏度，与镜板外壁和推力头的外壁下部摩擦产生较大摩擦力，在该力作用下随之一起旋转，产生一定的离心力。由于推力瓦的支撑是偏心的，所以油从推力瓦的进油边，经由镜板在推力瓦面的楔形空间流动形成楔形油膜，对镜板和推力瓦进行润滑，防止干摩擦，并带走镜板与推力瓦由于摩擦而产生的热量。热油先进入隔离板上部，由冷却器带走热量，再沉到隔离板的下部，形成循环的润滑油。

53. 与支柱式推力轴承相比，弹性支柱式（或无支柱）推力轴承在性能上有何突出特点？

答：与支柱式推力轴承相比，弹性支柱式（或无支柱）推力轴承的特点如下：

（1）自调节能力强。自行调整推力瓦间的负荷，使各块推力瓦的承载不均匀缩小到3%以内。而刚性支柱式达20%左右。

（2）推力瓦的单位压力高。弹性支柱式推力轴承推力瓦的单位压力比刚性支柱式推力瓦的单位压力平均高出40%。

（3）推力瓦升温较低。弹性支柱式推力轴承轴瓦运行温度比刚性支柱式推力轴承轴瓦运行温度平均下降 7～10℃，瓦间温差下降 4～5℃。

54. 如何估算轴向水推力及轴向推力？

答：估算轴向水推力式为

$$F_{st} = \frac{K\pi D_1^2 H_{max}}{4}$$

轴向推力计算

$$F = F_{st} + G_1 + G_2$$

式中　G_1——转轮重量；

　　　G_2——主轴重量；

　　　D_1——转轮直径；

　　　H_{max}——最高水头；

　　　K——取值 0.85（4 个叶片）~0.87（5 个叶片）。

55. 发电机导轴承有何作用？一个良好的导轴承的主要标志是什么？

答：作用：承受机组转动部分的径向机械不平衡力和电磁不平衡力，维持机组主轴在轴承间隙范围内稳定运行。

主要标志：能够形成足够的工作油膜厚度，瓦温在允许范围内，循环油路畅通，冷却效果好，油槽油面和轴瓦间隙满足设计要求，密封结构合理、不甩油，结构简单，便于安装和检修。

56. 水轮机导轴承的作用是什么？有哪些主要类型？

答：水轮机导轴承的作用主要是承受主轴传递过来的径向力和振摆力，维持机组的轴线位置。

水轮机导轴承主要有橡胶瓦轴承、分块瓦轴承和筒式瓦轴承三种类型。

57. 分块瓦式导轴承由哪些部件组成？

答：主要由轴领、导轴瓦、抗重螺钉、轴承体或轴承座圈、托板和压板、带有螺纹的套筒、油槽和盖板、盖板密封或专设密封盖、挡油管、隔油板、冷却器（自然冷却的水导轴承无冷却器，而设有外油箱以及与之相连的进、回油管）等组成。

58. 以内循环、金属瓦筒式水轮机导轴承为例，说明导轴承的工作过程。

答：力的传递：由主轴传递过来的径向力→钨金瓦面→轴承体→顶盖→座环→混凝土基础。

润滑和冷却：油盆和主轴一起旋转，形成抛物面，使油获得动压头和静压头。轴承体的油嘴迎着油的旋转方向，油进入油嘴内部钨金瓦面上的环行油槽，环行油槽上面有斜油沟，则油顺着斜油沟向上，带走瓦面上的热量，并有部分油润滑轴和钨金表面。向上流动的油经轴进入上油箱，经冷却器带走热量后，经过轴承体上的回油管回到油盆，完成循环。

59. 水轮发电机导轴承的油位在运行中为什么会升高或降低？

答：轴承油槽油位升高的可能原因是：油冷却器破裂渗漏水进入油槽。鉴别办法是将油槽底部的油排出，可能放出水来，若经化验证明无水，则可能是推力轴承油槽排油阀不严，油漏入上导轴承油槽内，因推力轴承油槽内油量多，不容易发现油位降低，但上导轴承油槽油量少，油位上升较快，容易发现。

轴承油槽油位降低的可能原因是：如果在 10～20 天内油位下降 2～3cm，则可能是油槽渗油造成的。如油位下降较快，表面又未发现漏油处，则可能是油槽排油系统控制阀关闭不严造成的。

60. 发电机主轴有哪几种型式？各结构型式有何特点？

答：发电机主轴有一根轴和分段轴两种；同时根据内部结构不同又有带操作油管和不带操作油管之分（前者用于轴流转桨式机组）。

一根轴优点：结构简单，加工精度高，有利于机组轴线的处理与调整。

分段轴优点：主轴便于锻造、运输，轮毂不需要热套。

带操作油管：主轴为空心结构，内套两层不同管径的无缝钢管，用于轴流转桨式水轮机。其结构复杂、安装、调整较困难。

61. 什么叫机组的轴线？什么叫机组旋转中心？什么叫机组中心线？三者有何关系？

答：机组旋转大轴的几何中心线，称机组轴线。

贯穿推力轴承镜板面中心的垂线，称机组旋转中心线。

混流式机组中心线指发电机定子平均中心和水轮机固定止漏环平均中心的连线；轴流式、斜流式机组中心线主要指发电机定子平均中心和水轮机转轮室平均中心的连线。

三者关系：三条线的理想状态是各自铅垂并基本重合，达到某一个规定偏差范围认为合格。

62. 什么叫全摆度？

答：主轴某一个测量部位直径方向对应两点的绝对摆度值差，称为主轴在该方向上的全摆度。

63. 水轮机有哪些机械保护装置？各起什么作用？

答：水轮机一般装设有事故配压阀、主阀（或快速闸门）、剪断销和真空破坏阀等保护装置。

（1）调速器中装设事故配压阀（又称过速限制器）是防止水轮机长期在飞逸转速下运行的有效措施。机组正常运行时，事故配压阀仅作为压力油的通道，使调速器主配压阀与接力器的管道接通；当机组甩负荷又遇调速系统故障时，事故配压阀动作，切断主配压阀与接力器的联系，而直接把压力油从油压装置接入接力器，使接力器迅速关闭，实现机组紧急停机，以缩短机组过速时间，起到对水轮机的保护作用。

（2）在水轮机前面装设蝴蝶阀或球阀或快速闸门是防飞逸的有效措施。中、低水头电厂一般装设平板快速闸门或蝴蝶阀；高水头电厂一般装球阀。当机组过速达额定转速的 140% 时，关闭蝴蝶阀（球阀）或快速闸门，截断水流，使机组停机，以缩短水轮机在过速或飞逸转速下运行的时间，起到对水轮机的保护作用。

（3）剪断销保护装置由剪断销及其信号器组成。水轮机导水机构的传动机构中，连接板和导叶臂之间是通过剪断销连接在一起的。正常情况下，导叶在动作过程中，剪断销有足够强度带动导叶转动，但当某导叶间有异物卡住时，导叶轴和导叶臂都不能动了，而连接板在叉头带动下转动，因而对剪断销产生剪切，当该剪切应力增加到正常操作应力的 1.5 倍时，剪断销首先被剪断，该导叶脱离控制环，而其他导叶仍可正常转动，避免事故扩大。同时剪断销剪断后，使剪断销信号器的动合触点闭合，发出信号告诉运行人员。

（4）真空破坏阀主要作用是机组甩负荷或因其他故障紧急停机。导叶迅速关闭时，水流由于惯性作用继续向下游流去，在转轮室内产生很大真空，转轮室内尾水在压差的作用下，尾水水流又反流向转轮室冲击转轮叶片及支持盖。由于水击的作用，产生很大的冲击力，出现抬机现象，严重的会使机组出现破坏性事故。真空破坏阀，就是用来补气，以防止出现上述事故的辅助设施。以起到对水轮机的保护作用。大流量、低水头水电厂这个问题比较突出，一般都装设有真空破坏阀。

64. 水轮机蜗壳压力表和尾水真空表测量的量值反映了什么？

答： 在反击式水轮机的蜗壳上和冲击式水轮机进水阀的后面，都装有压力表。在正常运行时，测量蜗壳进口压力是为了探知压力钢管在不稳定水流作用下的压力波动情况；在机组做甩负荷试验时，可以在蜗壳进口测量水击压力的上升值；在做机组效率试验时，在蜗壳进口测量水轮机工作水头中的压力水头部分；还可以比较上下游水位差，算出过水压力系统的水力损失。

尾水真空表测量尾水管进口断面的真空度及其分布，是为了分析水轮机发生汽蚀和振动的原因，并检验补气装置的工作效果。

65. 引起水轮机空蚀的原因有哪些？有哪几种空蚀？有哪些防止和处理空蚀的措施？

答：（1）水流流经水轮机部件时，在局部区域因流速增大，导致压力的下降，当压力低于汽化压力时水汽化，形成水流的"沸腾"，对过流部件发生侵蚀作用，这种现象称为空蚀。

引起空蚀的主要原因是由于水轮机内部水流压力的降低。当水轮机中某一局部区域的水流压力降低到饱和蒸汽压力时，水就发生汽化，出现大量的汽泡。在汽泡的不断产生和凝结的过程中，水流紊乱，压力波动。高速度的水流质点，像锐利的刀尖一样，周期性地猛烈打击着叶片表面，并发生噪声与器叫。轻度空蚀使水轮机过流部件如转轮叶片表面侵蚀成麻点，粗糙不平，严重的侵蚀呈海绵状，甚至使转轮叶片穿孔、掉块。空蚀不仅使水轮机过流部件损坏，而且使其效率显著降低。

（2）按空蚀发生的部位，水轮机空蚀分为以下四种类型：

1）翼型空蚀。它是指发生在转轮叶片上的空蚀。混流式水轮机的叶型空蚀主要发生在叶片背面靠下环处的泄水边附近；轴流式水轮机则主要发生在泄水边轮毂和周边附近，但有时比较分散，不像混流式机型那样有规律。

2）空腔空蚀。它是指尾水管中心空腔处由大的水流涡带产生的空蚀。当反击式水轮机偏离设计工况运行时，转轮出口水流具有一定的圆周分速度，旋转的水流汇聚在一起，在尾水管进口处构成带状大涡流。水流涡带中心真空度很大，当压力降低到低于水的空化压力时，首先在涡带中心产生汽泡，随着汽泡的溃裂，发生强烈噪声并引起机组振动。当涡带中心周期性地触及或延伸到尾水管管壁时，就会造成尾水管空蚀破坏。空腔空蚀主要发生在叶片出口下环处及尾水管进口处，运行人员可以直接在尾水管直锥段管壁听到空腔空蚀引起的撞击声。发生空腔空蚀时，往往伴随着发生机组功率摆动和真空表指针摆动，严重时会使机组不能正常运行。

3）间隙空蚀。它是指水流通过狭窄间隙或绕过固体凹凸表面时，由于流速局部升高引起局部压力降低形成的空蚀。常发生在水轮机的某些局部位置，例如轴流式叶片外缘端面与转轮室内壁间隙，导叶立面和端面间隙；混流式转轮和上下冠止漏环间隙；冲击式的针阀和喷嘴口等处。间隙空蚀的破坏范围一般较小。

4）其他局部脱流引起的空蚀。在水轮机导叶叶型头部和尾部、导叶体端部与轴颈接合处的凸肩后面、限位销后面、尾水管补气架后面等部位，由于表面粗糙或已空蚀部位的恶性发展，都会引起局部脱流而发生空蚀。

（3）水电厂防止和处理空蚀的措施，除在设计时要合理选择机型（包括叶型、叶片数目、选用耐蚀材料）、按不产生翼型空蚀条件的允许吸出高度来确定水轮机的安装高程外，在运行时还应注意以下几个问题：

1）合理拟定电厂的运行方式，避开可能产生严重空蚀的运行工况区域。一般讲，水轮机在低水头、低出力下运行最容易发生空蚀。例如混流式水轮机在某一区域出现空蚀，可以从水压表、真空表指针摆动情况，尾水管内部的撞击爆炸声，顶盖内部水流炒豆似的杂声等现象摸索出规律，尽量避免长期在这种不利工况下运行。

2）采用补气装置，向尾水管送入空气，以破坏尾水管中高真空的水流涡带。

3）提高检修工艺水平。对已空蚀破坏的叶片，目前一般采用不锈钢堆焊，堆焊时要严格控制叶片型线，防止变形，并要保证检修后表面光洁，因为粗糙的表面容易产生空蚀，提高叶片的表面光洁度将减轻空蚀作用。

4）在叶片上涂刷抗空蚀涂料。常用的是环氧树脂、聚酰胺脂等。

66. 空蚀对水轮机的主要影响有哪些？

答： 空蚀对水轮机的主要影响有：

（1）空蚀直接破坏水轮机的过流部件。

（2）流动特性的改变。由于空蚀的发生，叶片受力情况变坏，损失增加，水力矩减少，机组的出力下降。

（3）水轮机在空蚀区运行时，可引起机组振动、摆度和噪声增大；或出力摆动，使机组运行不稳定。

（4）空蚀缩短了机组检修周期，延长了机组检修工期，不仅减少了年发电量，而且增加了电力系统备用容量。空蚀检修耗用了大量的贵重金属材料及人力。

67. 空蚀的破坏作用机理是什么？

答：空蚀破坏主要是机械破坏，化学和电化腐蚀破坏是次要的。在机械作用的同时，化学和电化腐蚀加速了机械破坏过程。

机械破坏作用的三种形式：

（1）空蚀微泡破裂所形成的高压力反复作用，使过流部分的金属表面承受重复载荷。当疲劳应力超过材料的疲劳极限时，金属表面即遭破坏。

（2）微泡破坏所形成的冲击压力远远大于了金属的弹性极限。

（3）金属表面在局部高温下的熔化作用。

化学作用主要是由于局部高温而引起金属表面的氧化；电化作用主要是由于局部温差而在晶粒中形成热电效应，在金属表面上不断进行着电解反应。

68. 试述水轮机的空蚀与吸出高度的关系？

答：根据吸出高度计算公式

$$H_s \leq 10 - \frac{\nabla}{900} - (\sigma + \Delta\sigma) H$$

式中　H_s——吸出高度，m；

　　$\Delta\sigma$——空化系数修正值；

　　σ——模型空化系数；

　　∇——水轮机安装高程，m。

可知，空化系数 σ 选择很大，吸出高度的负值就大，叶片背面的负压区压力大，叶片就不易空蚀；反之，空化系数 σ 选择的小，吸出高度的负值就小，叶片背面的负压区压力就小，易达到汽化压力，也就容易产生空蚀。

69. 什么是水轮机的泥沙磨损？哪些部位容易遭受泥沙磨损？影响泥沙磨损的因素有哪些？运行中有哪些减小泥沙磨损的措施？

答：当通过水轮机过流部件的水流中含有足够量的悬移泥沙时，坚硬的泥沙颗粒撞击和磨削过流表面，使其材料因疲劳和机械破坏而损坏，这个过程称为水轮机泥沙磨损。

运行经验表明：不同类型的水轮机磨损部位不完全一样。混流式水轮机，磨损部位主要有叶片、上冠、下环内表面、抗磨板、止漏环、导叶和尾水管里衬；轴流式水轮机，磨损部位主要有叶片、转轮室、轮毂、顶盖、底环、导叶和尾水管里衬；冲击式水轮机，主要磨损部位是水斗、针阀和喷嘴。

泥沙对水轮机的磨损程度，除了与沙粒特性（即沙粒的几何形状、大小、硬度、密度等）、含沙水流特性（指水流含沙的浓度、水流速度、水流方向和冲击角等）和受磨材料特性（指水轮机过流部件金属材料的内部组织、粗糙度、表面尺寸等）有关外，还与运行方式有关。当水轮机在非设计工况下运行时，产生空蚀会加大磨损，引起空蚀和磨损对机件的联合作用。

水轮机防磨技术措施：首先，防止水轮机遭受沙粒磨损的最根本措施是拦截泥沙，使其不能进入水轮机流道；其次，采取异重流排沙等；第三，对于在含沙水流中工作的水轮机，应避免用导叶截断水流，而采用水轮机前的主阀来截断水流，以防漏水射流使导叶磨损加剧，长期停机时，应关闭压力水管进水口闸门，以防泥沙堵塞阀轴间隙。此外，应避免水轮机在空蚀工况下运行，因空蚀和磨损联合作用，会加剧泥沙对水轮机的磨损作用，所以水轮机应避免在低负荷工况下运行。对混流式水轮机，尽量不在50%以下负荷运行；对轴流转桨式水轮机，应避免在额定出力30%~40%以下负荷的工况运行。

近几年来，在遭受泥沙磨损的水轮机上采用环氧树脂金刚砂浆抗磨深层和复合尼龙抗磨涂层，现场试验表明是有效的。

70. 水轮机振动的原因是什么？消除振动的主要措施有哪些？

答：水轮机运行中出现振动是常见的现象，但不允许超过表2-3中所规定的允许振动值。

表2-3　　　　　　　　　　立式机组各部位允许双振幅值

序号	测 量 部 位	额定转速（r/min）			
		100及以下	100~250	250~325	325~750
		振动标准值（mm）			
1	带推力轴承支架的水平及垂直振动	0.14	0.12	0.10	0.08
2	带导轴承支架的水平振动	0.14	0.12	0.10	0.08
3	定子铁芯部分外壳水平振动	0.04	0.03	0.02	0.02

水轮机运行过程中振动过大会影响其正常工作。轻则运行不稳定，重则引起机组和厂房的损坏。因此查清水轮机振动的原因，针对不同情况，采取不同的减振措施，对提高机组运行的可靠性和延长其寿命具有重要意义。运行实践表明，水轮机振动是由机械和水力两方面的因素引起的。

（1）机械方面的因素有：

1）由于主轴弯曲或挠曲，推力轴承调整不良，轴承间隙过大，主轴法兰连接不紧和机组对中心不准引起空载低转速时的振动。

2）转轮等旋转件与静止件相碰而引起振动激烈并伴有声响。

3）转动部分重量不平衡引起的，随速度上升振动增大而与负荷无关，这是常见的。特别是焊补转轮或更换桨叶后更容易发生，这类振动的特点是振动频率与水轮机转频一致。发电机上下机架及导轴承体横向振动的振幅与转速的平方成正比。

因机械原因引起的振动，只要查清振动原因，采取相应的措施，如通过动平衡，调整轴线或调整轴瓦间隙等，就能消除。

（2）水力方面的因素有：

1）尾水管中水流涡带所引起的压力脉动诱发的水轮机振动。混流式水轮机在偏离最优工况运行时，尾水管中将出现涡带，由此引起水轮机振动，并伴有响声，常发生在30%~60%额定负荷范围内。强烈的涡带还可能引起厂房振动。若由涡带引起的尾水管中的低频压力脉动频率与引水管固有频率接近，则可能引起引水管强烈振动。如果压力脉动频率和水轮机的机频接近，则可能引起功率摆动。水电厂均存在涡带引起的振动，为此常在转轮出口附近的尾水管上部装十字架补气装置，或轴心补气。还有采取加长泄水锥或加同轴扩散形内层水管段。近年来，一些大中型水电厂在尾水管入口处加装导流瓦和导流翼板等都可使涡带引起的振动减轻或消失。

2）卡门涡列引起的振动。当水流流经非流线型障碍物时，在其后面尾流中分裂出一系列变态漩涡，即卡门涡列。这种涡列交替地作顺时针或反时针方向旋转。在其不断形成与消失过程中，会在垂直于主流方向引起交变的振动力。当卡门涡列的频率与叶片固有频率接近时，叶片动应力急剧增大，有时发出响声，甚至使叶片根部振裂。

3）转轮止漏间隙不均匀引起的振动。为了减少高水头水轮机转轮的容积损失，通常采用梳齿形止漏装置。但当结构不合理或间隙过小时，即使主轴很小的偏心或止漏环少量的几何形状误差（如椭圆度、不均匀磨损等），都会引起间隙内压力的变化和波动。间隙大处其流速较小而压力较大，间隙小处则相反。因而造成间隙内的压力不均匀分布和侧向水推力，引起转轮偏心变大和振动。其振动频率与止漏环偏心运动的频率相同。实践证明，适当增大外止漏环间隙，可使转轮偏心运动对转轮背压和止漏间隙中压力的影响明显减弱，从而减小振动。

4）冲击式水轮机尾水上涨引起的振动。正常时，冲击式水轮机的尾水位与转轮必须保持一定距离，尾水应无压流动。如果尾水渠壅水回溅到水斗上，扰乱水头与射流的正常流程，也会引起机组效率下降和振动。此外，运行时处于转轮附近的空气，会被高速射流带走并从尾水渠中排出，机壳上的补气孔太小或冒水就有可能使尾水位抬高甚至淹没转轮，使尾水形成有压流动，不仅产生强烈振动，而且危及机组安全。

引起水轮机振动增大的原因很多，也可能是几种原因同时作用造成的，在未找到原因前，应避开在振动区运行。

71. 什么是涡列？涡列的作用原理如何？

答：当水轮机在偏离设计参数较远的工况运行时转轮叶片绕流条件变坏，叶片出水边界层水流从壁面分离，导致叶片出口脱流涡流的形成，通常把这种在叶片后面非对称形式上下交错释放到尾流中的涡流称为涡列。

随着涡列的出现，产生垂直流向的交变侧向力，即不均匀的侧向压力，该力作用在叶片上激起叶片微幅振动。由于振动的反馈，叶片附近的水流受到激发和干扰，又产生新的作用于叶片周期性脉动压力。如此反复随着绕流体的尺寸和速度的变化，脱流漩涡频率可能接近叶片自然频率，此时将产生共振。靠近叶片尾流的进入同步的共同振荡将输入到弹性叶片变形体中而激起更大振幅的振动。

72. 简述水轮发电机的振动与机组本身的哪些因素有关？

答：水轮发电机的振动与机组本身的下列因素有关：

（1）水力机组的振动与水轮机的型式。

（2）水力机组的振动与水轮机的参数。

（3）发电机的结构型式（悬式、伞式、半伞式）。

（4）立轴或横轴。

（5）水轮机的工况。

（6）机组尺寸、转速等。

73. 机组振动会带来什么样的危害？

答：机组振动所带来的危害，归纳起来有以下几个方面：

（1）引起机组零部件金属和焊缝中疲劳破坏区的形成和扩大，从而使之发生裂纹，甚至断裂损坏而报废。

（2）使机组各部位紧密连接部件松动，不仅会导致这些紧固件本身的断裂，而且加剧被其连接部分的振动，促使它们迅速损坏。

（3）加速机组转动部分的相互磨损。如大轴的剧烈摆动可使轮与轴瓦的温度升高，使轴承烧毁。发电机转子的过大振动会增加滑环与电刷的磨损程度，并使电刷冒火花。

（4）尾水管中的水流脉动压力可使尾水管壁产生裂缝，严重的可使整块钢板剥落。

（5）共振所引起的后果更严重，如机组设备和厂房的共振可使整个设备和厂房毁坏。

74. 水轮机的补气装置起什么作用？常用的有哪几种补气方式？

答：混流式水轮机一般在 30% ~ 60% 额定出力时容易在尾水管内发生水流涡带，引起空腔空蚀和机组振动。补气装置的作用，就是在机组出现不稳定工况时，补入空气，可增加水的弹性，改善机组的运行条件。同时由于补气破坏了真空，还能防止机组突然甩负荷，导水机构紧急关闭时，尾水管内产生负水击，下游尾水反冲所产生的强大冲击力或抬机现象。

补气分自然补气和强迫补气两种方式。一般均采用自然补气，只有在水轮机吸出高度 H_s 较大，尾水管内压力较高，很难用自然补气方式补气时，才采用压缩空气强迫补气方式。

常用的补气装置有轴心孔补气装置、尾水管十字架补气装置和尾水短管补气装置三种。

75. 为什么反击式水轮机不宜在低水头和低出力下运行？

答：（1）反击式水轮机在低于设计最小水头下运行时，可能产生以下危害：

1）由于较大的偏离设计工况，因而在转轮叶片入口处产生撞击损失以及在出口处水流的剧烈的旋转。不仅大大地降低水轮机的效率，而且会增加水轮机的振动和摆度，使汽蚀情况恶化。水轮机运行工况偏离设计工况越远，这种不良现象就越严重。

2）由于水头低，水轮机的出力达不到额定值，同时在输出同一出力时，水轮机的引用流量要增加。

3）水头低就意味着水位过低，有可能出现使有压水流变为无压水流，容易造成水流带气，甚至形成气团，使过水压力系统不能稳定运行。特别是在甩负荷的过渡过程中，容易造成引水建筑物和整个水电厂发生振动。

4）可能卷起水库底部的淤积泥沙，增加引水系统和水轮机的磨损。

（2）水轮机在低出力下运行时，机组的效率（包括水轮机和发电机的效率）会明显地下降。发出同样的出力，水轮机的引用流量会增大。

为了减轻水轮机的空蚀、振动、噪声、泥沙磨损和提高机组效率，反击式水轮机都规定了最小出力限制。混流式水轮机为额定出力的50%；转桨式水轮机由于其桨叶角度可以随负荷改变，大大改善了工作特性，其最小出力限制为水轮机刚进入协联工况时的出力；定桨式水轮机最好在额定出力附近运行。

76. 什么叫水轮机飞逸转速？有什么危害？

答： 当系统发生故障使发电机突然甩去全部负荷，此时调速器又有故障致使水轮机导叶不能关闭，导致机组转速升高，使机组转速超过额定转速，此时的水轮机转速称为飞逸转速。其最大值由水轮机制造厂提供，一般约为额定转速的 1.5~2.7 倍。

机组出现飞逸时，使转动部件的离心力急剧增加，从而增大它的振动与摆度，甚至大大超过规定的允许值，可能引起转动部分与静止部分的碰撞而使部件遭受破坏。如发电机转子与定子的碰撞，水轮机工作转轮与转轮室的碰撞等。此外，也会使各部轴承损坏，基础螺栓松动，蜗壳及尾水管产生裂纹等，严重的甚至造成机组设备的破坏。因此，运行时要加强对设备的维护保养，正确操作使用，避免机组发生飞车。

77. 水轮机为什么会出现抬机现象？有什么后果？运行中怎样防止抬机？

答： 水轮机在甩去负荷时，尾水管内出现真空形成反水锤，同时水轮机进入水泵工况产生水泵升力，并由此产生反向轴向力，只要反向轴向力大于机组转动部分的总重量，就会使机组转动部分被抬起一定高度，此现象称为抬机。抬机现象常见于低水头且具有长尾水管的轴流式水轮机中。

抬机高度往往由转轮与支持盖之间的间隙所限。当发生严重抬机时，它会导致水轮机叶片的断裂、顶盖损坏等。也会导致发电机电刷和集电环的损坏，发电机转子风扇损坏而甩出，引起发电机烧损的恶性事故等。

预防抬机的措施有：

（1）在保证机组甩负荷后其转速上升值不超过规定的条件下，可适当延长导叶的关闭时间或导叶采用分段关闭。

（2）采取措施减少转轮室内的真空度，如向转轮室内补入压缩空气，装设在顶盖上的真空破坏阀要求经常保持动作准确和灵活。

（3）装设限制抬机高度的限位装置，当机组出现抬机时，由限位装置使抬机高度限制在允许的范围内，以免设备损坏。

78. 轴流转桨式水轮发电机组在甩负荷过程中若关闭过快，将会产生怎样的不良影响？

答：轴流转桨式水轮发电机组在甩负荷过程中若关闭过快，将会产生如下不良影响：

（1）反水锤式抬机，增加负轴向力。

（2）机组转速上升加快，桨叶的制动作用减小。

（3）机组振动增大，出现水流与叶片撞击，尾水压力脉动增大，严重者可导致设备损坏事故。

79. 什么情况叫反水锤抬机？

答：甩负荷后，导叶迅速关闭，使导叶后的压力急剧降低而出现真空。水流连续性遭到破坏，脱离转轮的这股水流由于惯性下泄时受到下游侧水压作用的制动，尾水管内产生反向加速流动，与旋转着的转轮相撞而产生反水锤，使转轮下面的压力大增，称为反水锤抬机。

80. 什么叫水轮机主阀？它在水电厂起什么作用？

答：常把装设在水轮机蜗壳之前的阀门称为主阀。其主要作用是：

（1）检修机组时，用于截住水流，以便放空蜗壳存水。

（2）机组较长时间停用时，关闭主阀，可减少机组漏水量。

（3）当调速器或导叶发生故障时，用于紧急切断水流，防止机组飞逸时间超过允许值，避免事故扩大。

（4）一根输水总管道同时给几台机组供水的引水式水电厂，在分叉管末端设置阀门，以便一台机组检修而不影响其他机组的正常运行。

81. 水电厂常用的主阀有哪几种型式？各有什么优缺点？各适用于什么水头范围？

答：水电厂常用的主阀有蝴蝶阀、球阀和闸阀三种。

蝴蝶阀简称蝶阀，它的优点是体积小，重量轻，启闭力小，启闭时间短。缺点是全开时水头损失较大，全关时易漏水。广泛用于水头在 200～250m 以下的中、低水头水电厂。

球阀的优点是关闭严密，漏水极少，水力损失小，止水面磨损小。缺点是体积大，重量大。用于管道直径在 2～3m 以下，水头在 250m 以上的高水头水电厂。

闸阀的优点是在全开时水头损失小，全关时不易漏水。缺点是体积较大，较重，启闭时间较长。通常用于高水头、管道直径在 1.0m 以下的水电站。

82. 简述直流测速发电机的工作原理？

答：直流测速发电机是个小型的直流发电机，定子励磁可以是直流电源供电的他励绕组，也可以是永久磁铁，它在气隙中建立恒定磁场。据直流发电机原理，当外力拖动测速发电机转子电枢旋转时，电枢绕组将切割磁力线产生感应电动势。电枢间的电枢电势与其转速成正比，即 $E = C_e \Phi n$。在额定励磁和负载不大的情况下，可近似认为其输出电压与转速成正比。使用时，测速发电机由外力推动转轴转动，输入的是转速信号，通过它输出的就是与转速成正比的电压信号了，具有测速作用。

83. 什么叫水轮机的水流速度三角形？

答：水流在水轮机转轮中的运动，一方面沿着叶片流道运动，同时还与转轮一起旋转运动。水流质点沿着转轮叶片的运动，称相对运动；随着转轮一起旋转的运动称为牵连运动（即圆周运动）；水流质点对水轮机固定部件（即对大地）的运动称为绝对运动。根据力学中物体运动速度分解和合成的原理，转轮中任一水流质点的绝对速度，均可分解成沿转轮叶片流动的相对速度以及随着转轮一起旋转的圆周速度，这三个速度向量构成一个闭合的三角形。称此矢量三角形为水轮机水流速度三角形。

84. 什么是流动阻力？它分为哪两类？

答：液体运动时所具有的总机械能是沿着流动方向逐渐减小的。这是由于液体本身具有黏性，流动的边界又是凸凹不平的，并且还有各种突然的变化，使液体在流动过程中受到阻力，这种阻力就是流动阻力。

为了便于计算，将流动阻力分为沿程阻力和局部阻力两类。当液体流动时，由于黏性使各流层之间及液体与固体壁面之间产生一定的阻力。这一阻力存在于整个流程中，称为沿程阻力。固体边界在局部地方的突然变化对流动产生的阻力，仅存在于局部范围内，故称为局部阻力。

85. 减少流动阻力的措施有哪些？

答：减少流动阻力有两种途径，一是改善流体与固体边界接触状况；二是采用添加剂减阻。其具体措施有以下几种：

（1）增大过流断面几何尺寸。工程中可以通过增大管径的方法来降低流动速度，以减少阻力损失。但过分增大管径也会带来建设费用的提高。

（2）减少管长。管道长度减小，沿程损失按比例减少。因此，管道敷设的原则是尽可能沿直线布置。

（3）减少局部管件。尽可能减少局部管件，既可降低建设费用，又可减少局部阻力，减少允许维护费用。

（4）提高管壁的光洁程度。管壁相对粗糙度减小，可以使沿程阻力系数减小，从而使流动阻力降低。为此经常维持管壁的清洁，进行定期的清洁，除垢是十分必要的。

（5）改善局部管件结构。局部阻力系数与管件结构是否合理有密切关系。总的原则是要尽可能避免和减少旋涡的产生和发展。管道进口采用光滑的喇叭形可使局部阻力损失减少90%。在管道上尽可能避免采用突然扩大和缩小这类管件，可以用渐弯管或渐缩管代替。弯管的局部阻力系数随曲率半径的增大而减小，因此当在布置上不受限的情况下，应尽量加大曲率半径。为了使三通转弯处旋涡减少，可以加装合流板或分流板，使局部阻力系数显著减小等。对渐扩管而言，它的圆锥角 θ 在 $6 \sim 8°$ 以下时局部阻力损失很小，但是这样会大大增加轴向尺寸。为了缩短轴向尺寸，θ 角可以增加到20°左右。当圆锥角较大时也可以采用加装隔板的办法来减少局部损失。

（6）添加剂减阻。在流动的液体中加入极少量的添加剂，改善紊流运行的内部结构，使流动阻力大大减少。目前使用的添加剂有三种，第一种是高分子聚合物，如聚氧化乙烯、聚丙烯酰胺等人工合成的高分子聚合物以及皂角粉等天然高分子聚合物。第二种是金属皂，如碱金属皂、胺皂等。第三种是液体中分散的悬浮物，如泥、纸浆、石棉等。

86. 什么叫水锤现象？水锤对管道和设备有哪些危害？

答：当液体在压力管道中流动时，由于某种外界原因（如突然关闭或开启阀门，或者水泵的突然停车或启动，以及其他一些特殊情况），液体流动速度突然改变，引起管道中压力产生反复的、急剧的变化，这种现象称为水锤。

水锤现象发生时，引起压力升高的数值，可能达到正常压力的几十倍甚至几百倍，使管壁材料及管道上的设备受到很大的压力，产生严重的变形以致破坏。压力的反复变化会使管壁及设备受到反复的冲击，发出强烈的振动和噪声，尤如管道受到锤击的声音。这种反复的冲击还会使金属表面损坏，打击出许多麻点，轻者增大了流动阻力，重者损坏管道及设备。所以，水锤对电厂的管道、水泵及其连接的有关设备的安全运行都是有害的，特别是在大流量、高流速的长管及水泵中更为严重。

87. 防止或减轻水锤危害的措施有哪些？

答：常用防止或减轻水锤危害的措施有以下几种：

（1）尽量缩短管道长度。

（2）增加阀门启闭的时间。

（3）增大管道直径。它使管中流速降低，从而使水锤产生时相应的水锤压力数值减小。

（4）在管道上装设安全阀。当管中压力升高的数值超过许可的数值时，安全阀开启，放掉一部分液体，使管内压力不致升高过大。

88. 什么是水轮机最优工况？

答：水轮机最优工况即水力能量损失最小、效率最高的工况，其条件是：

（1）水流在转轮叶片进口处应当是"无撞击进口"。

（2）水流从转轮叶片出口时其绝对速度方向基本上垂直于圆周速度，即所谓的"法向出口"。

89. 水轮机包括哪几个基本工作参数？各参数的含义是什么？

答：水轮机基本工作参数有工作水头 H、流量 Q、出力 P_T、效率 η_T 和转速 n 等。

工作水头 H：指水轮机进、出口断面处单位重量水体的能量差（亦称比能差），单位是米（m）。

流量 Q：指单位时间内，通过水轮机某一既定过流断面的水量，单位是米^3/秒（m^3/s）。

出力（即功率）P_T：指单位时间内，水轮机主轴所输出的功，单位是千瓦（kW）。

效率 η_T：一个无因次量，它等于水轮机出力 P_T 与输入水轮机的水流出力 $9.81QH$ 之比。

转速 n：指水轮机运行时，在单位时间内的旋转次数，单位是转/分（r/min）。

90. 反映水力机组稳定运行的参数有哪些？

答：反映水力机组稳定运行的参数有：

（1）振动。产生振动的部位有上机架垂直、水平方向，顶盖、定子外壳等。

（2）摆度。指各导轴承部位的 X、Y 方向摆度。

（3）压力脉动。尾水管、转轮上、下密封压力脉动，转轮上、下腔压力脉动，蜗壳、钢管或其他部位压力脉动。

91. 为什么水轮机效率总是小于 1？效率受哪些因素的影响？提高运行中水轮机的效率主要有哪些措施？

答：由于水轮机效率 η 为水轮机轴输出功率 P_T 与输入水轮机的水流理论功率 P_t（$P_t = 9.81HQ$）之比。而水轮机在工作过程中不可避免地要产生一些能量损失，因此其轴上输出功率总是比进入水轮机水流功率要小，即 $P_T < P_t$，其比值一定小于 1。

近代的中、大型水轮机的效率 η_T 为 90% ~ 95.8%，中、小型的 η_T 为 75% ~ 85% 左右。

水轮机的能量损失可分为容积损失、水力损失和机械损失三种，这些损失分别用容积效率、水力效率和机械效率来衡量。

（1）容积效率。进入水轮机的流量 Q 并未全部进入转轮作功，其中有一小部分流量 q 从水轮机的旋转部分与固定部分之间的空隙（如混流式水轮机上下冠止漏装置间隙，轴流式水轮机转轮与转轮室间隙，大轴和导水机构轴封间隙等）中漏掉了。进入转轮的有效流量与进入水轮机的流量之比，称为容积效率 η_V，即

$$\eta_V = [(Q-q)/Q] \times 100\%$$

（2）水力效率。从水轮机进口断面开始，水流经引水部件、导水机构、转轮、尾水管，直至出口断面。由于摩擦、撞击、漩涡、脱流等，将产生水头损失 $\Sigma\Delta H$，则水流实际作功的有效水头为 $H_e = H - \Sigma\Delta H$，水流由 H_e 转换的功率与进入转轮的水流功率之比，称为水力效率 η_s，即

$$\eta_s = [9.81(Q-q)(H-\Sigma\Delta H)]/[9.81(Q-q)H] = (H_e/H) \times 100\%$$

水力损失比较复杂，一般主要由以下几部分组成：

1）摩擦损失。这部分损失取决于水轮机内水流行程的长度、过水断面的水力半径、通流表面的粗糙率等因素。在最优工

况下，摩擦损失是主要损失。

2）撞击和漩涡损失。当水轮机偏离最优工况时，水流在转轮室内产生漩涡和碰撞而大量消耗水能，引起效率显著降低。

此外，还有因检修中焊补不当，工艺粗糙，使转轮实际过流部件不符合流线形状而增加叶型损失；水轮机尾水管出口水流总是有一定速度的，故存在水流出口的动能损失。

（3）机械效率。机组的导轴承、推力轴承，以及各轴承的油封、水封和其他密封装置的转动与静止部分之间的相对运动，都要产生摩擦损失，称为机械损失。

水轮机轴的输出功率 P_T 为水轮机的有效功率 P 与机械功率损失 ΔP_j 之差，即 $P_T = P - \Delta P_j$，那么，机械效率为

$$\eta_j = P_T/P = \left[(P - \Delta P_j)/P \right] \times 100\%$$

水轮机总效率为容积效率、水力效率、机械效率的乘积，即

$$\eta_T = \eta_v \eta_s \eta_j$$

由此可见，提高运行中水轮机效率的主要措施是：

（1）维持水轮机在最优工况下运行，避免在低水头、低负荷下运行，以减少水力损失。

（2）保持设计要求的密封间隙，减少转轮止漏装置和大轴轴封的漏水量，以减少容积损失。

（3）焊补过的转轮和导叶要保持原设计线型，并保持叶片表面的光洁度和减少波浪度。

（4）保持转动部分与固定部分之间有良好的润滑。

（5）水轮机在低负荷运行时，可向尾水管适当补气，破坏尾水管内的水流漩涡，既减小振动和空蚀，又可提高水轮机的效率。

92. 什么是水轮机的工作特性曲线？不同型式水轮机工作特性有何差别？

答：水轮机的工作特性曲线是指在转轮直径、转速和水头一定时，表示水轮机出力与效率的变化关系。水轮机的型式不同，工作特性曲线也各不相同。图 2-1 为三种型式水轮机的工作特

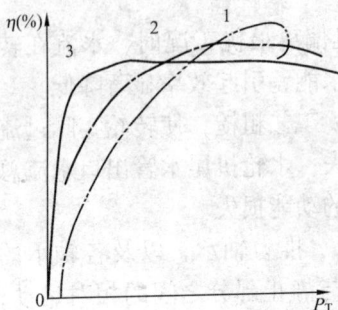

图 2 - 1 水轮机工作特性曲线
1—混流式；2—轴流转桨式；
3—水斗式（冲击式）

性曲线。由图可知，混流式水轮机的最高效率值最大，但高效率区较窄，适应出力变化的范围较小；水斗式水轮机的最高效率值最小，而效率比较稳定，高效率区宽广，适应出力变化的范围最大；而轴流转桨式水轮机的效率介于两者之间，最高效率值比较大，高效率区也相当宽，适应出力在相当大的范围内变动。同时，三种型式水轮机的最大出力点与效率最高点并不一致，可见，水轮机在满负荷下运行时效率不是最高的。如混流式水轮机约在额定出力的 85% ~100% 范围内出现最高效率点。

93. 水轮机静特性与机组静特性有什么区别？

答：水轮机静特性（又叫水轮机力矩特性）是指在导叶开度 α 一定时，在稳定的平衡状态下，水轮机动力矩 M_t 与其转速 n 之间的关系即 $n = f(M_t)$，如图 2 - 2（a）所示。而机组静特性（即水轮机调节系统静特性）是指机组所带负荷 P 与机组的转速 n 之间的关系，即 $n = f(P)$，如图 2 - 2（b）所示。

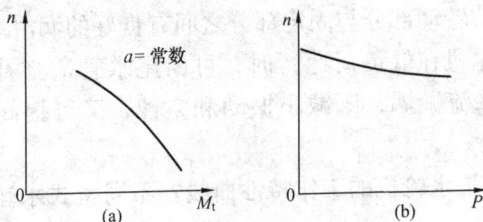

图 2 - 2 水轮机及机组静特性
（a）水轮机静特性曲线；（b）机组静特性曲线
（即水轮机调节系统静特性）

94. 什么叫水轮机运转特性曲线？该特性曲线上为什么要设置出力限制线？

答： 在水轮机直径、转速为一定值的情况下，以水头 H 为纵坐标，出力 P_T 为横坐标，效率为参变数所绘制的效率、水头和出力之关系曲线叫水轮机的运转综合特性曲线即 $H = f(\eta)$，如图 2 – 3 所示，简称运转特性曲线。

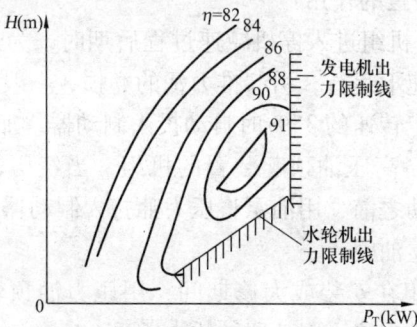

图 2 – 3　混流式水轮机运转特性曲线

图中出力限制线由垂直线和斜线两部分组成，斜线段是水轮机出力限制线，垂直线段是发电机出力限制线，两线交点的纵、横坐标分别为水轮机设计水头和水轮机额定出力。这两条限制线表示水轮发电机组的最大出力与水头的关系。

水轮机出力限制线表示水轮机的实际允许出力与水头的关系。对反击式水轮机来说，当导叶的开度超过某一极限（相应于某一极限出力）时，虽然流量继续增加，但由于水力损失等迅速增加，效率急剧下降，水轮机的出力反而减小，机组会出现出力波动而处于不稳定的运转状态。为避免进入这种区域工作，模型特性曲线上在比最大出力小 5% 的地方绘出了所谓 5% 出力限制线，因此，在运转综合特性曲线上绘出了相应的 5% 出力限制线。所以说，原型水轮机的实际允许出力，一般为水轮机可能发出的最大出力的 95%。

由于水轮机的额定出力是相应于设计水头和相应的最优导叶开度下获得的，所以，当水轮机的工作水头大于设计水头时，机组发出的出力将受到发电机额定出力的限制，发电机的出力限制线是限制发电机不超出该出力线运行，使发电机的温升不超过允许值。否则发电机将超过额定出力，出现超载现象，相应的温度会升高超过允许值，导致发电机绝缘老化加快。

95. 制动装置的作用？

答： （1）机组进入停机减速过程后期时，为避免机组较长时间处于低转速下运行，引起推力瓦的磨损，一般当机组的转速下降到本机额定转速的35%时自动投入制动器，加闸停机。

（2）未配备高压油顶起装置的机组，当经历较长时间的停机之后再次启动之前，用油泵将压力油打入制动器顶起转子，使推力瓦重新建立油膜。

（3）当机组在安装或大修期间，用压力油顶转子，将机组转动部分的重量直接由制动器缸体来承受。

96. 机械制动装置的优缺点有哪些？

答： 优点：运行可靠；使用方便；通用性强；用气压、油压操作所耗能量较少；在制动过程中对推力瓦的油膜有保护作用；既用来制动机组又用来顶转子，具有双重功能。

缺点：制动器的制动板磨损较快，粉尘污染发电机，影响冷却效果，导致定子温度增高，降低绝缘水平。加闸过程中制动环表面温度急剧升高，因而产生热变形，有的出现龟裂现象。

97. 简述水轮发电机组发电转调相的原理。

答： 水轮发电机组在发电状态下运行时，水流的能量转换为水轮机旋转的机械能，通过主轴传递转矩，经过发电机的磁电转换，将机械能转换为电能，定子电流的方向是从定子流向系统。水力矩是机组的动力矩，电磁力矩和各种损耗为阻力矩。且机组按一定的功率因数运行（有功多、无功少）。当系统感性负荷增加时，系统电压下降较多，为了维持系统电压，要求水轮机调相运行。此时，导叶全关，使水力矩为零，转子励磁电流为过励，转子磁极由超前于定子合成等效磁极的状态变成了滞后的状态了，所以以定子电流的方向发生了改变。在电磁力矩的作用下，水轮发电机以额定转速按原来的旋转方向输入有功电流，来维持机组旋转。但励磁电流为过励，发电机的输出为感性无功，承担系统的无功负荷从而稳定了系统的电压。为了减少水轮机转动时的损耗，通常将水面压到转轮以下。

98. 转轮室补气对机组过渡过程有哪些有利的影响？

答：转轮室补气对机组过渡过程有如下有利的影响：

（1）可降低转轮后面过大的真空度，减少导水机构因快速关闭而作用在转轮上的负轴向力和负的水轮机力矩。

（2）减少水流对转轮及以下过流部件的动力作用，减少振动幅值。

（3）补气压水可减少机组转为调相工况运行时所需的有功功率。

99. 对机组启动过程有哪些要求？

答：对机组启动过程要求如下：

（1）启动时间短、噪声小，启动过程平稳便于并网。

（2）推力轴承的减载装置动作正确，轴瓦的油膜正常形成。

（3）减少启动过程中的能量消耗。

100. 什么是水轮机调节？

答：从水轮发电机组运动方程：$J\mathrm{d}\omega/\mathrm{d}t = M_\mathrm{t} - M_\mathrm{g}$，可知，保持机组稳定的条件是水轮机动力矩 M_t 与发电机阻力矩 M_g 相等，当机组的负荷变化而使 M_g 发生变化时，破坏了上述平衡关系，相应改变导叶的开度，使 M_t 与 M_g 又重新达到平衡，以保持机组的转速始终维持在一预定值或按一预定的规律变化，这一调节过程就是水轮发电机组转速调节，简称为水轮机调节。

101. 水轮机调节工作的实质是什么？

答：水轮机调节工作的实质，就是当水轮发电机负荷改变，引起机组平衡条件破坏，使机组转速偏离允许范围时，以转速的偏差为调节信号，适当调节水轮机流量，使水轮机动力矩和阻力矩相等又重新达到平衡，维持机组转速稳定在允许的范围内。

102. 什么是水轮机调节系统的稳定性？

答：所谓稳定性是指水轮机调节系统，在受到外力干扰作用失去平衡状态，扰动作用消除后，经一定时间，又能重新回复平衡状态，称这种调节系统是稳定系统，即有稳定性。

103. 什么是水轮发电机组的自调节作用？

答：由于发电机阻力矩与水轮机动力矩的方向相反，当发电机负荷变化时，水轮机导叶开度不变，机组的平衡力矩破坏，此时机组能够自行从一个转速过渡到另一个转速，重新调整动力矩与阻力矩平衡，使机组在新的转速下稳定运行，这就是水轮发电机组的自调节作用。

104. 水轮机调速器系统应满足哪些基本要求？

答：水轮机调速器系统应满足的基本要求是：

（1）能维持机组空载稳定运行。

（2）单机运行时，对应于不同负荷，机组转速保证不摆动，负荷变化时，转速变化的大小应不超过规定值。

（3）并网运行时，能按有差特性进行负荷分配而不发生负荷摆动或摆动幅值在允许范围内。

（4）当机组甩100%负荷时，转速的最大上升值应满足调节保证计算值的要求。

105. 说明机组的调差率 e_p 与调速器永态转差系数 b_p 的区别与联系。

答：区别：调差率 e_p 的物理意义为机组的出力由零增加到额定值时转速变化的相对值。永态转差系数 b_p 的物理意义是指接力器行程为零时的转速与接力器全行程时的转速之差与额定转速之比值。因为机组出力为零时并非相应接力器行程为零，机组出力为额定值时也不一定相应接力器行程最大。故 $e_p \neq b_p$。

联系：调速器的永态转差系数 b_p 决定了机组的调差率 e_p，当调速器整定了 b_p 值后，机组的静特性也就确定了，水轮机调节系统有一确定的调差率为 e_p 的静特性。

一般来说，在稳定状态下接力器行程与转速偏差（相对值）的对应规律，从理论上分析它是正比规律，对应一条斜直线。实际上，由于各种因素的影响，它不可能是严格的直线规律，因此永态转差系数 b_p 应是调速器静态特性曲线在各点上斜率的负值。若调速器静特性的线性比较好，可在全行程范围内取平均值作为永态转差系数 b_p。

106. 暂态转差系数 b_t 的含义？

答：暂态转差系数 b_t 指永态转差系数 b_p 为零时，缓冲装置不起衰减作用，在稳态下的转差系数。严格地说，暂态转差系数 b_t 是缓冲装置不起缓冲作用时，由软反馈机构造成的有差静特性斜率的负值。

107. 简述接力器不动时间的含义。

答：接力器不动时间指转速或指令信号按规定形式变化起至由此引起主接力器开始移动的时间。

108. 简述接力器最短开启时间的含义。

答：接力器最短开启时间指在最大开启速度下，主接力器走一次全行程所经历的时间。

109. 什么是转速死区？

答：转速死区指当指令信号恒定时，不起调速作用的两个相对转速值间的最大区间。

110. 调差机构的作用是什么？

答：调差机构的作用是使机组进行有差调节，当外界负荷变动时，在系统中并列的数台机组，根据各自的 b_p 成反比进行合理分配负荷，可避免多台机组之间负荷来回窜动。

111. 变速机构的作用是什么？

答：机组在单机运行时，操作变速机构可调整机组的转速；当机组在并列运行时，可调整机组所承担的负荷。

112. 单调节调速器和双调节调速器指的是什么？

答：如混流式和轴流定桨式水轮机，只采用改变导叶开度的方法来调节流量叫单调节；而轴流转桨式水轮机采用改变导叶开度同时改变转轮叶片角度的方法来调节流量，此种方法叫双调节；冲击式水轮机在改变喷针行程的同时，还采用协联动作改变折向器开度的方法调节流量，也叫双调节。

113. 双调节水轮机的轮叶控制装置应具有什么功能？

答：（1）可根据水轮机协联曲线整定协联函数发生器。

（2）能接受水头信号的接口及按实际水头自动选择相应协联曲线的功能。

（3）保证机组在停机后自动将轮叶开到启动角度，并在启动过程中按一定条件自动转换到正常的协联关系。

（4）手动操作轮叶的装置。

114. 水轮机自动调节系统主要由哪几个基本部分组成？各主要元件的作用是什么？

答： 水轮机自动调节系统的组成如图 2－4 所示。

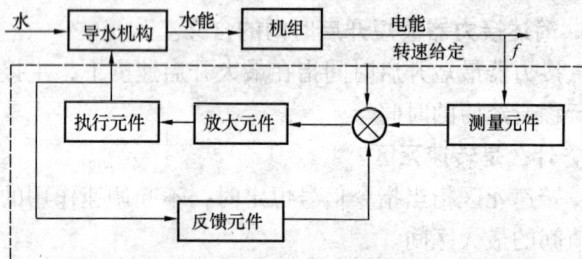

图 2－4 水轮机自动调速器方框图

由图 2－4 可知，自动调速器由测量元件、放大元件、执行元件和反馈（或稳定）元件构成。

测量元件负责测量机组输出电能的频率，并与频率给定值比较，当测得的频率偏离给定值时，发出调节信号。

放大元件负责把调节信号放大，然后通过执行元件去改变导水机构的开度，使频率恢复到给定值。

反馈元件的作用是使调节系统的工作稳定。

115. 水轮机调速器的主要作用是什么？

答：水轮机调速器的主要作用在于：

（1）根据发电机负荷的增、减，调节进入水轮机的流量，使水轮机的出力与外界的负荷相适应，让转速保持在额定值，从而保持频率（$f = 50Hz$）不变或在允许范围内变动。

（2）自动或手动启动、停止机组和事故停机。

（3）当机组并列运行时，自动地分配各机组之间的负荷。

116. 水轮机调速器的动态品质指标有哪些？最佳调节过程是什么？

答：当调速器受到外部干扰以后，机组转速变化的过渡过程，就是动态过程，其品质指标有三个：

（1）调节时间。从受外扰开始到转速进入稳定范围（转速摆动规定值内）时止，所经历的时间，被称为调节时间，也称为过渡过程时间。

（2）最大超调量。调节系统受外扰后，在调节过程中转速超过新稳态值的最大偏差与扰动量的比值。

（3）超调次数。在调节时间范围内，出现波峰和波谷总数的1/2。

最佳调节过程应该是：超调量小，调节时间短，超调次数少。但这三项指标往往是互相矛盾的。如调节时间短，往往超调量就比较大；若超调量过小，则会加长调节时间，且超调次数也会增多。因此，衡量动态品质的好坏，不能单从某一指标看，应根据具体情况，综合考虑。

117. 水轮机调速器分哪几种类型？调速器型号的含义是什么？

答：水轮机调节系统是比较复杂的，因此产生了各种不同类型的调速器。

按照测速元件的不同型式，可分为机械液压型调速器（简称机调）、电气液压型（简称电液）调速器和微机调速器。

按调整流量的操作方式不同可分为单调和双调两类。如混流式和轴流定桨式水轮机，只采用改变导叶开度的方法来调节流量叫单调；而轴流转桨式水轮机采用改变导叶开度同时改变转轮叶片角度的方法来调节流量，此种方法叫双调；冲击式水轮机在改变喷针行程的同时，还采用协联动作改变折向器开度的方法调节流量，也叫双调。

调速器型号的含义是：

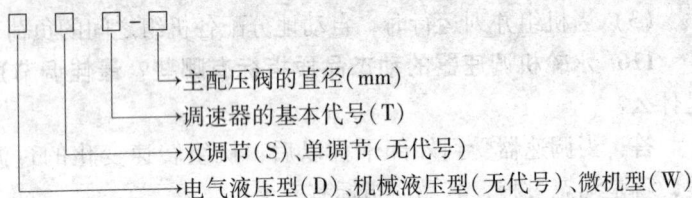

示例：DST–150 型表示大型的电气液压型双调节调速器，主配压阀直径为 150mm。

118. 机械液压调速器主要由哪些部件组成？

答：水电厂常用的有 T、ST 和 YT 型机械液压调速器。

T 型单调节机械液压调速器的主要部件包括飞摆（测量元件）与引导阀、主配压阀与辅助接力器（放大元件）、缓冲器（软反馈）、调差机构（硬反馈）、变速（亦称转速调整）机构、开度限制机构、启动装置、电磁双滑阀和启动阀以及滤油器等。

ST 型双调节机械液压调速器，除包括上述部件外，还增设轮叶调节装置，它主要由协联机构、液压放大机构、水头调整装置和轮叶启动装置构成。

YT 型机械液压调速器在结构上与 T 型机械液压调速器大同小异，差别不大，不过，它是一种带油压装置的机械式单调节调速器。

119. 机械液压调速器离心式飞摆和引导阀的主要作用是什么？

答：飞摆的主要作用是随时监测机组转速的微小变化，并把转速变化与额定转速的偏差转换为正比例的机械位移信号，经液压放大元件后，去调节导叶开度，实现自动调节。而引导阀的作用是控制辅助接力器上腔的油压变化，从而达到控制辅助接力器动作的目的。

120. 开度限制机构的作用是什么？它是怎样限制导叶开度的？

答：开度限制机构的主要作用是限制机组出力在所要求的范围内（即限制水轮机导叶开度），并能用来开、停机操作和控制导叶开度，实现手动运行。

机组运行中，当水轮机导叶实际开度增至限制开度时，开度限制指示器上黑红针重合，开度限制针塞下阀盘恰好封住辅助接力器活塞上的衬套最下方的横向油孔，切断了引导阀与辅助接力器之间的油路，使辅助接力器和主配压阀再不能下移而开大导叶开度。这样就限制了导叶开度。但必须注意，开度限制机构只能限制负荷的增加，而不能限制负荷的减小。

121. 机械调速器中软反馈、硬反馈的含义是什么？

答：软反馈是指反馈的输出信号与输入信号变化率成比例；硬反馈是指反馈的输出信号与输入信号成比例。

122. 为什么要设轮叶启动装置及导叶启动装置？

答：启动装置用来实现机组自动启动和停机，并获得机组最优的启动特性，即使机组由静止状态既平稳而时间又短地达到额定转速。

（1）为减小机组启动时的轴向水推力，从而减小机组力矩，减小启动时的振动而设轮叶启动装置。其工作过程是：停机后自动开轮叶角度至启动角度，开机时导叶打开后自动恢复到协联角度。

（2）为了机组启动迅速，启动过程平稳，顺利并网而设导叶启动装置。其工作原理是开机时先很快开导叶至启动开度（至此开度时机组转速才由 0 开始上升），随后以同样速度开导叶至初控开度，然后将导叶缓开至空载。

123. 设置轮叶启动角的目的是什么？其整定值是多少？

答：设置轮叶启动角的主要目的是减小水的轴向推力，增大启动力矩，加速机组启动。轮叶启动角一般整定在 +2°左右。

124. 常规电液调速器由哪些元件组成？各自的作用是什么？

答：常规电液调速器分为电气部分和机械液压部分，其组成及主要元件的作用如下：

（1）永磁发电机：装在主轴上的测速发电机，提供测频回路频率（转速）信号。

（2）测频回路：将永磁发电机送来的频率与给定值进行比较，其偏差值送至信号综合回路。

（3）信号综合回路：将测频、软反馈、功率给定与硬反馈及频率给定等回路输出的信号，以代数和方式进行综合，然后送至调节信号放大回路。

（4）调节信号放大回路：将综合后的微弱信号放大到足以能带动电液转换器工作线圈。

（5）电液转换器：将电气调节信号转换成具有一定操作能力的机械位移信号。

（6）液压放大装置：引导阀与辅助接力器组成第一级液压放大装置；主配压阀和主接力器组成第二级液压放大装置。通过这两级液压放大装置将电液转换器输出操作力很小的机械位移信号，扩大为很大的操作力，去推动导水机构进行流量调节。

（7）位移传感器：将接力器的机械位移的反馈信号转换成电气反馈信号，送至软反馈和硬反馈回路。

（8）缓冲回路、功率给定与硬反馈信号：它们均由电气元件组成，与机械压型调速器的缓冲器、调差机构具有相同的功用。

（9）功率给定与频率给定回路：机组并网运行时，用来调整机组所带的负荷；单机运行时，用来调整机组的转速。

（10）开度限制机构：一般采用机械装置，以便在各种情况下限制导叶开度、手动控制机组运行和机组的启动和停机。

125. 电液调速器中，永磁发电机、测频回路和电液转换器各起什么作用？

答：永磁发电机是装在机组主轴上，用以反映机组频率

（或转速）变化的测速发电机，它供给测频回路频率偏差信号，同时供给调速器中各电气回路的电源。

测频回路就是利用电容元件 C 与电感元件 L 组成的谐振回路，相当机械调速器中飞摆的作用。它将永磁发电机送来的频率（转速）变化与给定值之偏差 Δf（Δn）转变成与其成正比的电压信号，送至信号综合回路，达到控制水轮机、实现机组自动调节的目的。

电液转换器是电液调速器中连接电气部分和机械液压部分的桥梁，由电气位移转换部分和液压放大部分组成。它的作用是将电气部分输出的电信号，转换成具有一定操作力的机械位移信号。

126. 目前常用的电液转换器有哪几种类型？

答：电液转换器也称为电液伺服阀。按电气—位移转换部分的工作原理可分为动线圈式和动铁式。按液压放大部分结构特点可分为控制套式和喷组挡板式，控制套式按工作活塞型式不同分为差压式和等压式。

目前比较适用的、性能较好、结构合理的电液转换器有：DYS－1 型双锥式、HDY 型环喷式、动圈压差式、喷嘴挡板式等。

近来有一些电厂出现了用步进式电机取代的趋势。

127. DYS 双锥型电液伺服阀有什么特点？

答：DYS 型电液伺服阀具有结构简单、安装调试方便及耗油量较小等特点。由于双锥具有良好的对称补偿作用，在工作油压波动和负载变化时，零点漂移小。最主要的优点还是其从设计原理上保证了高度可靠性，具有自动清污作用。其工作原理如下：

电流—位移转换部分的动圈采用线径为 0.17mm 的高强度漆包线绕制，动圈及引出线位于上部，与油雾接触很少，工作可靠不易断线。并且动圈具有约 10N 的电磁力，克服偶然性卡阻的能力也很强。下部液压放大部分，差动活塞上、下腔节流孔径为 $\phi1.1 \sim 1.4mm$，一般不会堵塞，差动活塞具有 1500N 以上的作用力，通常不易卡住。双锥阀的工作间隙为一环行线隙，路径短，其正常工作间隙为 0.12~0.16mm，由振动电流造成的附加间隙为 0.08~0.10mm。当环行间隙一旦有机械杂质通过时，双锥阀偏向另一侧，因而其通过机械杂质的最大间隙可达 0.40~0.50mm。特别是当双锥阀万一堵塞时，活塞下腔油压升高，差动活塞将瞬时上升，双锥阀间隙瞬时加大，杂质即被高速油流冲走，达到自动清污作用。因此这种结构保证了其较高的可靠性。

128. HDY 环喷型电液伺服阀有何特点？

答：HDY—S 型电液伺服阀是位移输出式；HDY—Q 型是流量输出式。两者的共同特点是：

（1）控制套不停地快速旋转，且阀塞也在缓慢的旋转，因此消除了黏滞的影响，提高了灵敏度。

（2）阀塞端面设计成锯齿状，由于几个分段呈几段小锥体，当阀塞与阀套不同心时，锥体表面径向压力不均，推动阀套自动调定中心。由于阀套与中心杆系万向球铰结合，调定中心是很容易的。

（3）无论是阀套上环还是下环堵塞时，均有一定的自洁能力，即可起到自动清污作用。

（4）透过连接座的有机玻璃，可以观察阀套喷油及运动状况。

这种伺服阀阀抗油污能力强，安装调试方便。

129. 电液转换器中振荡电源的作用是什么？

答：振荡电源是在电液转换器平衡线圈中加入一定频率的小电流，它能使平衡线圈产生微小的振动，防止电液转换器阻塞，提高灵敏度。

130. 若干台机组并列运行时，各台机组的永态转差系数应如何整定？

答：机组转速随负荷增减而变化的程度，称为机组调差率，常用符号 e_p 表示。其几何图形如图 2-5 所示，它的数学表示式为

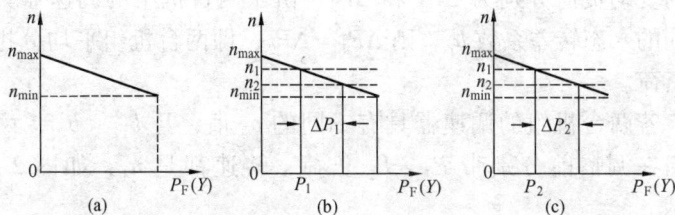

图 2 - 5　调速器静特性

$$e_p = \left[\left(n_{max} - n_{min} \right) / n_e \right] \times 100\%$$

式中　n_{max}——机组在空载时的转速；

　　　n_{min}——机组在额定出力时的转速；

　　　n_e——机组额定转速。

显然，e_p 表示机组的出力 P 从由零增加到额定值时其转速变化的相对值。一般变化在 $0 \sim 8\%$ 的范围内。

实际工作中常用调速器静特性表示。调速器静特性，就是在平衡状态下，调速器转速 n 和接力器行程 Y 之间关系，即 $Y = f(n)$，也可用图 2 - 5 （a）表示。其静特性的斜率可用永态转差系数（残留不均衡度）b_p 来表示，当静特性可近似视为直线时，b_p 用下式计算

$$b_p = \left[\left(n_{max} - n_{min} \right) / n_e \right] \times 100\%$$

式中　n_{max}——接力器行程为零时调速器的转速；

　　　n_{min}——接力器为全行程时调速器的转速；

　　　n_e——调速器的额定转速。

可见，永态转差系数 b_p 的物理意义是指接力器行程为零时的转速与接力器全行程时的转速之差与额定转速之比。

并列运行机组各调速器的永态转差系数值，决定了系统负荷在各机组间的静态分配。假定两台并列运行机组各有 1 台调速器，其永态转差系数相等 [即静特性线斜率相等，如图 2 - 5 （b）、（c）所示]。设调整前两机负荷相等，即 $P_1 = P_2$，且转速都为 n_1，当负荷增大时，机组转速下降到 n_2，此时两台机组承

担的变动负荷分别为 ΔP_1 和 ΔP_2，由于两台机组的调速器具有相同的永态转差系数 b_p，则 $\Delta P_1 = \Delta P_2$，即两台机组平均分担变动负荷。

若两台机组的调速器具有不同的 b_p 值，且 $b_{P1} < b_{P2}$，两台机组在调整前分别带 P_1、P_2 负荷，转速都是 n_1，如图 2−6 所示。

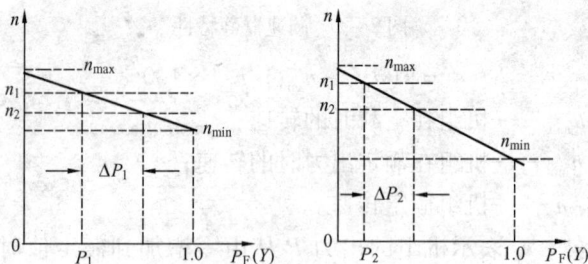

图 2−6　机组静特性

当系统负荷增加 ΔP 时，两台机组转速同时下降到 n_2，此时第一台机组增加 ΔP_1，第二台增加 ΔP_2，且 $\Delta P = \Delta P_1 + \Delta P_2$，由图可知，$\Delta P_1 > \Delta P_2$，即第一台承担大部分变动负荷；同理，在系统负荷减少时，第一台机组减少的负荷也较第二台机组多。由此推证出，合理调整系统内各并列运行机组调速器的永态转差系数，就可使机间变动负荷的分配符合要求。

为了让效率高的机组带基本负荷，将其调速器的 b_p 值整定得较大；效率低的机组带变动负荷，将 b_p 值整定得较小。

131. 调速器的永态转差系数 b_p 和缓冲时间常数 T_d 是怎样进行调整的？

答：为实现调速器最佳运行参数配合，需对 b_p 和 T_d 值进行适当调整。调速器的 b_p 值，要根据机组在电网中承担的任务来调整。改变调差机构方架上调节螺母的位置，即可调整 b_p 值。

缓冲时间常数 T_d，最好通过负荷扰动试验来进行调整。对 T 和 YT 型调速器，可调整平板条位置或平板条上调节螺钉的高度；对电液调速器，T_d 的大小是通过改变缓冲（亦称软反馈）回路中的电阻值（即电位器的触点位置）来实现的。

132. 引起调速器运行不稳定的原因有哪些？

答： 调速器在运行过程中引起不稳定的因素很多，除了调速器本身因设计制造、选型、安装和检修调试不当等原因外，还受到运行机组压力过水系统水压脉动和运行维护、管理不当等的影响，可能的原因有：

（1）对具有共同引水管或同一调压井的并联运行机组，由于相邻机组进行剧烈调节，导致引水系统中的水压剧烈脉动，使水轮机转速不稳定。低水头、大流量水电厂上、下游水位发生周期性大幅度波动，也会引起水轮机和调节系统的周期性波动。

（2）对具有较长压力水管的电厂，当水管的压力变化周期接近调速器自振周期时，可能因发生共振而引起调速器运行不稳定。

（3）低水头水电厂机组偏离最优工况运行，在尾水管内产生空腔涡带，引起转速不稳，或水轮机强烈空蚀引起转速不稳。

（4）系统负荷周期摆动或系统功率振荡，引起调速器运行不稳定。

（5）压力油脏时，缓冲器工作受影响，也会诱发调速器不稳定。

（6）调速系统的油管路和接力器中有空气，接力器止漏装置漏油，从主配压阀引来的油管漏油，都将引起调速器运行不稳定。

133. 水电厂的调速器中的主配压阀控制不灵或卡死，原因在哪里？

答： 有些水电厂在枯水季节长期停机，维护不善，油系统中含水量过大，使主配压阀各滑动面产生锈蚀，手、自动操作不灵，甚至卡死。有时固体颗粒或铁屑等进入活塞和衬套之间，也会使之卡死。遇到这种现象，开机前应仔细检查，油中含水量多时要换新油。并同时分解、检查主配压阀的关键部件。

此外，应经常对透平油进行观察和化验。

134. 调速器为什么会出现经常溜负荷现象？

答：所谓溜负荷是指没有操作功率给定和频率给定电位器，系统频率也无明显的升高，机组带上一定负荷运行后，逐渐减至空载。一般都在负荷明显溜掉以后，值班人员才发现。

（1）电液调速器产生此现象的可能原因是：

1）功率给定电位器偶然有某一位置接触不良。

2）某些继电器的触点接触不良，或其干簧触点损坏等。

3）电液转换器线圈断线，在没有电流的情况下，电液转换器的平衡位置又偏在关机方向。

4）元件损坏，特别是测频回路输出变压器和相敏整流输入变压器损坏，造成调节信号不正常。

5）电液转换器，卡在偏关方向的微小位置。

（2）机械液压调速器产生溜负荷现象，可能是：

1）缓冲器特性欠佳。

2）杠杆间死行程过大。

3）调速器死区太大。

4）油质脏，影响液压缓冲回复特性。

135. 在什么情况下调速器才允许限制负荷运行？

答：水轮机一般应在自动调速状态下运行，此时调速器的开度限制器应放在最大开度位置。只有在调速系统工作不稳定、电厂上游水位过低、机组带病工作等特殊情况下，才允许使用开度限制把导叶开度限制在水轮机必须降低出力的相应位置。

136. 调速器投入自动时，为什么要求引导阀、主配压阀有微量跳动？

答：引导阀和主配压阀是调速器内比较灵敏的元件，在正常调节过程中它们的位移量都不大。飞摆是调速器的测速元件，多数调速器飞摆的重锤是由弹簧片连接的，测速过程中即使转速正常也不可避免地要引起转动套轻微跳动，因而引起主配压阀跳动。如果这个跳动量大于活塞与油孔的搭叠量，就会引起接力器抽动，使调速器工作不稳定。但是，微量的跳动又是必要的，这是因为有微量跳动，说明引导阀和主配压阀处于自由状态，运动中没有卡塞受阻现象。同时轻微跳动还可以防止引导阀的针塞与转动套之间、主配压阀的活塞与活塞套之间产生接触锈蚀。有的电液调速器，为了使针塞按某一频率轻微跳动，以减少干摩擦和死区，还特地将引导阀放在一个通交流电的线圈中。因此，对运行中的调速器，值班人员应注意观察引导阀和主配压阀是否有微量跳动。

137. 机组运行中，调速器的开度限制的位置为什么要经常调整？

答：因为机组在运行中，导叶的开度限制一般应放在机组最大出力的限制位置，而此位置是根据上游水位的变化而改变的。

开度限制如过大，当上游水位高时，则机组调整出力时，容易过负荷；当水库上游水位低时，易使水轮机的效率急剧下降，产生机组振动。

开度限制如偏小，则又限制了机组不能发出最大出力。所以，一般导叶最大开度应限制于额定开度的95%以下，以免使水轮机的效率降低。

当机组启动后与电网并列时，若发现调速器不稳定，可用开度限制加以限制使其稳定。在与电网并列后，可将开度限制放于机组最大出力限制的位置。

138. 微机调速器一般有哪几种闭环运行模式？

答：微机调速器闭环运行模式一般有频率闭环调节模式、功率闭环调节模式、开度闭环调节模式。

139. 水轮机微机调速器有什么特点？

答：微机调速器是一种以微型计算机作为调节、控制核心，以新型机械液压随动系统作为执行机构的水轮机调速设备。具有结构简单、操作方便的特点。具有同时测量机组频率和电网频率的功能。譬如 WT—S—150 型双微机调速器经过测试有如下特性：

（1）静特性试验，转速死区约 0.012%。

（2）机组空载扰动后，稳定时间小于 9s。

（3）机组甩 25% 额定负荷时，接力器不动时间约 0.08s。

（4）机组甩满负荷后，稳定时间约 18s，超调 0.5~1 次。

双微机调速器具有容错式测频的功能，能对调速器内部的部分元件进行错误检测，并能实现双机间无扰动自动切换，运行结果表明该调速器具有很高的抗干扰能力和较高的可靠性，调速器的各项性能指标均达到了相关标准的要求。

140. 水电厂为什么要用双微机调速器替换机械液压或电气液压调速器？

答： 水电厂逐步用微机调速器替换了原机械液压或电气液压调速器，这是由于微机调速器是一种以微型计算机作为调节、控制核心，以新型机械液压随动系统作为执行机构的水轮机调速设备。它具有以下特点：

（1）稳定性好，可靠性高，全自动投入运行后，一直未发生溜负荷和调速器抽动等故障，也未发生元件损坏，插件接触不良现象，装置的故障率为零。

（2）调试简单、维护工作量少，原调速器小修需要 3~7 天，现在只要 1~2 天，大大缩短检修时间。

（3）装置精度高，调节性能好。原电液调速器采用大量的电位器，使得调节器的调试较麻烦，且很难满足技术要求。而微机调速器大部分功能软件化，使得整个调速系统调节精度大大提高，特别是协联关系曲线采用固化方式，减少了与制造厂家所给曲线的误差，提高了水轮机的效率。

（4）空载稳定性好，并网速度快，操作简单，调整负荷准确。

（5）微机调速器的抗油污能力强，电液转换器采用双链阀结构，对油质要求低，投入运行后，无发卡现象，零点漂移也很小。

（6）装置功能齐全，自动化程度高。调节器采用双微机，可实现网频断线、机频断线、位移量反馈断线、电液转换器发卡、机组溜负荷等多种故障的判断与处理，在严重故障时可自动切手动，保证机组安全可靠运行。

141. 试述双微机调速器的液压系统的工作原理。

答：液压系统具有三级液压放大，第一级是电液转换器，第二级是由引导阀和辅助接力器组成的液压放大器，第三级是主配压阀和主接力器。其工作原理是：

微机送来的电气信号与接力器位置信号在综合放大器内比较并放大，放大器的输出信号使电液转换器产生与其成比例的位移。由于电液转换器与引导阀直接连接，此位移即通过液压放大器使主配压阀也产生相同的位移，并向主接力器供压力油使其移动，直到主接力器位置信号与微机的电气信号数值相等为止。

142. 调速器在调整完正式投入运行前，为什么要进行空载扰动和负荷扰动试验？

答：空载运行是机组十分重要的一种运行工况。机组启动后、并入电网前和机组甩负荷与电网解列之后，要求机组保持比较稳定的转速空载运行。调速器一般在空载运行时稳定性较差，因此需要进行空载扰动试验（外加急剧扰动量，一般为 6% 左右），以选择缓冲时间常数 T_d、暂态转差系数 b_t 和局部反馈系数 α 等调节参数的最佳配合值使之满足下列要求：

（1）转速最大超调量不应超过转速扰动量的 30%，如图 2-7 所示；

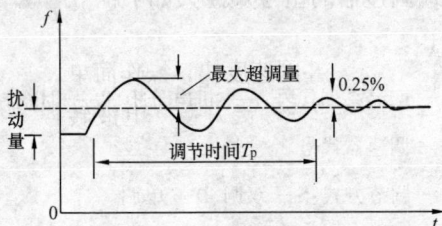

图 2-7　转速超调量图

（2）超调次数不应超过 2 次；

（3）由扰动开始到转速稳定（相对转速摆动值不超过 $\pm 0.25\%$）为止的调节时间 T_P，对机械调速器一般不大于 30s，对电液调速器一般不大于 20s。

缓冲时间常数 T_d 可在 0～20s 内调整；暂态转差系数 b_t 可在 0～100% 范围内调节，个别的可达 0～140%；局部反馈系数 α 可在 0.1～0.5 范围内调整，个别的为 0.1～0.7。对于电液调速器，还应包括电液转换器与引导阀的行程比值 α_1。永态转差系数 b_P 的值由调度部门给定，担任基荷时，b_P 值较大；担任峰荷时，b_P 值较小。

一般说，上述可调参数取得较大时，其稳定区域相应增大。但稳定性过高，调节时间 T_P 将增加，还会增大超调量和超调次数，调速器动作迟缓，降低调节品质。同时增大 α 值后，转速死区有所增加，因此，在调整调速器参数时，要在满足稳定性要求的前提下，力求调节过渡过程快速衰减。要兼顾动、静调节质量，一般由 T_d 和 b_t 值来保证稳定性，在不破坏调节系统稳定性的前提下，减小 α 和 α_1 值。

负荷扰动试验的目的是检查机组在并入电网后或单机运行中负荷突变时调速器的动作情况和调节品质，同时选择带负荷时的最佳运行参数，如接力器不动作时间、调节时间、超调量和超调次数等。

143. 写出步进式调速器的型号及意义。

答：步进式调速器的型号及意义如下：

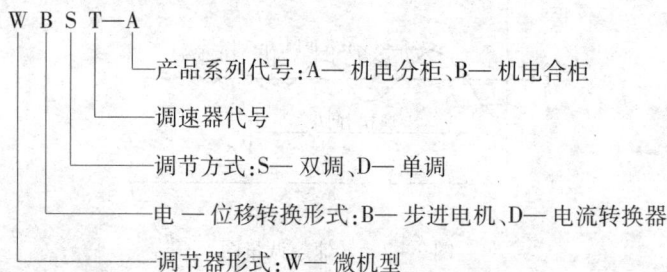

W B S T—A

产品系列代号：A— 机电分柜、B— 机电合柜

调速器代号

调节方式：S— 双调、D— 单调

电 — 位移转换形式：B— 步进电机、D— 电流转换器

调节器形式：W— 微机型

B S T—□□□—□□

             └─油压(MPa)

           └──主配直径(mm)

        └───调速器代号

     └────调节方式　S— 双调、D— 单调

  └─────电 — 位移转换形式:B— 步进电机、D— 电液转换器

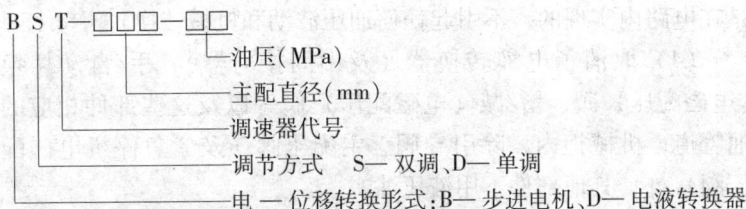

144. 步进式调速器有哪些主要电气特点?

答: 步进式调速器的主要电气特点如下:

(1) 电气回路中完全取消了电位器, 大大减少了接触不良等不安全因素。电柜内无功率放大极等模拟电路, 避免了模拟放大电路存在的漂移、抗干扰性差等问题。

(2) 独特的变速控制方式, 具有自动检测步进电机失步等故障诊断处理动能。保证了整个系统的安全可靠性。

(3) 具有频率跟踪、开度跟踪、功率跟踪功能, 保证了调速器手动自动的无扰动切换以及运行模式无扰动切换。

(4) 自动按工况改变运行参数, 调节平稳, 速动性好。

(5) 采用梯形图编程, 使程序易懂易读, 修改方便, 便于用户掌握。

(6) 采用单片机测频, 线性度好、精度高、速度快。

(7) 电源消失时维持原有导叶、轮叶开度不变。

145. 步进式调速器有哪些主要机械特点?

答: 步进式调速器的主要机械特点如下:

(1) 除保留传统调速器具有的所有功能外, 还增加了当电柜电源消失时调速器自动进入手动运行状态并维持原有的导叶及轮叶开度不变。

(2) 调速器电气手动运行时, 仍可实现远方增或减负荷(或频率), 如出现机组甩负荷时, 可自动进入空载而不直接作用停机。

(3) 手/自动运行方式切换平稳。调速器不论是手动运行进入自动运行, 还是从自动运行进入手动运行, 都可随意切换, 而不必考虑开度限制机构是否处于限制状态。(所有的切换工作都

是在电路内实现的，不引起任何油压波动和机械转换）。

（4）取消了电液转换器（及中间接力器）、手/自动切换（电磁配压）阀、增/减（电磁配压）阀等以及这些部件相应的油管道，机械柜内，除引导阀、主配压阀（及紧急停机电磁配压阀）外，其他部件不用液压油。

（5）简化了开度限制机构；简化了杠杆、滤油器等；简化了机柜结构。

（6）不需要高精度的油源，因此降低了对滤油器的要求（仅供引导阀和紧急停机电磁阀用油）。又由于采用刮片式滤油器，取消了滤油器切换阀，也完全省去了滤油器的日常清洗更换工作。

（7）由于步进式电—位移伺服系统采用了闭环控制，完全消除了失步现象。采用了步进电动机的变速控制方式，完全解决了步进电动机速度与失步的矛盾。位移转换装置还设有纯机械超行程保护功能，防止传感器断线等意外故障时，丝杆过度卡死，损坏步进电动机。整个系统结构简单，功能完善，操作方便，性能好，可靠性高，维护和检修工作量小。

146. 步进式调速器有哪些主要功能？

答：步进式调速器的主要功能如下：

（1）导叶、轮叶手/自动调节。

（2）手/自动开、停机及紧急停机。

（3）设频率调节、功率调节、开度调节三种运行模式。

（4）设频率跟踪、频率人工死区。

（5）水头手/自动方式选择，还可通过键盘改变导叶给定开度、限制开度、频率给定、功率给定值。

（6）远方/现场，手/自动负荷调整。

（7）机频、网频故障诊断及处理；A/D、D/A 故障诊断及处理；反馈系统故障诊断及处理；步进电机故障诊断及处理；电源监视及处理。

（8）开度、频率、功率、实际值及给定值显示。电气开度限制值显示，水头给定及轮叶实际值显示。

（9）水头、开度显示自动复归功能。

（10）各类故障及电源消失报警出口。

147. 步进式调速器可进行哪些方式切换操作？

答：步进式调速器可进行如下方式切换操作：

（1）切频率调节。同时按频率模式键、执行键，频率模式灯亮。

（2）切开度闭环调节。同时按开度模式键、执行键，开度模式灯亮。

（3）切功率闭环调节。同时按功率模式键、执行键，功率模式灯亮。

（4）切手动。按手动键，手动运行方式灯亮。

（5）切自动。按自动键，自动运行方式灯亮。

（6）切开限。按水头/开限键，显示 L. XXXX。

（7）切水头。再次按水头/开限键，显示 H. XXXX。

（8）复位。按复位键，复位水头或开限显示及故障信号与故障显示。

148. 如何进行步进式调速器的给定值操作？

答：步进式调速器的给定值操作方法如下：

（1）开限给定：按水头/开限键，当显示 L. XXXX 时，再按增或减键。

（2）水头给定：按水头/开限键，当显示 H. XXXX 时，再按增或减键。

（3）频给、开度给定、功率给定：空载状态，网频故障时，按增或减键改变频给值；并网状态，开度闭环式频率调节模式时，按增或减改变开度的给定值；并网状态，功率闭环时，按增或减键改变功率给定值。

149. 步进式调速器机械柜由哪些部分组成？

答：步进式调速器的原理框图如图 2 - 8 所示。

步进式调速器机械柜由步进式电一位移控制系统、液压随动

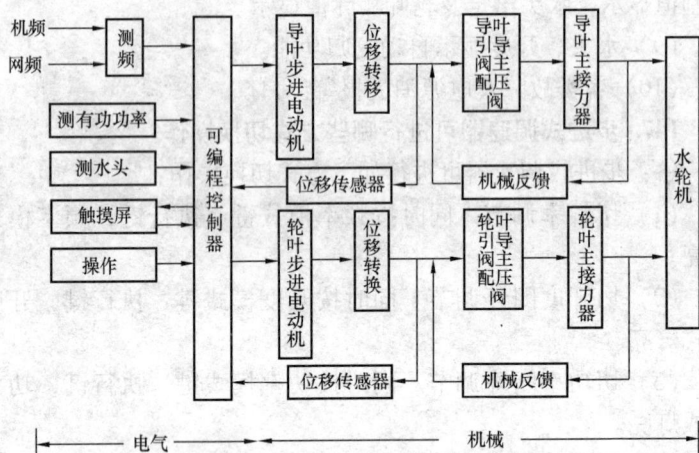

图 2-8　步进式调速器的原理框图

系统、手动机构、应急阀块组成。步进式电—位移控制系统采用可编程控制器—步进式驱动器—步进电动机—丝杆—位移传感器的结构形式。液压随动系统采用引导阀—辅助接力器—主配压阀—主接力器—机械反馈的结构形式。导叶侧的开、停机及紧急停机电磁铁阀动作应急阀块的从动阀来控制引导阀的油源，实现停机优先的原则，提高停机的可靠性。

150. 步进式调速器滤网的结构有何特点？怎样操作？

答： 步进式调速器滤网的结构特点及操作如下：

步进式调速器滤网均为层叠钢片间隙过滤，滤网旋转无方向性，可以正、反方向旋转。滤网的清扫统一按俯视顺时针旋转每次旋转 180°，每周一次。当滤网压差达 0.1MPa 时切换操作。如压差降低或旋转不动时，检修并分解清扫。分解清扫滤网，每年一次。调速器必须在停机状态，先关闭滤网前的检修阀门，再旋下过滤器下部的油杯（壳体），倒尽污油。

151. 简述步进式调速器机械液压系统工作原理。

答： 正常运行时，步进电动机驱动器接受调速器电柜控制信号，驱动步进电动机旋转，步进电动机带动丝杆转动，丝杆将电动机的转动变成直线位移，位移传感器将丝杆的位移信号送至电柜，当丝杆的位置与电柜所要求的值相同时，步进电动机停止转动，电—位移伺服系统完成闭环调节。

丝杆的位移信号经过杠杆带动引导阀，控制辅助接力器，主配压阀驱动主接力器运动，主接力器的位移信号经机械反馈机构，杠杆送至引导阀，使引导阀回到中间位置状态，液压随动系统完成跟踪调节。

停机或紧急停机时，紧急停机电磁阀接受停机信号，切断导叶引导阀的油源，实现停机或紧急停机。

手操机构用于检修、试验和纯机械手动运行时的控制。正常运行时的开度限制功能由电柜通过步进电机实现。在低水头时，手动机构需限制导叶开度不大于95%的最大开度，其他情况下均处于全开位置。

152. 步进式调速器自动运行时开度、功率、频率模式、运行切换有哪些注意事项？

答：步进式调速器自动运行时，一般要求开度模式运行，因开度模式的反馈为开度反馈，相对于功率模式运行较稳定。频率模式为高一级的故障运行模式，当开度模式运行故障时，自动切为频率模式运行或进入手动运行方式。在三个模式间相互切换时，应注意退出本台机组的有功功率自动调节（AGC调节）显示操作，检查其给定值与实际值是否一致，查无相关的故障信号或已清除故障，再进行模式切换操作。频率模式下增或减机组有功负荷的幅值大，需注意监视负荷的变化幅度，及时调或联系检修，恢复开度模式运行。

153. 步进式调节器的一般检查项目有哪些？

答：步进式调节器的一般检查项目如下：

（1）调速器各管接头无漏油。

（2）滤油器压差正常。

（3）反馈钢丝绳无断股、脱离导向槽和松动现象。

（4）手动机构在全开位置。

（5）从动阀在复位（开机）侧；步进电机及驱动器外壳温度正常；丝杆和连杆无憋卡，连接无松动；主配压阀及引导阀针塞无漏油现象；回复中间位置正确；端子排无松动。

（6）调速器交直流 220V 电源供电正常。

（7）5V、±15V、24V 电源供电正常，每路电源指示灯亮。

（8）PLC 运行 RUN 灯亮，故障 ERR 灯灭。

（9）调速器无故障信号，调速器故障灯灭。

（10）调速器显示及指示灯正常。

（11）调速器各表计指示正常。

154. 步进电动机有哪些特点？

答：步进电动机有如下特点：

（1）步进电动机又称为脉冲电动机，因为步进电动机每输入一个脉冲信号就转过一个固定角度或直线输出线性位移，走一段直线距离。步进电机输入的是脉冲信号，输出断续角位移，需要有驱动器进行控制不断调整脉冲信号而调速。

（2）步进电动机有自锁能力。对反应式步进电动机，当定子和转子间取得最大的磁导位置时，转子所受拉力只是径向力而无切向力，在这个位置，若无脉冲信号改变定子磁场方向，则转子不会超前，也不会滞后，因此，而具有通电自锁能力。

（3）步进电动机有极高的速动性与准确性。步进电动机转子是追随定子磁场转动的，而磁场轴线的旋转速度与电源频率成正比，电源频率越高步进电动机转子就转的越快。由于步进电动机的电源是脉冲电源，因此转子转速是正比于脉冲电源的每秒脉冲数。接受电信号实现电—位移转换，消除了失步现象。

155. 调速器步进电动机完全失步与不完全失步有何危害？

答：步进电动机在调节过程中完全失步时，有明显的磁场旋转，而转子发出异常声响，同时电动机外壳发热迅速至发烫，如不及时切手动，并帮助调节，会出现机组负荷的大幅波动或过速停机，甚至烧坏步进电动机。步进电动机不完全失步时往往容易误以为是调速抽动或 AGC 频繁调节引起的，此时步进电动机外壳发热较严重，会引起驱动器发热而出现故障，烧坏步进电动机，溜负荷大幅度调节等现象。

156. 遇哪些情况调速器不能切自动运行方式？

答：遇有下列情况调速器不能切自动运行方式：机频故障、导叶反馈故障、导叶驱动器故障，ADAL 故障，5V、±15V、24V 电源故障，交流 220V 停电而仅有直流 220V 电源。

157. 遇哪些情况调速器不能切自动开机？

答：遇有下列情况调速器不能切自动开机：从动阀未复归（仍处于停机侧）、手动机构限制全关位置、调速器手动、锁锭未拔出、未收到开机令、开机过程中有故障切手动、停机令未复归、断路器辅助接点未转换至断路器断开位置。

158. 为什么调速器一般在开度模式运行？

答：调速器在开度模式运行时，其反馈量为导叶开度，开度模式存在人工死区，调节闭环较稳定。功率模式是按给定功率运行，其反馈量为功率实际值。由于协联的影响，实际功率存在较小的波动，而出现调节频繁，调速器调节出现不稳定的现象。

频率模式运行时，按网频运行，也存在一定的波动，这一波动量反馈值不大。但调节量的电信号输出量也相对比较大，调速器调节有功的幅值大。不能很好地实现闭环调节过程，一般作为故障运行模式备用运行。

159. 步进式调速器溜负荷至空载有哪些原因？

答：步进式调节器溜负荷至空载主要是断路器辅助接点接触不良，引起导空回路动作，电子开限压导叶至空载开度。另一种常见现象是由于导叶传感器输出不稳定引起调速器调节频繁，逐渐出现大幅抽动现象，导致机组溜负荷至空载，甚至全关导叶。还有一种是导叶驱动器输出不稳定或步进电动机不完全失步，造成导叶、轮叶抽动而引起溜负荷至空载。

160. 简述调速器轮叶丝杆在全开或全关位置脱落的现象及处理。

答：（1）全开位置脱落的现象如下：

1）轮叶全开。

2）有功超出力，波动大。

3）机组振动大。

4）轮叶受油器关侧浮动瓦干摩擦。

5）轮叶步进电动机旋转不停。

6）丝杆在全开位置脱落。

（2）全关位置脱落的现象如下：

1）轮叶全关。

2）机组振动大。

3）推力瓦温偏高。

4）轮叶受油器关侧浮动瓦有甩油。

5）轮叶步进电动机旋转不停。

（3）处理：

1）将调速器导叶、轮叶（双调）均切手动。

2）手动旋转轮叶步进电动机手轮，同时将丝杆接上螺母套。

3）手动调节轮叶步进电动机检查丝杆位移正常。

4）调整轮叶开度，保证丝杆在未脱落位置。

5）调速器导叶自动，轮叶手动，监视运行。

6）联系检修处理。

161. 水电厂油、水、气管路如何区分？

答：为了便于区别油、水、气系统中各种管路，在油、水、气管道上分别涂上不同的颜色。如压力油管和进油管为红色，排油管和漏油管为黄色；冷却水管为天蓝色，润滑水管为深绿色，消防水管为橙黄色，排水管为草绿色，排污管为黑色；气管为白色。

162. 水电厂油系统的主要任务是什么？它由哪些部分组成？

答：油系统的主要任务是接受新油，储备净油，给设备充油，向运行设备添油，检修时从设备排出污油，污油的清洁处理，油的监督与维护等。

为满足上述要求，水电厂的油系统一般应由以下几部分组成：

（1）油库。放置各种油槽，如运行油槽、添油槽、净油槽及油池。

（2）油处理室。设有净油及输送设备，如油泵、滤油机、烘箱。

（3）油再生设备。如吸附器。

（4）管网。把各部分连接起来组成油务系统。

（5）测量及控制元件。用以监视和控制用油设备的运行情况。如示流、液位、油水混合等信号器及温度计。

（6）油化验室。如化验仪器、设备、药物等。

163. 油水分离器的作用是什么？

答：油水分离器是压缩空气装置中的附属设备之一。由于空气被压缩后，所含的水蒸气不能全部在储气罐中分离和汇集，存留在压缩空气中的水蒸气，在管道中当温度下降时，大部分水蒸气要凝结成水。这对敷设在厂房外的管道有冻结阻塞的危险；此外水分对电气设备的工作也有有害的影响，特别是空气开关。因此在管道上设置油水分离器，用它来分离压缩空气中所含的油分和水分，使压缩空气得到初步净化，以减少污染、腐蚀管道和对用户影响。

164. 水电厂用油有哪几种？哪些设备需要使用油？油的主要作用是什么？

答：水电厂所使用的油，大体上可归纳为润滑油和绝缘油两大类。

（1）润滑油又分为：

1）透平油（亦称汽轮机油），供机组轴承润滑及液压操作用（包括调速系统、主阀、液压操作阀等）。

2）机械油，供电动机、水泵轴承和起重机等润滑用。

3）压缩机油，供空气压缩机润滑用。

4）润滑油（又叫黄油），供滚动轴承润滑用。

（2）绝缘油又分为：

1）变压器油，供变压器、互感器用。

2）开关油，供各种开关（如断路器）用。

3）电缆油，供电缆用。

水电厂用油量最大的是透平油和变压器油。透平油在设备中用作润滑、散热和液压操作（即传递能量），绝缘油在设备中用作绝缘、散热和消弧。

165. 什么叫做油劣化？油劣化的主要原因是什么？采取什么样预防措施？

答：油在输送、使用和保管过程中，因种种原因，发生了物理、化学变化，使之不能保证设备的安全经济运行，这种变化称为油劣化。

油劣化的原因很多，主要受水分、温度、空气、混油、光线、轴电流等的影响。

（1）水分混入透平油后，造成油乳化促使油的氧化速度加快，同时增加油的酸性和腐蚀性，为此要尽可能使润滑油与空气隔绝，防止从空气中吸收水分。注意监视推力和导轴承的冷却器水压，防止油冷却器水管破裂而使水流入油中。

（2）温度影响表现在油的温度很高时，会造成油的蒸发、分解、碳化，使闪点降低，油氧化加快，应加强监视防止因不良现象造成油温升高。

（3）空气能使油氧化，增强水分和灰质等。在运行中要设法防止泡沫的发生，以防油和空气的氧接触面积增大，加速氧化。

（4）任意将油混合使用，都会使油质劣化加快，因此要严防不同牌号油混合。

（5）含有紫外线的光线对油的氧化起媒介作用，要设法避免日光对油的长期照射。

（6）当轴承绝缘损坏时，轴电流通过油膜能很快地使油颜色变深甚至发黑，并产生油泥沉淀物。发现此现象，要及时消除。

（7）油系统设备检修不良的影响等。

166. 水电厂的调速系统油压装置的功用是什么？

答：油压装置是连续产生压力油，以供给调速系统操作导水机构用的。运行中当压力油突然大量消耗时，为了不使压油槽油压下降很多，油槽内仅装有约40%容积的油，约60%的容积是压缩空气。由于空气具有可压缩的特性，与弹簧一样可储藏能量，使压油槽压力在使用时，仅能在很小的范围内变动。油槽压力是靠压油泵维持的，只有在储气量少于规定值时才向压油槽补气。

油压装置在正常工作时，一台油泵正常运转，另一台油泵作为备用。

167. 水轮机调节系统中油压装置由哪些部件和元件组成？各自起什么作用？

答：油压装置的部件和元件及其作用是：

（1）集油槽。用以收集调速器的回油和漏油。

（2）压油槽。用作储存压力油，并向调速器和某些辅助设备的液压操作阀供给压力油。

（3）油泵。用以向压油槽输送压力油。

（4）阀组。包括安全阀、减载阀、逆止阀。其中：

1）安全阀的作用是保证压油槽内的油压不超过允许的最高压力，防止油泵与压油槽过载。

2）减载阀的作用是使油泵电动机能在低负荷时启动，减小启动电流。

3）逆止阀的作用是防止压油槽的压力油在油泵停止运行时倒流。

此外，为了自动控制油泵的启、停和发出信号，压油槽上装有3～4个压力信号器或电接点压力表。

168. 简述高压油减载装置的作用及原理。何时投入运行？

答：（1）高压油减载装置的作用：

1）低速运转时，在镜板和瓦之间强行建立油膜。以保证减少轴瓦因低速、油膜不够而使瓦产生热变形。

2）启动机组时减少摩擦，快速启动。

3）长时间停机后镜板和瓦面间注油，以便建立油膜。

（2）原理：对于启动频繁的水泵水轮发电机和单位荷重较大的推力瓦，在轴瓦中专门设置了液压减载装置。瓦面开有两个环形油室，用高压油泵将油槽内的油抽出加压后通过管路进入瓦面中心。在机组启动前和启动过程中，不断向推力瓦油槽孔中打入高压油，使转动部位略为抬高，使瓦面和镜板面充油。由于瓦面单位压强 5.4MPa，而高压油泵出口压力达 8MPa，故足以在镜板与推力瓦间形成约 0.04mm 左右的高压油膜，以改善启动润滑条件，降低摩擦系数，从而避免镜板和瓦面干摩擦。

（3）投退时间：

1）开机前投入，转速达 95% 时退出。

2）停机前转速到 80% 时投入，停机完毕后解除。

169. 水电厂的供水包括哪几个方面？各项供水的主要作用是什么？

答：水电厂的供水，一般包括技术供水、消防供水和生活用水。

（1）技术供水的主要作用是冷却、润滑，有时也用作操作能源。

（2）用于冷却发电机的空气冷却器、推力轴承油冷却器、上下导轴承油冷却器及水轮机导轴承油冷却器等。冷却水吸收电磁损失、机械损失产生的热量，并通过水流将其带走，以保证发电机的铁芯、绕组以及机组轴承运行的技术要求和效能。

（3）用橡胶作轴瓦的水导轴承是用水润滑的。

（4）某些高水头水电厂的主阀及液压操作的阀门是用水作操作能源的。

（5）消防用水主要用于发电机、主厂房、油处理室及变压器的灭火。

170. 水电厂的供水系统由哪几部分组成？其用水设备应满足哪些基本要求？有哪几种供水水源和供水方式？

答：供水系统由水源（包括取水和水处理设备）、管道和控制元件等组成。根据用水设备的技术要求，要保证一定的水量、水压、水温和水质。

技术供水的水源有：上游水库（包括从压力输水钢管或蜗壳取水和直接从坝前取水）、下游尾水和地下水源。

由于水电厂的水头不同，构成的供水方式也不同，一般有：

（1）自流供水。水头为 12~80m 的水电厂，利用水电厂的水头压力供水；

（2）水泵供水。水头小于 12m 而大于 80m 的水电厂，一般采用水泵供水；

（3）混合供水。当水电厂水头在 12~20m 时，可采用自流供水与水泵供水相结合的供水方式，即当上游水位高时用电厂水头供水，当上游水位低时用水泵供水。

171. 技术供水的水温、水压和水质不满足要求，会有什么后果？

答：（1）水温。用水设备的进水温度以在 4~25℃ 为宜，进水温度过高影响发电机的出力；冷却水温过低会使冷却器黄铜管外凝结水珠，以及沿管长方向日温度变化太大造成裂缝而损坏。

（2）水压。为了保持需要的冷却水量和必要的流速，要求进入冷却器的水应有一定的水压。冷却器水管进口水压以不超过 0.2MPa 为宜。进口水压的下限取决于冷却器中的阻力损失，只要冷却器入口水压足以克服冷却器内部压降及排水管路的水头损失即可。

（3）水质。水质不满足要求会对冷却水管和水轮机轴颈产生磨损、腐蚀、结垢和堵塞。

172. 水电厂内的排水对象包括哪些方面？常用什么样的排水方式？

答：水电厂内，与电能生产有关的排水分冷却水排水、检修排水和渗漏排水，用以保证机组水下部分的检修和避免厂内积水与潮湿。

（1）冷却水排水。发电机空气冷却器冷却水、推力轴承和上下导轴承油冷却器冷却水、油压装置冷却水等的排水量较大，且排水设备高程较高，一般采用自流式排水。

（2）检修排水。当机组检修时，排除压力水管、蜗壳和尾水管内的积水，其排水量大，要采用水泵排水。

（3）渗漏排水。排除经常性的厂内渗漏水，包括蜗壳、尾水管进人孔、蝶阀坑的积水，厂内地面排水沟或低洼处积水，生产污水（如冲洗滤水器的污水和气水分离器的污水），水轮机顶盖的漏水以及生活污水和空气冷却器管外冷凝水等，其排水量较小，排水设备高程一般较低，不能靠自压排水，通常是集流于集水井中，然后用水泵抽出。

173. 水电厂压缩空气系统的作用是什么？

答：水电厂的压缩空气系统大体有如下用途：

（1）制动闸（即风闸）。在停机过程中，防止低速运转中磨坏推力轴承，故气压不足时不允许停机。

（2）调速系统和蝶阀系统的压油槽充气，使操作油压保持在一定范围。

（3）机组作调相运行时，用以压下尾水，让水轮机转轮离开水面而在空气中转动以减少损耗。

（4）高压空气开关的操作和灭弧。高压开关触头间的绝缘和灭弧都靠压缩空气，故压力下降到一定程度，就禁止分闸操作和禁止开关在分闸状态。

（5）其他用途。如吹灰、风动工具及隔离开关的气动操作等。

174. 水电厂有哪些设备需要使用压缩空气？所用气压是多大的工作压力？

答：水电厂的压缩空气系统通常有低压气和高压气两大系统。

（1）低压气系统的供气对象有：

1）机组停机时制动装置用气。

2）机组作调相运行时，转轮室压水用气。

3）维护检修时，风动工具及吸污清扫设备用气。

4）蝴蝶阀上的止水围带充气，气压视作用水头而定，一般应比作用水头大 0.1～0.3MPa。

5）水工闸门和拦污栅前防冻吹冰用气。

1）、2）、3）中用气的额定工作压力，一般为 0.7MPa。

（2）高压气系统的供气对象有：

1）油压装置压力油槽充气，它是水轮机调节系统和主阀操作系统的能源，工作压力一般为 2.5MPa 和 4.0MPa 两种。

2）开关站配电装置中，空气断路器及气动操作的隔离开关的操作和灭弧用气，压缩空气装置的工作压力一般为 4.0～6.0MPa。通过减压后，满足各种设备对气压的要求，空气断路器的工作压力一般为 2.0～2.5MPa。

175. 什么是流体机械？

答：泵与风机是把原动机的机械能转换为流体能量的机械，它们的工作原理是建立在工程流体力学基础上的，统称为流体机械。当流体是液体时称为泵，流体是气体时称为风机。

176. 泵与风机有哪些类型？

答：泵与风机就其作用原理而言，可分为三大类：

（1）叶片式：它是靠装在主轴上的叶轮的旋转，由叶片对流体做功来提高其能量的。按其作用原理不同，又可分为离心式、轴流式及混流式三种型式。

（2）容积式：它是利用工作室容积周期性的变化来输送流体的。如往复式泵、转子泵。

（3）其他型式：多是利用能量较高的流体来输送能量较低的流体。如喷射泵、水抽式或气抽式的抽气器、水锤泵等。

177. 简述离心水泵的工作原理。

答：离心泵的叶轮固定在转轴上，并且装置在泵壳中，在泵壳上还装有吸入管、压出管和引水装置，在吸入管上有底阀，在压出管上有阀门。原动机驱动转轴，将机械能传给叶轮，然后对液体做功。

若泵壳中充满了液体，当叶轮旋转时，液体在叶片的推动下也做高速旋转运动，将产生惯性离心力，该力克服水体与叶轮的摩擦力和水的重力，将水从叶轮中甩向四周，甩出的水流进入涡壳，压力升高，若此时阀门开启，液体将由压出管排出，这个过程称为压出过程。与此同时叶轮中心位置液体的压力降低，形成泵内部分真空，进水池的水在大气压力作用下经吸入管引入水泵，这个过程称为吸入过程。吸进来的水因叶轮的不断旋转，又被甩出，于是进水池的水又被吸入。这样水就连续地被甩出来，并从叶轮得到能量后送到需要的地方。

178. 为什么离心水泵在启动前要灌引水？常用引水方式有哪些？

答：从离心泵的工作过程可见，它在启动前必须先充满所输送的液体，并排除泵内的空气。否则当叶轮旋转时由于空气的密度比液体小得多，它就会聚集在叶轮的中心，不能形成足够的真空，这样就破坏了泵的吸入过程，以至离心泵不能正常工作。

常用的引水方式有：

（1）自吸或叶轮浸在水中。

（2）吸水口设（逆止）底阀，从泵壳注水或出水口倒入注水充水。

（3）真空泵从顶部排出空气，真空引水。

179. 为什么在发电厂油系统中广泛采用转子泵？

答：转子泵是容积泵的一种类型，外型上看起来与离心泵相仿，但作用原理则是通过转子的旋转，利用工作室容积的周期性的改变来输送液体的。转子泵一般无吸入阀和压出阀，构造简单，工作可靠，加之管理维护都很方便，因此在各种油系统中得到广泛应用。电厂中最常见的转子泵为齿轮泵和螺杆泵。

180. 简述齿轮泵的工作原理。

答：齿轮泵由两个大小及形状完全相同的齿轮啮合地安装在

泵壳内。齿顶和齿轮侧面与泵壳的间隙都很小，以减少泵在工作时的泄露。两个齿轮中一个由原动机驱动，称为主动齿轮，另一个为从动齿轮。当主动轮旋转时，从动齿轮亦随着旋转，齿轮泵的吸入侧吸入液体，并随着齿轮的旋转，将齿间的液体由吸入侧推挤到压出侧，由此排出泵外。由于齿轮啮合面的紧密配合，压出侧高压的液体不可能通过啮合面漏回吸入侧。为了防止在出口阀门关闭时，或液体管道堵塞时造成设备损坏，在齿轮泵的出口侧都设有安全阀，当压力超过规定的数值时，安全阀自动开启，高压液体泄回吸入侧。

181. 简述螺杆泵的工作原理。

答：螺杆泵是利用相互配合的两个或三个螺杆的旋转运动来输送液体的。以三螺杆泵为例，三根螺杆装在内表面十分光滑的衬套里，中间一根是主动杆，另外两根是从动杆。主动杆与从动杆的螺纹方向相反。当螺杆旋转时，两螺杆互相紧密地衔接住，并不能轴向移动，液体犹如螺母一样，不能旋转而只能沿螺杆轴向移动，把液体从进口排向出口。这种情形与螺旋输送器相似。为了防止液体倒流，螺杆与衬套之间的间隙尽可能的小。螺杆泵具有效率高、经久耐用、工作时无噪声等优点。

182. 简述射流排水泵的工作原理？

答：射流泵安装在水轮机顶盖上，用于排出水轮机密封装置的渗漏水，橡胶水导轴承的渗漏水或排水。工作时高压水流从喷嘴高速射出，速度较大，大于 $30m/s$，通过射流质点的横向紊动扩散作用，将接受空中形成负压区，顶盖积水为低压流体，它在大气压作用下被吸进接收室，之后低压流体与高压射流在混合室（喉管）内混合，并经碰撞进行能量交换，高压流体的速度减小，低压流体的速度增加。在混合室出口，两者速度接近一致，混合水流再经扩散管使流速逐渐减少，静压逐渐增加，把大部分动能转变为压能，最后经排水管排出。

183. 水电厂常用的信号器有哪些？它们的主要作用是什么？

答：为了监视机组的运行状态和机组自动化需要常装设转

速、温度、压力、液位、示流和剪断销等信号器。它们的主要作用是：

转速信号器：按照机组转速的高低来操作机组的运行。当机组转速达到或超过额定转速的140%时，发出过速信号，命令机组事故紧急停机，并关闭机组前的阀门以截断水流。当调速器失灵，转速达到额定转速的115%时，发出信号，使过速保护装置动作，命令机组事故停机。在机组启动过程中，把调速器的变速机构整定在下部位置，当机组转速上升到额定转速的98%时，发出同期转速信号，将发电机出口断路器接通；在停机过程中，当转速下降到额定转速的35%时，发出制动信号，对机组实行强迫制动。

温度信号器：用以监视水轮机导轴承，发电机的推力轴承、上下导轴承，发电机绕组和铁芯，以及轴承油槽等温度，防止设备过热，以免引起烧毁轴承瓦等事故。

压力信号器：用以监视油、压缩空气及水的压力，并控制系统中的设备自动运行。

液位信号器：用以监视机组轴承油位，水轮机顶盖和集水井的水位以及调相等处液位的自动控制装置。

示流信号器：用来监视管道中油、水的流通情况。当管道内的液流中断或流量很小时，元件自动发出信号和动作，自动停机或自动投入备用液源。

剪断销信号器：专用来反映水轮机导叶在关闭时是否工作正常。

184. 机组装设了哪些水力机械保护？

答： （1）作用于停机的水力机械保护有轴承过热（包括推力、上下导和水导轴承温度上升到事故温度）、低油压事故等。

（2）作用于发信号的水力机械保护有轴承温度升高（包括推力、上下导和水轮机金属导轴承温度升高到警报温度）、制动闸未下落，机组轴承油面不正常（包括推力、上下导轴承任一个油槽油面升高或降低到整定极限值）和剪断销剪断等故障。

185. 油、水、气管路系统中常用的有哪些执行元件？

答：为了达到自动控制的目的，在油、水、气的管路上必须装设以电磁操作或液压操作的自动阀门，这些自动阀门称为执行元件。常用的有电磁阀、电磁空气阀、电磁配压阀和液压操作阀。

186. 水轮发电机组的哪些地方要使用液流信号器？常用的有哪几种型式？

答：液流信号器主要用于机组各部分轴承油槽冷却水和水轮机导轴承润滑水（指橡胶瓦轴承）以及其他各处冷却水的监视。

液流信号器的结构型式较多，常用的有挡板式、活塞式、差压式液流信号器等。

187. 为什么要进行水轮机顶盖压力测量？

答：水轮机在正常运行条件下，由止漏环漏到水轮机顶盖上的水，可以经由固定导叶中心的排水孔排入集水井中。但当止漏环工作不正常时，泄漏的水突然增多，未能及时排走就造成水轮机顶盖内的压力上升，这样不但增加机组转动部分的轴向推力，从而增大了损失，在某些情况下，还可能成为机组不稳定的因素之一，因此，必须对水轮机顶盖的压力进行测量，发现问题，及时处理。

188. 为什么要监测水电厂进水口拦污栅前、后的压差？

答：因拦污栅在正常清洁状态时，其前、后的水位差约只有 $2\sim4cm$。但当被污物堵塞时，其前、后压力差会显著增加，轻则会影响机组出力，重则导致压垮拦污栅的事故。所以，水电厂要设置拦污栅前、后水位差监测设备，以便随时掌握拦污栅的堵塞情况，及时进行清污，确保水电厂的安全和经济运行。

189. 试验大纲应包括哪些内容？

答：试验大纲应包括：

（1）试验目的。

（2）测试项目。

（3）所需试验设备。

（4）试验工况。

（5）采用方法。

（6）试验人员安排。

（7）安全措施及注意事项。

190. 新机组试运行中机械部分的主要试验项目有哪些？

答：（1）机组空载试验。

（2）调速器空载扰动试验。

（3）机组甩负荷试验。

（4）机组带负荷试验。

（5）机组过速实验。

（6）低油压事故关导叶试验。

（7）24h满负荷运行试验。

（8）水轮机效率试验。

（9）调相试验（调相机组）。

（10）测定发电机有关特性。

191. 水力机组过渡过程试验主要有哪些内容？

答：水力机组过渡过程试验主要内容有机组启动试验，机组停机试验，空载扰动试验，负荷扰动试验及甩负荷试验。

192. 机组甩负荷试验的目的是什么？

答：水力机组甩负荷试验是为了考核调速器系统在大波动条件下的动态特性，检验调节参数的整定是否满足调节保证计算。根据实测过渡过程曲线检验调速器的速动性、机组的稳定性和速动性，以及调节参数整定是否合理，机组转速上升率和蜗壳压力上升是否满足调节保证计算的要求等。通过甩负荷试验还可探讨过渡过程中机组内部水力特性和外部机电特性的变化情况及其对机组工作的影响，为机组安全运行提供必要的技术数据。

193. 机组带负荷及甩负荷试验应检查的项目及要求？

答：（1）机组运行正常，各仪表指示正确。

（2）甩100%负荷时，发电机电压超调量不大于额定值的15%～20%，调节时间不大于5s，电压摆动次数不超过3～5次。

（3）校核导叶接力器紧急关闭时间，蜗壳水压上升率及机组转速上升率均不超过设计规定值。

（4）当甩100%负荷时，超过额定转速3%以上的波峰不超过两次。

（5）由机组解列开始到转速摆动不超过规定值的调节时间应符合设计要求。

（6）甩25%负荷时，接力器不动时间应符合设计要求。

（7）转桨式水轮机协联关系应符合设计要求。

（8）测定机组转动部分抬机情况。

194. 什么是空载扰动试验？其试验的目的是什么？

答： 机组未并入电网空载运行，依次改变各种调节参数，按规定值对调速器系统施加扰动，根据调速系统动态品质选择运行调节参数的试验。

进行调速器空载扰动试验，以检查调速器的灵敏度及稳定性，记录接力器空载摆动及主配压阀的跳动情况。

195. 电液调速器调整试验有哪些主要内容？

答： 电液调速器调整试验内容也就是一些主要回路与部件的试验，对于常规电液调速器，一般有如下内容：

（1）测频回路特性试验。

（2）调节器的特性试验。

（3）电液转换器的特性试验。

（4）手动平衡位置调整。

（5）自动平衡调整。

（6）接力器位移传感器的零位调整及静特性测量。

（7）校验永态转差系数。

（8）缓冲回路特性试验。

（9）电液调节器静特性试验。

196. 静特性试验的目的是什么？试验条件有哪些？

答： 调速器静特性试验的目的是确定调速器的转速死区，校验永态转差系数值，借以综合鉴别调速器的制造安装质量。

试验条件：将缓冲装置切除，调速器切自动，蜗壳无水压，永态转差系数定为 $b_p = 6\%$ ，开度限制机构打开至全开位置，变速机构放零位。

197. 水轮机调节系统的动态特性试验有哪些?

答：（1）空载扰动试验。

（2）负荷扰动试验。

（3）甩负荷试验。

198. 调速系统最佳调节过程应该是什么样的?

答：最佳的调节过程要求调节时间短、超调量小、超调次数少。

199. 调速器空载扰动试验的要求是什么?

答：（1）在调节过程中，转速最大超调量不超过30%。

（2）超调次数不超过2次。

（3）调节时间 T_p 不超过40s。

（4）稳定后机组转速摆动值不超过额定转速的 ±0.15% 。

200. 永态转差系数 b_p 的整定原则?

答：永态转差系数值 b_p 是按照机组在电力系统中承担负荷的性质和机组的性能确定的。当机组在电力系统中承担基荷运行时， b_p 值整定得小一些。

201. 如接力器关闭时间调整不当会出现哪些严重事故?

答：若时间调整得过短使水轮机组发生抬机事故，严重时会导致压力钢管的破裂。若时间调整得过长，甩负荷时，可能出现过速现象或恶化调节过程的动态品质。

202. 简述水力机组盘车的作用、条件及其步骤。

答：水力机组盘车的作用：了解机组轴线各部位的摆度，掌握机组轴线具体倾斜和折弯的部位、大小，判定轴线质量是否合格，并为机组大修的轴线调整处理提供依据。通过与上次大修后盘车结果相比较，还可以发现轴线的变化情况，为分析轴线恶化的原因提供线索。

水力机组盘车的条件及其步骤：

（1）受油器已拆除（或未装）。

（2）上导、水导轴承瓦已涂油并与轴领顶抱（间隙≤0.05mm）。

（3）推力油冷器等部件已拆除，其油槽内有底油，供高压减载装置的循环用油；高压减载装置处于备用。

（4）各被测表面先除锈，去毛刺，清扫。

（5）在水导、法兰、上导、受油器内外操作油管的＋X、＋Y两方向各设一块百分表（在推力支架内搭设平台，盘车和拆卸联轴螺栓用）。

（6）推力轴承处于刚性，整个机组转动部分处于灵活状态（先启动高压减载装置油泵，再转动盘车）。

（7）用桥机拉动转子慢慢转动，每顺时针转动1/8圆周（即45°）时，停止盘车，水导处用手推主轴，轴应能自由摆动，稳定后各部位读数，并做好记录。

（8）盘车2～3圈，计算水轮机轴，发电机轴和受油器内外的轴线偏差。

（9）上导轴瓦间隙一般不小于0.05mm。

（10）如叶片吊孔与底环吊孔错位，应盘车找正。

203. 为什么要进行转轮静平衡试验？

答： 水轮机转轮经过长期运行，对叶片进行了大面积空蚀补焊，加之装配后重心不在旋转中心线上等原因，造成转轮本身的静不平衡。当转子旋转时，就会产生不平衡离心力，引起转轴的弓状回旋，增加轴承的磨损，降低机械效率，形成转轮和轴承的振动等，为了消除不平衡重量，避免这些不良后果，在扩大性大修时，必须对转轮做静平衡试验。

204. 简述水轮机叶片空蚀磨损检查的目的是什么？

答： 水轮机叶片空蚀磨损检查的目的是：

（1）分析寻找水力机组受破坏的主要原因，经过改进提高其抗空蚀磨损的性能。

（2）选用抗空蚀磨损的材料。

（3）测出水轮机在各种工况下的空蚀强度，尽量避免在严重空蚀区域运行。

（4）研究水力机组空蚀磨损的破坏规律，进一步弄清其破坏机理，为分析如何减轻水力机组的空蚀磨损提供必要的资料。

205. 试述水轮机效率试验的主要目的是什么？

答：水轮机效率试验的目的：

（1）鉴定水轮机的效率特性。

（2）测定蜗壳流量计的流量系数 K 值。

（3）鉴定水轮机空蚀、振动、压力脉动等特性。

（4）绘制实际特性曲线等。

206. 机组大修后，为什么要进行甩负荷试验？

答：机组在大修后，经空载运行和带负荷试验，证明各部分运行正常，检修质量合乎要求，一般来说，可以并入电网运行，但为了掌握机组在过渡过程中的运行情况，以确保电厂安全，在正式投入电网运行之前，还应进行甩负荷试验，其目的在于：

（1）了解在甩负荷过程中机组转速与蜗壳水压上升值的变化规律，测定其最大上升率，以确定导叶关闭时间。

（2）检查水轮机导叶、接力器关闭规律，包括测定不动时间、关闭时间以及反馈和节流元件对关闭规律下的减速时间。

（3）考验调节系统在已选定的最佳参数下，调节过程的动态稳定性和速动性。

（4）初步了解过渡过程中机组内部水力特性与外部机电特性的变化情况及其对机组工作的影响。

第三节　水轮发电机

207. 水轮发电机铭牌上标示的型号、容量、电压、电流、转速、温升等都是什么意义？

答：标示的型号是以定子铁芯外径、磁极个数及额定容量等用一定的格式排列来表示的，而标示的容量、电压、电流、转速、温升等都是该台发电机的额定值。额定值为能保证发电机正常连续运行的最大限值，在此额定数据下运行时，发电机的寿命可以达到预期的年限。

（1）型号。国产发电机型号的含义是：

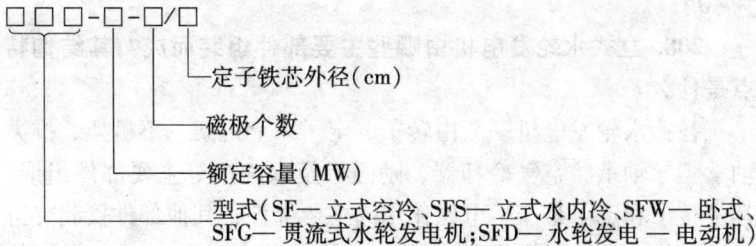

□□□-□-□/□
　　　　　　定子铁芯外径(cm)
　　　　　磁极个数
　　　　额定容量(MW)
　　　型式(SF—立式空冷、SFS—立式水内冷、SFW—卧式、SFG—贯流式水轮发电机；SFD—水轮发电—电动机)

（2）额定电压。常用符号 U_e 表示，系指发电机在正常运行时长期安全工作的最高的定子绕组的线电压，单位是 kV，我国大中型水轮发电机采用的额定电压有 6.3kV、10.5kV、13.8kV、15.75kV 和 18kV。

（3）额定电流。常用符号 I_e 表示，系指发电机正常连续运行的最大工作电流。就是说，当发电机其他各量都在额定情况下时，发电机以此电流值运行，其定子绕组的温升不会超过允许的范围，单位是 kA。

（4）额定容量。常用符号 P_e 表示，指发电机在额定运行情况时，输出的有功功率，单位是 kW，它与额定电压和电流的关系为

$$P_e = \sqrt{3} U_e I_e \cos\varphi_e$$

式中　　$\cos\varphi_e$——发电机的额定功率因数，一般取 0.85。

此外，额定容量也可以用发电机的视在功率（kVA）表示。

（5）额定转速。常用符号 n_e 表示，指转子正常运行时的转速，单位为 r/min，在一定的磁极数及频率下运行，转子的转速就是同步转速，即

$$n_e = \frac{60 f_e}{p}$$

式中　　f_e——电压的额定频率，我国规定为 50Hz；

p——磁极对数。

（6）额定温升。常用符号 T 表示，指发电机某部分的最高温度与额定入口风温的差值，额定温升的确定，与发电机绝缘的等级以及测量温度的方法有关，我国规定的额定入口风温为 $40℃$。

208. 立式水轮发电机由哪些主要部件组装而成？其结构特点是什么？

答：水轮发电机一般由转子、定子、上机架、下机架、推力轴承、导轴承、空气冷却器、励磁机及永磁机等主要部件组成。其中转子和定子是产生电磁作用的主要部件，其他部件仅起支持或辅助作用。转子由主轴、转子支架、磁轭（轮环）和磁极等部件组成；定子由机座、铁芯和绕组等部件组成。

由于电厂的水头有限，水压力小，故转速不可能很高，一般在 $100 \sim 300r/min$ 左右，很难超过 $750r/min$。与汽轮发电机相比，转速较低，由于转速低，要获得 $50Hz$ 的电能，发电机转子的磁极较多。同时，为了避免产生几倍于正常水压的水锤现象而要求导叶的关闭时间比较长，但又要防止机组转速上升过高，因此要求转子具有较大的重量和结构尺寸，使之有较大的惰性。此外，为减少占地面积，降低厂房造价，大中型水轮发电机一般采用立轴。总之，水轮发电机的特点是转速低、磁极多、转子为凸极式、结构尺寸和重量都较大，大中型机组多采用立式。

209. 同步发电机的"同步"是什么意义？同步发电机的工作状态怎样？

答：发电机的定子与转子之间的空隙叫气隙，发电机运行时，在气隙里有定子和转子两个磁场，当发电机三相定子绕组中定子电流产生的旋转磁场与转子以同速度、同方向旋转时，称"同步"。由于水轮机带动的发电机转子转速 n 总是等于定子旋转磁场的同步转速 n_1 的，故叫同步发电机。

在同步发电机中，一个是转子绕组流过直流电流产生的转子磁场，一个是定子三相绕组流过对称的三相交流电流时合成产生的定子磁场，它们都是旋转的，所以叫旋转磁场。这两个旋转磁场，转子的在前，定子的在后。在调相机或同步电动机中，定子的旋转磁场在前，转子的在后，与发电机相反。

210. 同步发电机是怎么发出三相交流电的?

答: 同步发电机定子绕组是有规律地排列的。如果按照 A、B、C 三相对称排列，那么它就发出三相交流电。转子磁场在不断地切割着定子的绕组，绕组的 A、B、C 三相依次相差电角度 $120°$，并依次被切割。当切割 A 相时，A 相的感应电压到达顶值，切割 B 相时，B 相的感应电压到达顶值，切割 C 相时，C 相也是如此，因而发出了三相交流电。

211. 定子的旋转磁场是怎么产生的?

答: 当发电机带上负载之后，就有了三相交流电流，三相绕组空间依次相差 $120°$ 电角度。

图 2-9 只画出了 $p=1$ 的情形，设令 X 的正方向为 A 相至 B 相至 C 相，并且用等效的集中绕组代替实际绕组。当转子磁场切割 A 相时（设相序为 A、B、C），电流 i_A、i_B、i_C 分别为

$$i_A = I\sin\omega t$$

$$i_B = I\sin(\omega t - 120°)$$

$$i_C = I\sin(\omega t + 120°)$$

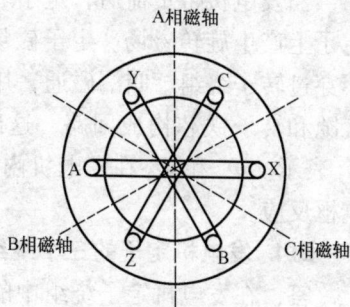

图 2-9 各相绕组的磁轴位置

在对称的情况下，由于各相电流有效值相等，因而各相所感应的磁场的磁通势最大幅值也相等。当转子绕组切割定子绕组时，产生对称的三相电流，该三相电流产生磁场，合成磁通势为一旋转磁通势。定子的旋转磁场就是这样产生的。

212. 什么叫有功功率? 什么叫无功功率?

答: 电流在电阻电路中，一个周期内所消耗的平均功率叫有功功率，用 P 表示，单位为瓦（W）。

储能元件线圈或电容器与电源之间的能量交换，时而大，时

而小，为了衡量它们能量的大小，用瞬时功率的最大值来表示，也就是交换能量的最大速率，称作无功功率，用 Q 表示，电感性无功功率用 Q_L 表示，电容性无功功率用 Q_C 表示，单位为乏（var）。

在电感、电容同时存在的电路中，感性和容性无功互相补偿，电源供给的无功功率为二者之差，即电路的无功功率为

$$Q = Q_L - Q_C = UI\sin\varphi$$

213. 什么是同步发电机的电枢反应？

答： 发电机定子绕组开路（定子电流 $I_s = 0$），转子由原动机拖动，并以额定转速 n_e 旋转时，转子绕组中通入的励磁电流 I_i 使定子绕组的感应电动势 E_0 等于额定电压 U_e，这种运行状态称为空载运行。这时，发电机内部只有转子磁通 Φ_0，称为主磁通。

当发电机带负荷后，定子三相绕组中便有电流通过，于是在定子上产生旋转磁场。定子磁场中有一小部分经气隙形成回路，不穿过转子绕组，叫漏磁通，用 Φ_l 表示。而大部分定子磁通经气隙和转子铁芯构成回路，这部分磁通称为电枢反应磁通，用 Φ_s 表示。Φ_s 和 Φ_0 在发电机内部产生相互作用，这种作用称为电枢反应。

214. 发电机定子的三个绕组一般为什么都接成星型接线？

答： 在发电机定子绕组中的电势，除有 50Hz 的基波外，还有高次谐波，其中三次谐波占主要成分，而三次谐波 $\dot{E}_{A3}$、$\dot{E}_{B3}$、$\dot{E}_{C3}$ 是同相位的。如果将发电机定子绕组接成三角形接线，如图 2 - 10（a）所示。

显然，三角形接线中的三个三次谐波电势是相加的，这样就有一个三次谐波电流 i_3 在绕组内流动，就会产生额外损耗并使定子绕组发热，而采用星形接线就可以消除这个弊病。如图 2 - 10（b）所示，在星形接线中，因为三次谐波电势都同时背向中性点或指向中性点，电流不能构成回路，所以三次谐波电流 i_3 不流通，虽然定子绕组中有三次谐波电势存在，但在线电势中，

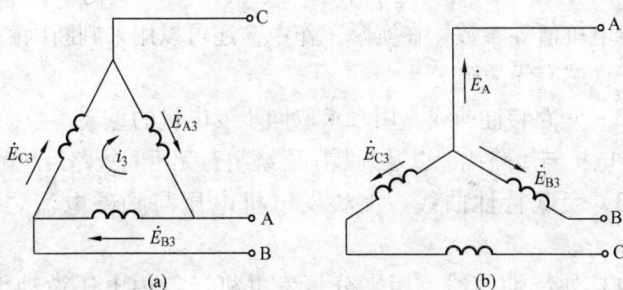

图 2 - 10　发电机定子绕组接线

（a）三角形接线；（b）星形接线

它们相互抵消（$\dot{E}_{AB3} = \dot{E}_{A3} - \dot{E}_{B3} = 0$），所以，发电机定子的三个绕组一般都接成星形接线。

215. 什么叫力率？力率的进相和迟相是怎么回事？进相运行有什么不良影响？

答：常把水轮发电机的功率因数称之为力率，发电机通常既发有功，也发无功，把这种运行状态称为力率迟相，或称为滞后，此时发电机送出一定感性的无功功率，从表盘上看，有功和无功功率表指示都为正，即电流滞后电压。另外，常把送出有功，吸收无功，这种运行状态称为力率进相，亦称超前，即电流超前电压。此时发电机送出一定容性的无功功率，从表盘上看，有功功率表指示为正，而无功功率表指示为负。

将力率迟相变为力率进相，或反方向变化时，只要调节发电机的励磁电流就可以了。一般发电机都在力率迟相状态下运行，有时，由于操作不当或其他原因，使发电机励磁电流大减，就会进相运行，吸取系统中大量无功，造成系统电压降低，也降低了稳定水平，严重时可能造成系统稳定性破坏事故，对发电机本身讲，端部漏磁增加引起发热。

216. 同步发电机常用的特性曲线有哪些？各有什么用处？

答：同步发电机常用的特性曲线有：

（1）空载特性曲线。用来求发电机的电压变化率、未饱和的同步电抗值等参数，在实际工作中，还可以用来判断励磁绕组及定子铁芯有无故障等。

（2）短路特性曲线。用来求取同步发电机的重要参数，饱和的同步电抗与短路比，以及判断励磁绕组有无匝间短路等故障。

（3）负载特性曲线。反映发电机电压与励磁电流之间的关系。

（4）外特性曲线。用来分析发电机运行中电压波动情况，借以提出对自动调节励磁装置调节范围的要求。

（5）调节特性曲线。可以使运行人员了解在某一功率因数，定子电流到多少而不使励磁电流超过规定值并能维持额定电压。利用这些曲线可以使电力系统无功功率分配更加合理。

217. 水轮发电机运行时为什么会发热？

答：水轮发电机从水轮机获得的机械功率，不可能全部变成电功率输出，在水轮发电机的内部总有一部分损耗，主要损耗有铁损耗、铜损耗、机械损耗及附加损耗四部分，可使效率降低1% ~2%。对一台 100MW 的水轮发电机，就意味着损失 1 ~ 2MW 的功率，这个损耗引起水轮发电机发热。

铁损耗是指定子铁芯中的磁滞损失和涡流损失；铜损耗包括定子绕组和励磁绕组中有电流时产生的功率损耗；机械损耗包括轴承及电刷的摩擦损耗和通风及风摩损耗；附加损耗主要包括定子绕组中电流的集肤效应产生的附加铜损耗、齿和槽所引起的脉动损耗，高次谐波磁通在定子、转子表面产生的铁损耗等。

218. 发电机为什么要装空气冷却器？

答：发电机运行中，由于有电流和磁场的存在，必定会产生铁损和铜损。这种损耗以热的形式传给绕组和铁芯。如不把热量散发出去，轻则使绕组温度升高，电阻增大，降低发电机的效率，重则会使发电机的绕组和铁芯绝缘烧毁引起发电机着火。所以必须装设空气冷却器。使发电机内的热风经冷却器变成冷风，其热量由冷却水带走。从而降低发电机内部温度，保证发电机在额定温度以下运行。

219. 水轮发电机的允许温度受其内部哪些材料的限制？为什么？

答：发电机的出力受允许温度的限制，而限制发电机允许温度的就是包缠着线棒的绝缘材料。绝缘材料都有一个适当的最高允许工作温度。在此温度内，它可以长期安全工作；若超过此温度，绝缘材料将会迅速老化，不再适用。按绝缘材料的耐热程度可分为 Y、A、E、B、F、H 和 C 级，各自的最高允许工作温度见表 2－4。

表 2－4　　　　　　　　绝缘材料按耐热程度分级

耐热等级	Y	A	E	B	F	H	C
最高允许工作温度（℃）	90	105	120	130	155	180	180 以上

当然，温度高，并不见得绝缘立即毁坏。它首先表现出来的是绝缘的各种基本特性恶化，如绝缘电阻降低、击穿电场强度降低、机械强度也降低等。尤其在较长时间的高温作用下，绝缘加速老化。当受到电动力作用时，容易开裂、破碎，以致丧失绝缘能力，所以运行温度愈高，其绝缘材料的寿命愈短。目前，大中型水轮发电机中，用得最多的是 B 级绝缘，其材料为 B 级胶云母带，叫黑绝缘；另外一种环氧玻璃粉云母带，俗称黄绝缘，耐热能力为 130℃。因此，电气运行规程规定：发电机定子绕组的温度一般不得超过 90℃，最高不应超过 120℃，转子绕组温度最高不应超过 130℃（这是对 B 级绝缘电阻测温法而言的）。

220. 空冷发电机的入口温度变化对发电机运行有什么影响？

答：发电机的额定容量与额定入口风温相对应，入口风温直接影响发电机的出力。我国规定的额定入口风温是 40℃。当入口风温超过额定值时，如果定子、转子绕组和定子铁芯温度未超过规定标准，可以不降低发电机出力；如果超过了标准，则应减少定子、转子绕组的电流，使温度降低到规定的数值。当入口风温低于额定值时，定子、转子的电流可以大于额定值，但只能增大到定子、转子绕组和定子铁芯温度达到允许温度为止。

铁芯和绕组的最高允许温度是一个既定值，因此入口风温和允许温升之和不能超过这个允许温度。故入口风温高，允许温升就要小。一般发电机的电压变化很小。温升和电流有关，如果允许温升要求小时，电流就得降低。若入口风温降低，可提高发电机的出力。

入口风温降低过大也有副作用，表现在：①易结露，使绝缘电阻降低；②使铜线的温升过高，会因热胀伸长过多，造成绝缘裂损；③绝缘变脆，容易损坏。因此要求密闭式通风冷却的发电机其入口风温，一般不应低于 15～20℃，采用开敞式通风的发电机，冷却空气入口温度不得低于5℃。

在运行中应该认真监视发电机进出口风温，为了避免绝缘过热老化，冷却气体进口风温不应超过 50℃，出口温度不应超过75℃，一般冷却气体的温升为 25～30℃左右，如果冷却气体的温升显著提高，则说明此时发电机的冷却系统工作不正常，应查明原因，加以消除。

221. 水轮发电机出口和进口风的温差发生变化的原因有哪些？

答：发电机进出口风的温差，与空气带走的热量和空气量、冷却水的水量和水温、空气冷却器的传热效果、发电机内部的损耗等因素有关。在同一负荷下，若出现进出口风的温差显著增大，说明发电机的内部损耗增加，或者冷却系统工作不正常，前者可能是定子绕组某一并联支路（如焊头）断开；股间绝缘损坏；铁芯出现局部高温等。后者可能是冷却水量减少，冷却管堵塞，阀门失灵，芯子掉落，散热管外壁污秽或内壁结垢，进出冷却气体有局部短路等情况。

222. 在发电机运行中应监视哪些内容？当其中某些参数超限时，如何进行调整？

答：发电机实际运行中应监视的参数有发电机各部分的温

度、端电压、频率、功率因数、负荷和绝缘电阻等。

运行人员在发现发电机端电压、负荷、功率因数值超过运行规程定值时，应设法进行调整。但在调整某个参数时，应防止其他参数超过允许的数值。例如，当发电机电压过低时，可以增加励磁电流来提高电压，但同时无功负荷也会增加，因此定子电流也增大，这时应注意不可使发电机的定子和转子电流超过允许值。当发电机电压太高时，则就减小励磁电流，降低发电机无功负荷，这时又要注意功率因数不应超过规定值。又如当发电机功率因数过高时，应增加发电机的励磁电流，但注意不得使定子及转子电流超过允许值，否则应降低发电机有功负荷。

223. 电力系统的电压、频率为什么会波动？

答：当电力系统无功功率失去供需平衡时就会出现电压波动现象。无功功率不足，会使电压降低，无功功率过剩会使电压升高。当电力系统有功功率失去平衡时会使频率波动，同时也会使电压变动。有功功率不足时会使频率降低，有功功率过剩时会使频率、电压升高。

在事故情况下，或负荷无计划地大量增、减情况下，会出现有功功率和无功功率较严重的失去平衡的现象，使发电机工作在超过电压、频率的允许范围，将对其产生恶劣影响。

224. 发电机的端电压高于或低于额定值对运行有什么影响？

答：发电机的端电压在额定值 ±5% 的范围内变化时是允许发电机长期运行的。若超过这个范围，就会对发电机有不良影响。

（1）电压高于额定值时，对发电机的影响：

1）在发电机容量不变时，若提高发电机电压，势必要增加发电机的励磁，这样会使转子绕组和转子表面的温度升高。当发电机运行电压达 1.3～1.4 倍额定电压时，转子表面会发热，进而影响转子绕组的温度。这是由于漏磁通和高次谐波磁通的增加引起的附加损耗增加的结果。这种损耗发热与电压的平方成正比，电压越高，转子绕组温度就升高，有可能使其超过允许值。

2）定子铁芯温度升高。铁芯的发热由两个因素造成，一是铁芯本身的损耗，一是定子绕组的热传到铁芯的。电压升高时，铁芯内磁通密度增加，损耗增加，铁芯温度就升高。一般情况下，系统运行出现的高电压不会超过 10%，因此，造成铁芯发热不显著。

3）定子的结构部件可能出现局部高温。电压升高，磁通密度增加，铁芯的饱和程度加剧，使较多的磁通逸出轭部并穿过某些结构部件，如支持筋、机座、齿压板等，形成另外的环路，使在结构部件中产生涡流，有可能造成局部高温。

4）对定子绕组绝缘产生威胁。一般电压在 1.3 倍的额定电压之下时，对定子绕组的绝缘影响不大，但对于运行多年绝缘已老化，或发电机本身有潜伏性绝缘缺陷的机组，这个电压容易产生危险，造成绝缘击穿事故。

（2）电压低于额定值时，对发电机的影响：

1）降低运行的稳定性，即并列运行的稳定性和发电机电压调节的稳定性会降低。当发电机电压低于额定值 90% 运行时，发电机定子铁芯可能处在不饱和状态运行，使电压不稳定。励磁稍有变化，电压就有较大的变化，甚至可能破坏并列运行的稳定性，引起振荡或失步。

2）定子绕组温度可能升高。因为要保持发电机功率一定，电压降低，必须增加定子电流，从而使定子绕组温度升高。

3）电压降低会使发电机厂用电动机运行工况恶化等。

225. 频率的变化对发电机运行有什么影响?

答：发电机在运行中，一般应保持额定频率即 50Hz。但因电网中负荷的增减频繁，难于及时调整频率。由于较小偏差的影响不大，于是规定频率的允许变动范围为 ±0.1Hz，不超过此范围时，发电机仍可按额定容量运行。

发电机的频率过高，转速增加，转子离心力增大，影响发电机的安全运行。同时会使发电机定子铁芯的磁滞、涡流损耗增加，引起铁芯温度上升。在实际中容易发生的是发电机频率的降低，当频率降得过低时，其出力就要受到限制。由于转子转速降低，发电机两端风扇鼓风的风压则以与速度平方成正比的关系下降，使通风量减少，它将使定子、转子绕组和铁芯的温度升高。对用同轴励磁机励磁的发电机来说，发电机的电势与频率成正比，频率降低，必然导致电势下降，则发电机的端电压也降低，要维持正常的电压就必须增大转子的励磁电流，它会使转子及励磁回路温度升高。

因此，在频率降低或升高时，运行人员必须密切监视发电机电压，定子、转子绕组和铁芯的温度，不可超过允许值，并须调整频率在允许范围之内。

226. 如何实现水轮发电机组的有功和无功负荷的调整？

答：（1）有功负荷的调节：在正常情况下，有功功率的调整是由运行值班人员根据电网调度要求和发电机有功功率表计，在主控制室进行操作。若需要增加（或减少）机组的有功负荷时，则发出增速（或减速）信号。调速器的调速器根据信号向增加（或减少）负荷方向转动。通过调速器装置的机械液压系统，使水轮机的导叶开度增大（或减小），从而增加（或减小）进入水轮机转轮的流量，达到增加（减少）有功负荷的目的，实现机组有功负荷的调整。

（2）无功负荷的调节：设水轮发电机与恒定电压的无穷大电力网并列运行，则无论励磁电流怎样变化，定子合成磁通都会保持不变。常把功率因数 $\cos\varphi = 1$ 时，发电机的励磁称为正常励磁。加大或减小励磁电流，就可以调节所带的无功负荷。若不改变水轮机的功率，仅通过自动励磁调节器调整发电机的励磁电流时，发电机的有功负荷不会改变，而无功负荷可以得到调节。在过励状态下，励磁电流越大，发电机发出的感性无功负荷就越大。若减小励磁电流，感性无功负荷则减小。

227. 发电机在不对称负荷（即三相电流不对称）下运行有什么危害？

答：当发电机在不对称负荷下运行时，定子绕组的电流可分解为正序和负序电流。负序电流产生负序旋转磁场，它的旋转方向与转子的转向相反，其转速对转子的相对速度则是两倍的同步转速。所产生后果是：①使转子表面发热；②负序电流产生的反方向，以两倍同步频率的旋转磁场，与转子各磁极相互作用，引起转子振动。

对于水轮发电机来说，其转子是凸极式的，振动是主要威胁，发热是次要的。因为它的转子绕组是绕在磁极上的，直接被空气冷却，故温度升高不显著。而由于磁极的纵轴方向和横轴方向气隙不一样，磁阻也不一样，造成磁力线时多时少，力矩时大时小，振动就比隐极式的转子强烈。振动试验规程规定，水轮发电机的三相电流之差，一般不得超过额定电流的20%。

228. 水轮发电机的不对称运行主要决定于哪几个条件？

答：发电机的不对称运行，主要决定于下列三个条件：

（1）负荷最重一相的定子电流，不应超过发电机的额定电流，否则，可能使定子绕组发热超过允许值。

（2）转子任一点的温度，不应超过转子绝缘材料等级和金属材料的允许温度。

（3）不对称运行时出现的机械振动，不应超过允许值。

229. 发电机定子绕组单相接地时，对发电机有危险吗？

答：发电机的中性点是绝缘的，如果一相接地，由于带电体与处于地电位的铁芯间有电容存在，发生一相接地，接地点就会有电容电流流过。单相接地电流的大小，与接地线匝的份额 α 成正比。当机端发生金属性接地，接地点、接地电流最大，而接地点越靠近中性点，接地电流愈小。故障点有电流流过，就可以产生电弧，当接地电流大于 5A 时，就会有烧坏铁芯的危险。

230. 发电机转子发生一点接地可以继续运行吗？

答：转子绕组发生一点接地，即转子绕组的某点从电的方面来看与转子铁芯相通。由于电流构不成回路，所以按理能继续运行。但这种运行不能认为是正常的，因为它有可能发展为两点接地故障，那样转子电流就会增大，其后果是部分转子绕组发热，有可能被烧毁，而且发电机转子由于作用力偏移而导致强烈地振动。

231. 发电机定子绕组的温度是怎样测量的？

答：测量定子绕组温度所用的都是埋入式检温计。埋入式检温计可以是电阻式的，也可以是热电偶式的。目前发电机用的大部分是电阻式的。

电阻式检温计的测量元件一般埋在定子线棒中部上、下层之间，即安放在层间绝缘垫条内一个专门的凹槽里，并封好。用两根导线将其端头接到发电机侧面的接线盒里，再引至检温计的测量装置。利用测温元件在埋设点受温度的影响而引起阻值的变化，来测量埋设点即定子绕组的温度。

由于埋入式检温计受埋入位置，测温元件本身的长短，埋入工艺等因素的影响，往往测出的温度与实际温度差别很大。故对检温计最好经带电测温法校对，当确定其指示规律后，再用它来监视定子绕组的温度。

232. 发电机定子铁芯的温度是怎样测量的？

答：测量定子铁芯温度所用的也是埋入式电阻检温计。首先把测温元件放在一片扇形绝缘连接片上，一个与其相适应的凹槽里，然后用环氧树脂胶好。在叠装铁芯时，把扇形片像硅钢片一样送入铁芯中某一选定部位，电阻元件用屏蔽线引出。

对于水冷发电机，因为定子铁芯运行温度较高，而且边端铁芯可能会产生局部过热，所以一般埋设的测温元件较多，有的甚至沿圆周均匀地埋设好多个点。沿轴向来说，端部的测点较多，中部的大部分埋设在热风区段。沿着径向可放在齿根部或轭部，放在齿根部测的是齿根铁芯的温度，放在轭部测的是轭部铁芯的温度。

233. 发电机的振荡和失步是怎么回事？

答：发电机并在无穷大系统上的运行情况可用功角特性来分析，设发电机经变压器和线路连接到无穷大系统的某变电所母线上，如图 2 – 11（a）所示。

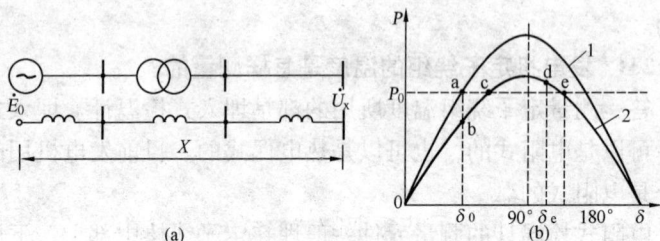

图 2 – 11　发电机变压器组及发电机的功角特性

(a) 一次接线；(b) 功角特性

$$1—P_\mathrm{m} = \frac{U_\mathrm{XT} E_0}{X} ; \quad 2—P'_\mathrm{m} = \frac{U_\mathrm{XT} E_0}{X'}$$

这里 $\dot{U}_\mathrm{Xt}$ 是系统中变电所的母线电压，X 是从发电机到变电所母线的综合阻抗，它包括发电机电抗 X_d、变压器电抗 X_b、线路 X_L 的等值网络电抗；其功角特性如图 2 – 11（b）所示。δ 是 $\dot{E}_0$ 和 $\dot{U}_\mathrm{XT}$ 的相量间夹角，曲线 1 表示正常工作时的特性，原动机输入功率为 P_0，正常工作点为 a，对应角度为 δ_0。当系统发生短路时，电压 U 急剧下降，功角特性由 1 转向 2。因为转子惯性，因而由 a→b 点运行，此时输入功率大于输出功率，转子加速，δ 角增大。在 c 点时转子仍有惯性，又越过 c 点。此时转子受阻力矩作用，当到达 d 点后，惯性消失，而向 c 点运行到达 c 点，由于惯性又向 b 点方向，这样来回地摆动，同步转速时高时低，这就是发电机的振荡。

振荡有两种可能的结果：一是发电机能稳定在新的工作点运行；一是可能造成发电机的失步。

当发电机在 c 点周围来回振荡时，发电机的转子和定子磁场有相对速度，这样在内部各处会感应出电流来，产生阻尼力矩，使变化的幅度越来越小，最后稳定在 c 点。如果 d 点时相对速度还没降到零，则会向 e 点发展。此时由于 δ 角很大，阻力矩小，过剩力矩很大，转子更会加速，功率平衡不了，δ 超过 $180°$，造成发电机失步。这里 δ_c 是临界角度，过了这个角度就会导致失步。

失步是在振荡的基础上发展而成，如果振荡一开始，功率平衡严重失调，发电机就会失步。此时，转子的转速不再和定子磁场的同步转速一致，就是振荡和失步的区别。

234. 发电机发生振荡，表计有何反映？如何判断失步发电机？发生失步时值班人员应采取哪些措施？

答：振荡是指发电机主力矩和阻力矩失去相对稳定，在主力矩和阻力矩作用下，使定子磁场转速和转子转速发生相对变化。

当发电机发生剧烈振荡或失去同期时，从表计上看有如下特征：

（1）定子电流表指针来回剧烈摆动，电流有可能超过正常值。

（2）发电机和母线上各电压表剧烈摆动，且经常是电压降低。

（3）有功功率表指针在正常值附近摆动。

（4）转子电流表指针在正常值附近摆动。

（5）频率和发电机转速时高时低，发电机伴随着发出有节奏的轰鸣声。

（6）发电机的强行励磁装置在电压降低到额定电压的 85% 时，间歇动作。

当发生失步时，可以从下列几个方面来判断是哪台发电机失步：

（1）由于本厂发生事故引起的失步，总可以从本厂的操作原因或故障地点来判定是哪一台机组失步。

（2）失步机组表计摆动幅度比别的机组大。失步发电机有功功率表指针摆动是全刻度，甚至撞到两边针挡，其他发电机则在正常值左右摆动。而且失步发电机有功功率指针摆向零或负时，其他发电机则摆向正的指示值大的一侧，即两者摆向正好相反。

当发生失步现象时，主控制室值班人员应采取下列措施：

（1）增加发电机的励磁，这是为了增加同步的电磁转矩，使发电机在达到平衡点附近时被拉入同步。

（2）当判明是某台发电机失步时，可适当减轻其有功出力，这样容易牵入同步，对大容量机组最好不调节有功功率而只增加励磁，以创造牵入同期条件。

（3）按上述方法处理，经 1～2min 后，仍不能恢复同期时，则可将失步发电机从系统解列。

235. 怎样判断水轮发电机是同步振荡还是异步振荡？

答：水轮发电机是同步振荡还是异步振荡运行状态，首先根据转速表（以机械转速表为准）量测的转速变化来判断。若转速较振荡前有显著的升高，说明发电机在异步运行状态，此时，发电机送出的平均功率接近于零，相当于机组甩负荷，必然造成发电机转速升高，机组发出超速的轰鸣声，可清楚明显地判断出异步运行状态，而同步振荡时则无此情况。另外，可根据无功功率有无明显摆动来判断。同步振荡时无功功率在正值上变化，而异步振荡则正、负之间变化。转子电流表在同步振荡时在较小范围内变化，而异步振荡时在较大范围内变化。

236. 引起发电机失磁的原因有哪些？

答：发电机失去励磁的原因很多，一般在同轴励磁系统中，常由于励磁回路断线（转子回路断线、励磁机电枢回路断线、励磁机励磁绕组断线等）、自动灭磁开关误碰及误跳闸、磁场变阻器接触不良等使励磁回路开路，或转子回路短路等原因造成失磁。

在半导体静止励磁系统中，常由于晶闸管整流元件损坏，励磁调节器故障等原因引起发电机失磁。

237. 水轮发电机失磁后会产生什么现象？有何危害？

答：发电机在运行中失去励磁电流，使转子磁场消失，叫做发电机失磁。发电机失磁时，表计指示有如下变化：

（1）转子电流表指示为零或接近零。

（2）定子电流表的指示升高。这是因为失磁后，发电机进入异步运行状态，既送有功，又吸收大量无功造成的。

（3）发电机母线电压降低。这是由于系统向发电机输送无功功率使电压降增大造成的。

（4）有功功率指示较正常数值低。失磁后，转子转速升高，调速器动作关小导叶，使输出功率减少，所以有功功率表指示降低。

（5）无功功率表指示为负值，功率因数表示为进相。这是因为发电机从系统吸取无功功率的缘故。

（6）转子电压表指示异常。若为转子短路造成的失磁，则电压下降；若为转子开路造成的失磁，则电压升高。

（7）发电机失磁后，变为异步发电机运行，在转子中感生的多变磁场与定子磁场相互作用，便产生交变的异步力矩。同时因为转子纵轴和横轴磁场的不对称，就会引起电流表、电压表、功率表等周期性的摆动。

发电机失磁后，引起发电机失步，将在转子的阻尼绕组、转子表面、转子绕组中产生差频电流，引起附加温升。可能引起转子局部高温，产生严重过热现象，危及转子安全。另外，同步发电机异步运行，在定子绕组中将出现脉动电流，产生交变的机械力矩，使机组发生振动，影响发电机的安全。同时，定子电流增大，可能使定子绕组温度升高。

因此，对于有阻尼绕组的大中型水轮发电机，不允许失磁后长期运行。如果在很短时间内不能恢复励磁，则必须将其与系统解列。

238. 水轮发电机的中性点为什么有的不接地？有的却经消弧线圈接地？

答：水轮发电机的中性点是否接地及怎样接地，一般由电网的结构、发电机的容量和电压、单相接地电流的大小及对发电机的损害，以及继电保护、内部过电压等诸方面的因素所决定的。大中型水轮发电机的中性点，主要是采用不接地或经消弧线圈接地两种方式。

较多数发电机采用中性点不接地方式。在这种方式下，若发电机内部发生单相接地，流过故障点的只是另外两正常相的电容电流。当这个电流小于 5A 时，接地故障点的电弧能自动熄灭，发电机不致损坏，提高了供电可靠性。它的主要缺点是：内部过电压较高；若发电机电压系统电容电流超过 5A，发电机内部发生单相接地故障时，故障点电流所产生电弧可能对铁芯造成烧伤。因此，当发电机电压、电容电流较大时，一般采用中性点经消弧线圈接地方式，中性点接了消弧线圈以后，当发生单相接地时，可产生一个电感电流来抵消电容电流，使接地故障点电弧自动熄灭，这种接地方式主要用在大型水轮发电机上。

239. 水轮发电机出口短路对发电机有何危害？

答：水轮发电机出口短路的短路电流，可能达到额定电流的 10 多倍，对发电机产生以下危害：

（1）定子绕组端部受到很大的电动力，它包括定子绕组端部相互间的作用力、定子绕组端部与铁芯之间的作用力、定子绕组端部与转子绕组相互的作用力。这些相互作用力的合力使得定子绕组端部向外弯曲、变形、绑线绷断，受力最严重的地方是线棒的直线部分和渐开线部分的交界处。电动力的大小与电流的平方成正比。

（2）转子轴受到很大的电磁力矩的作用。这个电磁力矩有两种，一种是使定子、转子绕组产生电阻损耗的短路电流所产生的阻力矩，它与转子转向相反，其性质与正常时送有功的力矩相同；另一种是突然短路过渡过程中出现的冲击交变力矩，它的大小和符号都随时间迅速变化。这两种力矩都作用在电机的转轴、机座及地脚螺栓上。

240. 事故情况下发电机为什么可以短时过负荷？过负荷运行时应注意什么问题？

答：运行规程规定，在事故情况下发电机可以短时间过负荷。因为发电机在设计时，对于温升和绝缘材料的耐温能力方面，都考虑有一定的裕度，而且短时间过负荷对绝缘材料的寿命影响不大。绝缘的老化需要一定过程，绝缘材料变脆，介质损耗增大，耐受击穿电压水平降低等都需要有一个高温作用的时间。高温作用时间愈短，绝缘材料的损害程度愈轻。

一般空冷水轮发电机在正常运行时，定子绕组的温度约为90~95℃，与定子绕组的允许温度120℃还有25~30℃的差额，所以即使过负荷，在短时间内不致于超出允许温度值。

对空冷发电机，如果是强励引起的过负荷，额外温升不会大，所以不必担心发电机有什么危险。在电网事故情况下，发电机过负荷的历时较长，此时允许温度不宜超过其绝缘所允许的数值。

当发电机定子电流超过允许值时，运行值班人员应首先检查发电机的功率和电压，并注意定子电流超过允许值所经历的时间，然后用减少励磁电流的方法，降低定子电流到最大允许值，但不得使功率因数高于最大允许值和电压过低。如果减少励磁电流不能使定子电流降低到允许值时，则必须降低发电机的有功功率。

241. 水轮发电机启动前和启动过程中，运行人员要进行哪些试验或操作？要进行哪些监视？

答：启动前，应收回发电机及其附属设备的全部工作票并交代有关试验数据；拆除临时安全设施及恢复常设遮栏，并对有关设备和回路进行外观检查；测量发电机定子回路和转子、励磁回路的绝缘电阻。

在启动前应做的试验有：

（1）断路器和灭磁开关的分合闸试验。

（2）断路器和灭磁开关的联动试验。

（3）调速电动机和磁场变阻器的动作试验。

无论是手动还是自动启动，当发电机转速达到约额定转速的1/2时，值班人员应检查下列各点：

（1）细听发电机、励磁机（或励磁变压器）、永磁机的内部声响是否正常。

（2）轴承油温、振动及其运转部分是否正常。

（3）整流装置或滑环上电刷是否因振动而发生接触不良、跳动或卡死现象。

（4）发电机各部分温度有无异常升高现象。

（5）发电机冷却器水门、风门是否在规定的开、关位置，冷却器上是否凝结水珠。

经以上检查一切正常后，可继续升速。达到额定转速后，如工作正常，即可升压，然后合灭磁开关、发电机断路器母线侧隔离开关和其他有关的隔离开关。再给转子通入励磁电流，缓慢增加励磁电流，直至发电机电压达到电网电压。在升压过程中和升压至额定值后，应检查发电机、励磁机（或励磁变压器）有无异常振动，电刷接触是否良好，出口风温是否正常等。

发电机启动、升压是一项重要的操作。为了防止产生和扩大事故，加强启动，升压过程中的监视是完全必要的。

运行值班员应进行以下监视：

（1）当转子电流达到空载励磁电流的1/2时，应用定子电压表转换开关检查三相电压是否平衡。检查的目的是为了防止升压过程中，由于电压测量回路保险熔断或熔管未装而造成误指示，使发电机电压升得过高。

（2）注意监视三相定子电流，此时发电机断路器未合，未带负载，电流表应无指示，如发现有电流，说明回路有短路，应降压灭磁，进行检查。

（3）当转速达额定值，定子电压应为额定值，并检查转子电流是否与以往数值相同，以判断转子绕组是否匝间短路。

242. 发电机内部突然短路有哪些现象？分析其原因何在？

答：发电机内部突然短路主要现象是：

（1）发电机可能有强烈的冲击声及机组发生振动。

（2）定子电流表及转子电流指示均异常增大。

（3）发电机电压表指示降低。

（4）发电机差动（纵差或横差）保护动作，一方面发信号，同时使发电机出口断路器和灭磁开关自动跳闸，机组自动停机。

主要原因有：发电机定子绕组长期高温运行使绝缘老化或因机械振动使绝缘损坏，相间击穿；两点接地；制造、安装或检修质量不良，留下隐患而短路；机组过速使转动部分甩出；运行中绝缘受潮引起短路等。

243. 发电机定子绕组产生电晕的原因是什么？有什么危害？

答：产生电晕的主要原因：发电机定子绕组的出槽口、通风道、绝缘空隙、槽内间隙、绕组端部固定处及端部引线等处，由于这些部位电场集中，其附近的空气发生游离，即中性的原子变成带负电的电子和带正电的原子核，从而形成电晕。电晕产生后，形成可见的蓝色光圈并伴随响声放出臭氧。

电晕的危害：

（1）由于电晕使定子绕组周围的空气发生游离而产生臭氧，它又与空气中氮化合生成一氧化二氮（N_2O），N_2O 与电机内部的潮气结合而呈酸性物质。这种酸性化合物对电机内部的金属部件及绝缘材料起着腐蚀作用，促使绝缘老化。

（2）电晕形成必将增加发电机的损耗，影响其效率。还会导致定子绕组一些部位的电场分布很不均匀，电力线密集。在发电机突然甩负荷或短路故障时，发电机的电压将较正常运行时的电压增高很多，使一些部位易发生绝缘击穿故障。

244. 采取什么措施防止水轮发电机定子绕组端部及槽内的电晕现象？

答：（1）对不同额定电压等级的水轮发电机，设计合理的不同的端部绕组结构，可以防止或减轻端部绕组的电晕现象。

（2）发电机绕组槽内部分的防晕措施，常用的有：

1）防止绝缘内部因有气隙而出现电离。在制作绕组绝缘时，采用无溶剂的多胶粉云母带经热压制成，或采用无溶剂少胶粉云母带经真空浸渍制成，用以消除绕组绝缘内部的间隙。

2）绕组槽部采用低电阻防晕层。由低电阻防晕带绕制，防晕带的表面电阻系数 $\rho = 5 \times 10^3 \sim 5 \times 10^4 \Omega$。防晕层与绕组绝缘的黏接应良好。

3）槽内采用半导体漆。其电阻率稳定。涂刷或喷涂半导体漆前，应把漆搅拌均匀。

4）槽内所用的垫条，应采用半导体玻璃布板制成。

5）槽内线圈与槽壁铁芯之间的间隙应小于 0.5mm。

245. 在励磁系统中，检修后的发电机升不起电压的原因在哪里？如何处理？

答： 用直流励磁机励磁的发电机中，经检修后，发电机升速至额定转速后，给发电机励磁时，励磁电压和发电机定子电压升不上来。原因及处理方法如下：

（1）若励磁机的剩磁消失，则用直流电源进行充磁。充磁时，仅充励磁机的并励绕组，其余回路应断开。

（2）并励绕组接线不正确时，应把励磁绕组的正、负极性对调。

（3）励磁回路断线时，应查清断线并消除。

（4）检查电刷的安装位置是否正确；检查电刷的接触情况，如果是换向器的问题，应修或刮换向器片间云母或更换片间绝缘。

246. 水轮发电机进相运行有什么特点？

答： 大型水电厂往往远离负荷中心，当出现大容量高电压长距离输电系统带轻负荷时，线路的容性电流会使受电端电压升高，因此，水轮发电机会处于进相运行，发电机在欠励状态下向电力系统输送电容性的无功功率和部分有功功率。

水轮发电机进相运行时，具有下列特点：

（1）由于定子端部漏磁和由此引起的损耗要比调相运行时大，所以定子端部附近各金属件温升较高，最高温度一般发生在铁芯两端的齿部，并随所带容性无功负荷的增加而更加严重。

（2）由于水轮发电机是凸极式结构，其纵轴和横轴同步电抗不相等，电磁功率中有附加分量，因而使它比汽轮发电机有较大的进相运行能力。

（3）由于发电机处于欠励状态，应注意静稳定是否能满足运行要求。

247. 发电机正常维护中有哪些项目？

答：（1）检查风洞内应清洁，无杂物。

（2）检查风洞内带电设备有无电晕放电现象和异常声音，空气冷却器有无渗漏，管道有无汗珠。

（3）检查风洞内有无焦臭味。

（4）检查各接头有无松动和过热现象。

（5）检查集电环、碳刷有无卡住现象。

（6）检查集电环、碳刷应清洁，无过热。

248. 发电机停机后应对发电机的励磁系统进行哪些维护？

答：运行值班人员应对发电机的励磁系统进行维护，但必须在一切电源均已切断的情况下进行。

（1）先测量励磁系统的绝缘电阻。

（2）将滑环和励磁机的电刷从刷握中取出，用干燥的压缩空气吹清洁，再用干净布揩净；检查电刷是否过短、碎裂及过热等情况，若有应予更换。

（3）检查滑环有无烧毛及不平等情况。励磁机的换向器表面是否有烧黑或不平等现象，若有表面烧黑，应用木砂纸擦亮；如云母片高出铜片，须将云母片刮低。

（4）励磁机各接线的接头有无松动或过热现象。

（5）检查磁场变阻器的动、静触点接触是否紧密良好，有无脏污或松动，并对它进行清扫。

（6）灭磁开关的触头有无过热或松动现象，放电电阻有无断路或过热。

（7）全部检查，清扫完毕后，再测量整个励磁回路的绝缘电阻，并将它与维护前的数值进行比较。

（8）对采用半导体励磁系统的发电机，要特别注意不得在整流器输出端开路的情况下，用摇表测量绝缘电阻，以免整流元件被击穿。在维护时应对整流器和它的通风系统进行清扫。

249. 为什么水轮发电机在并网后，电压一般会有降低？

答： 对于水轮发电机来说，一般都是迟相运行，它的负载也一般是阻性和感性负载。当发电机升压并网后，定子绕组流过电流，此电流是感性电流，感性电流在发电机内部的电枢反应作用比较大，它对转子磁场起削弱作用，从而引起端电压下降。当流过的只有有功电流时，也有相同的作用，只是影响比较小。这是因为定子绕组流过电流时产生磁场，这个磁场的一半对转子磁场起助磁作用，而另一半起去磁作用，由于转子磁场的饱和性，助磁一方总是弱于去磁一方。因此，磁场会有所减弱，导致端电压有所下降。

250. 为什么调节无功功率时有功功率不会变，而调节有功功率时无功功率会自动变化？

答： 调无功时，因为励磁电流的变化会引起功角 δ 的变化，从式 $P_{dc} = \dfrac{E_0 U}{X_d}\sin\delta$ 看出，当 E_0 增加，$\sin\delta$ 值减小时，P_{dc} 基本不变。调有功功率时，对无功功率输出的影响就较大。发电机能不能送无功功率与电压差 $\Delta\dot{U}$ 有关，这个电压差指的是发电机的电动势 $\dot{E}_0$，和端电压 U_{xt} 的同相部分的电压差，只有这个电压差才产生无功电流。当发电机送出有功功率，电动势 $\dot{E}_0$ 就与 U_{xt} 错开 δ，这样 ab < ac，无功电压变小了。当有功变化越大，δ 角就越大，无功电压更小，因而无功自动减小，反之，当 δ 角减小，无功会自动增加。如图 2 - 12 所示。

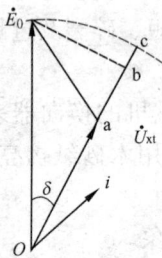

图 2 - 12　发电机的功角特性

251. 大修后的发电机为什么要做空载和短路试验？

答： 图 2 - 13 是发电机空载特性和短路特性曲线。

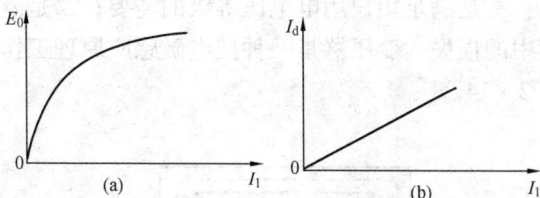

图 2 – 13　发电机空载特性和短路特性曲线

(a) 空载特性；(b) 短路特性

这两项试验都属于发电机的特性和参数试验，它与预防性试验的目的不同。这类试验是为了了解发电机的运行性能、基本量之间的关系的特性曲线以及被电机结构确定了的参数。做这些试验可以反映电机的某些问题。

空载特性是指电机以额定转速空载运行时，其定子电压与励磁电流之间的关系。利用特性曲线，可以断定转子线圈有无匝间短路，也可判断定子铁芯有无局部短路，如有短路，该处涡流去磁作用也将使励磁电流增大。此外，计算发电机的电压变化率、未饱和的同步电抗、分析电压变动时发电机的运行情况及整定磁场电阻等都需要利用空载特性。

短路特性是指在额定转速下，定子绕组三相短路时，这个短路电流与励磁电流之间的关系。利用短路特性，可以判断转子线圈有无匝间短路，因为当转子线圈存在匝间短路时由于安匝数减小，同样大的励磁电流，短路电流也会减少。此外，计算发电机的主要参数同步电抗、短路比以及进行电压调整器的整定计算时，也需要短路特性。

第四节　电力变压器（含互感器）

252. 变压器的作用和基本原理是什么？

答：变压器是发电厂和变电所的主要设备之一。它的作用主要有两个：一是满足用户用电电压等级的需要；二是减少电能在输送过程中的损失。变压器是一种按电磁感应原理工作的电气设备，如图 2 – 14。

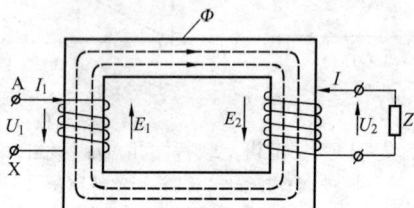

图 2 – 14　变压器的工作原理

从一次侧开始，一次侧施加电压 U_1，在绕组中流过电流 I_1，产生磁通 Φ，Φ 穿过二次侧绕组在铁芯中闭合，因而在二次侧将感应一个电动势 E_2，按照电磁感应的基本定律，可以写出以下公式

$$E = 4.44f\omega\Phi_m$$

ω 是绕组匝数，由于一、二次侧绕组的磁通相同，所以

$$E_1 = 4.44f\omega_1\Phi_m$$
$$E_2 = 4.44f\omega_2\Phi_m$$

可得出 $\dfrac{E_1}{E_2} = \dfrac{\omega_1}{\omega_2} = K$

如忽略变压器压降，则 $U_1 = E_1 , U_2 = E_2$，那么

$$\frac{U_1}{U_2} = K$$

因此，通过变压器一、二次侧绕组的匝数不同，可以起到变压的作用，当变压器带上负载后即可输送功率。在电动势 E_2 的作用下有电流 I_2 的产生。I_2 产生的磁通势 $\dot{F}_2 = \dot{I}_2\omega_2$ 作用在铁芯上，起去磁作用，但因 Φ 决定于端电压 U_1，其值不变。要维持一定的 Φ 值就是要求电流 I_1 必须自动相应增加一个分量 $\dot{F}_1 = \dot{I}_1\omega_1$ 去抵消 $\dot{F}_2$，即 $\dot{F}_1 \approx -\dot{F}_2$，这样，电功率从一次绕组输送到了

二次绕组，根据 $\dot{F}_1 + \dot{F}_2 = \dot{F}_0 \approx 0$（$\dot{F}_0$ 为空载磁通势），即 $\dot{I}_1\omega_1 + \dot{I}_2\omega_2 = 0$，可见 $I_1/I_2 = 1/K$，而 $U_1/U_2 = K$，输送的功率不变。

253. 电力变压器铭牌上的符号和数据表示什么意义？

答：（1）型号：由两部分组成，前一部分是用汉语拼音字母表示电力变压器的类别、结构特征和用途，后一部分是用数字表示变压器的容量和高压绕组的电压（kV）等级。汉语拼音字母表示的意义如下：D—"单相"；S—"三相"　（或"三绕组"）；F—风冷式；W—水冷式；P—油强迫循环；O—自耦；Z—有载调压；D—强迫油导向循环。如 SFPSZ – 63000/110，表示三相强迫油循环风冷三绕组有载调压 63000kVA、110kV 级电力变压器。

（2）额定容量 S_e：在额定工作条件下，变压器输出能力的保证值，单位为 kVA。对双绕组变压器，是指每个绕组的容量；对三绕组变压器，是指三个绕组中容量最大的一个绕组的容量。

（3）额定电压 U_e：即变压器各绕组在空载时额定分接头上的电压保证值，单位为 kV。三相变压器的额定电压指的是线电压。

（4）额定电流 I_{1e} 和 I_{2e}：变压器的额定容量除以各绕组额定电压所计算出来的线电流值，单位为 A，即

单相变压器 $I_{1e} = S_e/U_{1e}$，$I_{2e} = S_e/U_{2e}$

三相变压器 $I_{1e} = S_e/\sqrt{3}U_{1e}$，$I_{2e} = S_e/\sqrt{3}U_{2e}$

（5）阻抗电压 $u_k\%$：阻抗电压就是将变压器一侧绕组接成短路，当短路电流等于额定电流时在另一次侧绕组上所加的电压，并用额定电压的百分数表示，即

$$u_k\% = \frac{U_D}{U_e} \times 100\%$$

式中，U_D 为绝对值表示的阻抗电压，亦称短路电压，它表示变压器一、二次侧绕组的电流为额定值时，在变压器内部阻抗上所引起的总压降。

（6）接线组别：它表示变压器一、二次绕组的接线组合方式，即表示变压器一、二次电压或电流的相位关系。对于三相变压器，其一、二次侧都有三个绕组，它们都可以接成星形或三角形，其中 YN，d11 连接组主要应用在高压输电线路上。高压侧中性点可以直接接地或通过阻抗接地。此连接组通常用在容量较大、电压较高的变压器上。

（7）空载电流 I_0：二次侧开路，一次侧加额定电压时流入变压器的电流，称空载电流，用额定电流的百分数来表示。

（8）空载损耗 P_0：二次绕组开路，一次绕组加额定电压时变压器所消耗的功率，称为空载损耗。空载损耗主要是由铁芯的磁滞和涡流引起的，空载电流所引起的铜损可以忽略不计。

（9）短路损耗：二次绕组短路，一次绕组通以额定电流时变压器所吸取的功率叫短路损耗。它主要由一、二次侧绕组的电阻引起的，铁芯中损耗较小，可忽略不计。

（10）容许温升：在额定负载下，变压器各部位的允许温升。

254. 什么叫变压器的分级绝缘？什么叫变压器的全绝缘？

答：分级绝缘就是变压器的绕组靠近中性点的主绝缘水平比绕组端部的绝缘水平低。相反，变压器首端与尾端绝缘水平一样的叫全绝缘。

255. 什么是变压器的极性？

答：变压器一次及二绕组中感应电动势的相位关系，可以用绕组端头的极性来表示。图 2-15（a）表示的同极性的变压器。在同一个铁芯柱上绕两个绕组，这两个绕组的端头标记顺序相同，绕线方向相同，因而在同一磁通的作用下，所产生的感应电势 E_1 和 E_2 具有相同的相位，这种变压器叫同极性变压器。

图 2-15（b）所表示的是异极性变压器，只要将同一铁芯柱上绕的两个绕组的端头标记变反（绕组方向相同）或绕组方向相反（端头标记相同），两绕组中感应的电势 E_1 和 E_2 相位相反，这种变压器就叫做异极性变压器。

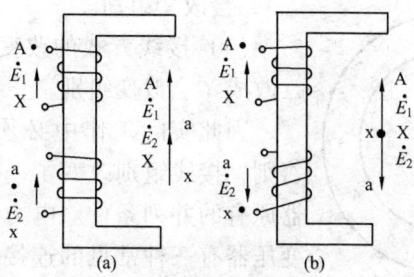

图 2 - 15　变压器的极性

（a）同极性；（b）异极性

256. 什么是三相变压器的接线组别？

答：我们知道，单相变压器的两个绕组间，有极性关系。而三相变压器两侧都有 3 个绕组，它们之间存在的是怎么连接的问题，例如连成星形（Y）或三角形（△）。所以，对于三相变压器来说，除了三相间可有不同的连接方法之外，每相的一、二次绕组相别也可互换，如原来的 A 相，可人为地把它改标为 B 相，B 相可标为 C 相等，这样就使三相变压器一、二次侧可有不同的组合，使一、二次侧电压，电流各量的相位和大小的关系就有好多种情况。我们在使用一台变压器时，首先要了解这台变压器的一、二次侧各量的相位关系。说明这种关系的通用术语，就是所谓变压器的接线组别。简单地说，三相变压器的一次绕组和二次绕组之间电压或电流的相位关系，就叫变压器的组别。我们知道，相位关系就是角度关系。而变压器一、二次侧各量的相位差都是 30°的倍数，于是人们就用同样有 30°倍数关系的时钟指针关系，来形象地说明变压器的接线线别，这就是我们常说的变压器的 0 点接线或 11 点接线。用时钟表示组别，叫"时钟表示法"。变压器的接线组别变化受如下因素的影响：

（1）首、尾标号改变（如 A 改成 X，X 改成 A 等），会改变组别。

（2）相别的改变（如原来的 A 相改为 C 相，C 相改为 A 相

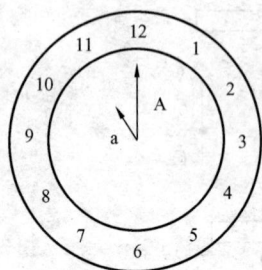

图 2 - 16　组别 11 的钟时序

等），会改变组别。

（3）接线方式的改变如 Y 改成 △，△改成 Y 会改变组别。

因此实际工作中必须注意这一点，否则，接线组别改变了，就破坏了变压器原有的并列条件。电力系统中，国产变压器有三种常见的连接组别，即 YN；d11；Y，d11；Y，yn0，其中前半部分是高压绕组的连接方式，后半部分是低压绕组的连接方式，后面的数字表示高低压绕组线电势的相位差，即变压器接线组别。用"时钟表示法"表示接线组别如图 2 - 16 所示。

时钟的轴心为各电动势相量的起点 A 和 a，时钟的分针代表高压绕组线电动势相量，时针代表低压绕组电动势相量，分针固定指向 0，时针所指的小时就是连接组别。图 2 - 16 的连接组别为 11。钟时序为 11，表示低压绕组电动势相量滞后高压绕组线电动势向量 $30° \times 11 = 330°$。当高压侧的接线与低压侧的接线相同时（如 D、d、Y、y）都属于双数组，包括 2、4、6、8、10、12 六个组；凡高压侧接线与低压侧不同时（如 Y，d 或 D，y）都属单数组，包括 1、3、5、7、9、11 六个组。

257. 什么是 Y，yn12 接线变压器？

答：图 2 - 17（a）所示的三相变压器接线方式，即为 Y，yn 接线。它的高压绕组接成 Y 形，低压绕组接成 yn 形（即有中线引出端）。

由于高压绕组与低压绕组的绕向一致，端头标记相同，所以高、低压侧对应的相电势是相同的，而相应的线电压（如 U_{AB} 与 U_{ab}）也是同相的，如图 2 - 17（b）所示。按规定，相量 U_{AB} 应指针表 12 点，此时相量 U_{ab} 也跟着转向指在 12 点，所以接线组别为 12，记作 Y，yn12。低压侧为 380/220V（三相四线制）的配电变压器及一般的厂用低压变压器均采用 Y，yn12 接线。

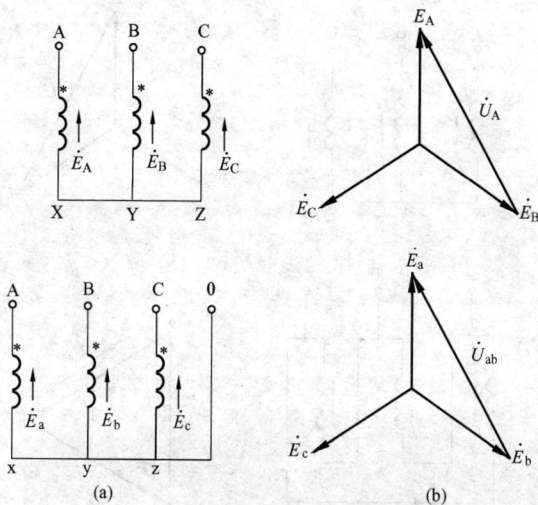

图 2 - 17   变压器 Y，yn12 接线及相量图
（a）接线图；（b）相量图

258. 什么是 Y，d11 接线变压器？

答： 图 2 - 18（a）是 Y，d11 接线的三相变压器。变压器的高压绕组接成星形，低压绕组接成三角形，连接顺序为 ax - cz - by。根据减极性的特点，两侧相电势不同相，由于低压三相绕组接成三角形，其线电压与相电势相等。

从图 2 - 18（b）所示的相量图可以看出

$$\dot{U}_{ab} = - \dot{E}_b$$

$$\dot{U}_{AB} = \dot{E}_A - \dot{E}_B$$

由图可见，$\dot{U}_{ab}$ 比 $\dot{U}_{AB}$ 越前 30°。若将相量 $\dot{U}_{AB}$ 转向指钟表 12 点，$\dot{U}_{ab}$ 则指在 11 点钟，所以这种接线组别为 Y，d11。常用于降压变压器，一次侧接高压，二次侧接低压。Y，d11 连接组主要用在高压输电线路中，使电力系统的高压侧中性点有可能接地。

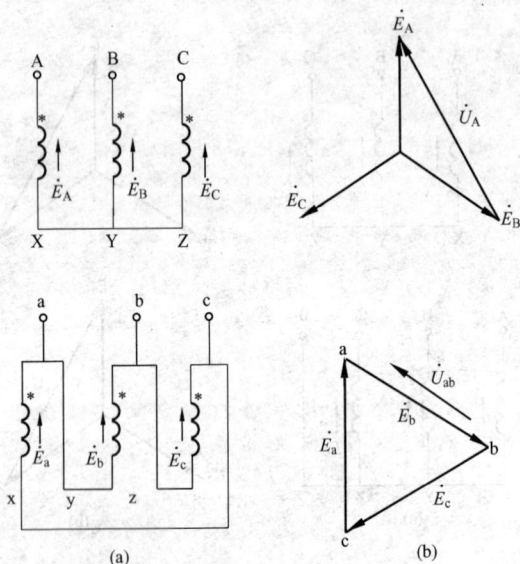

图 2-18 变压器 Y，d11 接线及相量图

（a）接线图；（b）相量图

259. 较大容量的三相变压器为什么低压侧一般接成三角形？

答：在 Y，y 接线的三相变压器中，由于三次谐波的影响，其相电势畸变成尖顶波，在大容量三相三柱式变压器中，其三次谐波分量可达基波电势的 54%～60%，严重危害绕组绝缘。采用 Y，d 或 D，y 接线的变压器，三角形侧的三次谐波电势可在三角形内形成环流，而星形侧没有三次谐波与之平衡，故三角形侧的三次谐波电流便成为励磁性质的电流，与星形侧的基波电流共同励磁，从而使其磁通及其感应电势接近正弦波，这样就消除了三次谐波分量对变压器的影响，所以接成 D，y 或 Y，d；又因为大容量变压器高压侧，一般属于大电流接地系统，故低压侧常采用三角形接线。

260. 在三相变压器的三角形接线中，若一相绕组极性接错，

将会出现什么样的现象？

答：在三个绕组接成三角形时，要特别注意绕组的极性问题。如果有一相绕组的极性标错或接错，那么闭合的三角形回路中，三相总电动势就是 2 倍的相电势。

图 2－19 所示为 A 相绕组极性接反时，三角形闭合回路中电势相量图，回路中总电势的大小是相电势 $\dot{E}_\varphi$ 的 2 倍，即 $\dot{E} = -\dot{E}_A + (\dot{E}_B + \dot{E}_C) = 2\dot{E}_\varphi$。

如果在一次侧加上额定电压，由于绕组本身的阻抗很小，绕组连接成三角形的二次侧实际上是短接的，这样大的电势必将在二次侧绕组回路中引起很大的电流，造成严重的事故，甚至会烧毁变压器。

261. 电力变压器由哪些主要部件组装而成？

答：电力变压器是一种静止的电力设备，是用来改变交流电压大小的电气设备。油浸式电力变压器的主要部件有：

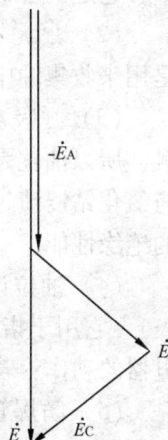

（1）铁芯。铁芯用导磁性能好且表面涂有绝缘漆的硅钢片叠成，变压器一、二次绕组都绕在上面。

（2）绕组。绕组是变压器的电路部分，一般由二或三个绕组组成。它是由绝缘铜线或铝线绕制的圆形多层绕组。

（3）油箱。它是变压器的外壳。其中装有铁芯、绕组和变压器油。

（4）油枕。当变压器油的体积随油的温度变化而膨胀或缩小时，油枕起着储油和补油的作用，此外，油枕使油和空气的接触面减小，从而减少油的氧化和受潮。

除上述部件外，还呼吸器、散热器、防爆管、高和低压绝缘套管（亦称瓷套管）、分接开关及气体继电器等。

图 2－19　三相绕组接成三角形一相极性接反时的电势相量图

$-\dot{E}_A$

$\dot{E}$

$\dot{E}$　$\dot{E}_C$

262. 散热器、集泥器、呼吸器、油位计、防爆管、分接开关和气体继电器各有什么作用？

答：（1）散热器的作用：当变压器上层油温与下部油温产生温差时，通过散热管形成对流，油经散热管冷却后注回油箱底部，它起到降低变压器油温的作用。

（2）集泥器的作用：又称集污盆，位于油枕下部，其作用是用来收集油中沉淀下来的机械杂质和水分等脏物。

（3）呼吸器的作用：为防止油枕内的绝缘油与大气直接接触，所以油枕是经过呼吸器与大气相通的。呼吸器内装有氯化钙与氯化钴浸渍过的硅胶，它能吸收空气中的水分，使油保持良好的绝缘性能。

（4）油位计的作用：油枕的一端一般装有油位计（又叫油表），它用于指示油枕中的油面。若油面过低，可以引起气体继电器的动作；若油面过高，造成溢油和使呼吸器失效。

（5）防爆管的作用：当变压器内部发生故障时，将油分解出来的气体及时排出，以防止变压器内部压力骤增破损油箱。当内部压力达到 0.051MPa（0.5 大气压），[对密封式变压器为 0.076MPa（0.75 大气压）]时，防爆膜应破损，使油和气体向外喷出。

（6）分接开关的作用：它是用来改变变压器高压绕组的匝数，从而调整电压变比的装置。

（7）气体继电器的作用：它是电力变压器内部故障的主要保护装置，装于变压器油箱和油枕的连接管上。当变压器内部发生绝缘被击穿、线匝短路及铁芯烧毁等故障时，气体继电器给运行人员发出信号或切断电源以保护变压器。此外气体继电器还可以观察分解出气体的颜色及数量，又能取气样。

263. 电力变压器在投入运行前，应用哪些方面的检查？

答：变压器检修或长期停用后再投入运行前，都应按有关规程规定进行电气测量和试验。具体应作如下检查：

（1）变压器本体无缺陷，绝缘子无裂纹和破损；外表清洁，无遗留杂物；各连接处应连接紧固；密封处无渗漏现象。

（2）分接头开关切换在符合电网和用户要求的位置上；引线适当，接头接触良好，各种配套设备齐全。

（3）变压器的外壳与低压侧的中性点接地良好；基础牢固稳定，变压器滚轮与基础上轨道接触良好，制动可靠。

（4）冷却装置、温度计及其他测量装置应完整。

（5）变压器的油位应在当时环境温度的油位线上（见油枕的油位计），不宜过高和过低。

（6）变压器的气体继电器应完好，并检查其动作是否符合规定的要求；防爆管内无存油，玻璃完好。

264. 什么是电力变压器的外特性？负荷性质对它有什么影响？

答： 变压器的外特性是指当变压器一次绕组端电压为额定值和负荷功率因数为一定时，二次绕组端电压随负荷电流的变化关系，即 $U_2 = f(I_2)$，如图 2 - 20 所示。

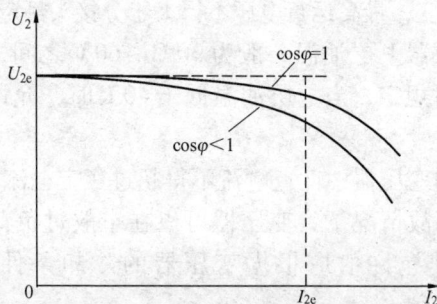

图 2 - 20　变压器外特性曲线

由外特性曲线可以看出，当负荷为电阻性、电感性时，变压器二次侧电压 U_2 随着二次侧的负荷电流 I_2 的增大而逐渐降低，即具有下降的外特性。同时，在相同的负荷电流下，其电压下降的程度取决于负荷功率因数的大小，其值愈低，端电压下降愈大。

如果是电容性负荷，变压器将具有上升的外特性，随着负荷电流的增大，二次侧电压将逐渐提高。图中，U_{2e}，I_{2e}分别表示电力变压器二次侧的额定电压和额定电流。

265. 电力变压器充电时应遵循什么原则？

答：变压器充电时应遵循如下原则：

（1）应当从装有保护的电源侧充电。在两侧均有保护的情况下，应从高压侧充电。具有高、中、低三个电压等级的三绕组电力变压器不应从中压侧充电。充电时，变压器中性点隔离开关必须投入接地。

（2）在一般情况下，电力变压器投入运行，均应由发电机从零起升压充电。

266. 什么是电力变压器运行定额？

答：变压器运行定额包括：

（1）变压器在正常运行时应保持电流、电压在额定范围内。

（2）变压器电压波动范围在分接头额定电压的±5%以内时，其额定容量不变，最高运行电压不得大于分接头额定值的105%。

（3）变压器上层油温一般为30℃~60℃之间，最高不得超过75℃。同时规定，当上层油温低于40℃时，允许停用部分冷却器。

（4）厂用变压器中性点电流不得超过额定电流的25%。

（5）在事故情况下，变压器可以在事故过负荷允许的范围内运行，但其允许值应根据变压器的冷却条件和温度情况确定。

267. 电力变压器大修更换绕组后，投入运行前进行冲击合闸试验时应注意什么？

答：冲击合闸试验应注意：

（1）大型电力变压器充电前应合上中性点接地刀闸，各保护均应投入。

（2）应从变压器的高压侧进行全压充电。

（3）严禁用隔离开关对变压器进行全电压冲击合闸。

268. 电力变压器运行中，有哪些正常与特殊巡视检查的项目？

答：（1）变压器的正常巡视项目有：

1）检查变压器的响声是否正常。正常运行时，一般有均匀的"嗡嗡"声，这是由于交变磁通引起的铁芯振动而发出的声音。如果运行中有其他声音，则属于异常。

2）油位应正常。即检查油枕和充油套管内油面的高度，密封处有无渗油现象。如油位过高，一般是由于冷却装置运行不正常或变压器内部故障等所造成的油温过高引起的。如油位过低，应检查变压器各密封处，结合处是否有严重漏油现象，油阀门是否关紧。油标管内的油色应透明微带黄色，如呈红棕色，可能是变压器油运行时间过长，油温高使油质变坏，也可能是油位计脏污所致。

3）油温应正常。检查变压器上层油温，一般应在85℃以下。对强迫油循环水冷却的变压器上层油温应为75℃。如油温突然升高，则可能是冷却装置有故障，也可能是变压器内部故障。对油浸自冷变压器，如散热装置各部分温度有明显不同时，可能管路有堵塞现象。

4）负荷情况。

5）气体继电器应充满油。

6）防爆管上的防爆膜应完整无裂纹、无存油。

7）检查冷却装置运行情况是否正常。对强迫油循环水冷或风冷的变压器，应检查油、水温度、压力等是否符合规定。冷却器中，油压应比水压高 0.1～0.15MPa（1～1.5 大气压）。冷却器出水中不应有油，水冷却器系统应无渗漏。

8）瓷套管清洁无裂纹，无打火放电现象。

9）呼吸器应畅通，硅胶吸潮不应达到饱和（通过观察硅胶是否变色），油封呼吸器的油位正常。

（2）变压器的特殊巡视项目有：

1）过负荷时，应监视负荷、油温和油位的变化，接头接触应良好，示温蜡片无异常熔化现象，冷却系统应运行正常。

2）有大风时，注意观察引线摆动情况及有无搭挂杂物。

3）雷雨天气瓷套管有无放电闪络现象，避雷器放电记录器有无动作。

4）下雾天气瓷套管有无放电打火现象，重点监视污秽瓷质部分。

5）下雪天气，根据积雪溶化情况检查接头发热部位并及时处理冰棒。

6）短路后，应检查有关设备及各接头有无异状。

269. 为什么允许电力变压器可以短时过负荷运行？允许短时过负荷的数值是多少？

答：变压器的使用寿命是由其绝缘材料的老化程度所决定的，而绝缘材料的老化速度主要取决于温度。在周围空气的温度为40℃时，变压器可以按额定容量连续长期运行，即绝缘的温度不会超过最高允许值105℃，因此绝缘按正常老化速度不会在正常的使用年限内（约20年）损坏。变压器实际运行中，一年内有相当长的时间周围空气温度低于40℃，同时还有较长时间的负荷低于额定值，因此在这种情况下绝缘的老化速度低于设计值。这说明，在不损害绕组绝缘和不降低使用寿命的前提下，变压器具有一定的过负荷能力。可见，变压器允许过负荷的实质，是把变压器在低负荷或低于冷却介质额定温度下运行时所延长的使用寿命，用来补偿短时过负荷因绝缘加速老化所缩短的寿命，而保持变压器的正常使用寿命基本不变。

昼夜负荷变动和季节负荷变动所允许的变压器过负荷可以叠加使用，但过负荷的总百分数，对于室外变压器不要超过30%，对于室内变压器不要超过20%。

变压器过负荷百分数的计算式为

$$过负荷百分数 = \frac{负荷电流 - 额定电流}{额定电流} \times 100\%$$

在高峰负荷期间，变压器过负荷倍数及允许的持续时间，可参照表2-5确定。

表2-5　　　　　　　自然冷却或次风冷却油浸式
　　　　　　　　　电力变压器的过负荷允许时间　　　　h：min

过负荷倍数	过负荷前上层油温升（℃）					
	18	24	30	36	42	48
1.05	5：50	5：25	4：50	4：00	3：00	1：30
1.10	3：50	3：25	2：50	2：10	1：25	0：10
1.15	2：50	2：25	1：50	1：20	0：35	
1.20	2：05	1：40	1：15	0：45		
1.25	1：35	1：15	0：50	0：25		
1.30	1：10	0：50	0：30			
1.35	0：55	0：35	0：15			
1.40	0：40	0：15				
1.45	0：25	0：15				
1.50	0：15					

注　此表在周围空气温度为40℃。

　　另外，当电力系统发生事故时，为了不影响重要用户的正常供电，也允许变压器在短时间内过负荷运行，这时绕组的温度将超过允许值，但会加速绝缘的老化，影响到绝缘的使用寿命。

270. 电力变压器中性点接地方式主要有哪几种？各有什么优缺点？

　　答：变压器中性点的接地方式主要是由电力系统的接线情况和运行方式需要决定的。目前我国电力系统中性点的接地方式主要有不接地、经消弧线圈接地、直接接地等几种。直接接地的称为大电流接地系统，不接地的或经消弧线圈接地的称为小电流接地系统。

　　（1）中性点不接地系统的主要优点在于当系统发生单相接地时，它能自动熄弧而不需切断线路。这就大大减少停电次数，提高了供电可靠性。主要缺点是长期最大工作电压和过电压均较高，特别是存在电弧接地过电压的危险。整个系统绝缘水平要求较高，实现灵敏而有选择性的接地保护比较困难。

　　（2）中性点直接接地系统最重要的优点是，过电压和绝缘水平较低。从继电保护角度来看，对于大电流接地系统用一般简单的零序过流保护即可，选择性和灵敏性都易解决。其缺点是，一切故障，尤其是最可能发生的单相接地故障，都将引起断路器跳闸，这样增加了停电的次数。另外，接地短路电流过大，有时会烧坏设备和妨碍通信系统的工作。

（3）中性点经消弧线圈接地的优点是，解决了中性点不接地时可能因电容电流大、接地电弧不能自动熄灭的问题，不但使单相接地故障所引起的停电事故大大减少，而且还能减少系统中发生多相短路故障的次数。其缺点表现在，系统的运行比较复杂，实现有选择性的接地保护比较困难、费用大等。

271. 电力变压器中性点接地运行方式有什么规定？

答：变压器中性点接地运行方式有下列规定：

（1）备用中的电力变压器中性点接地隔离开关应在"合"的位置。

（2）电力变压器中性点接地数按调度命令执行。

（3）220kV 母线并列运行时，应保证每段母线至少有一个中性点接地。

（4）电力变压器中性点接地隔离开关进行倒换操作时，应先合上需投入的中性点接地隔离开关，后拉开要退出的中性点接地隔离开关，任何情况下，均不得使 220kV 系统失去中性点接地。

（5）拉、合电力变压器高压侧断路器前，应先合上其中性点接地隔离开关。

272. 变压器正常运行中为什么会发热？为使温升不超过允许值，常采用哪些散热措施？

答：正常运行中的变压器要产生铜损、铁损和附加损耗，这些损耗都会转变成热量，使变压器各部温度升高。温度过高会使绝缘和变压器油老化变质，从而缩短变压器的使用寿命。因此必须采用必要的散热措施，使变压器各部分的温度稳定在允许范围内。能直接或间接把铁芯和绕组的热量带走的物质叫冷却介质，如空气、变压器油、水、SF_6 气体等。

干式变压器是靠其周围的空气以辐射和对流的散热方式来进行自然冷却的。

由于油的散热效率和绝缘性能都比空气好，所以水电站使用的绝大部分变压器都是油浸式的。铁芯和绕组产生的热量是先传给其附近的变压器油，使油温升高。温度升高后的油体积膨胀，比重减小，会自动向油箱上部运动，而冷油也自动地补充到热油原来的位置，这样在变压器油箱内便产生了油的对流循环。热油到达油箱壁和散热管后，使壁、管温度升高；然后靠辐射和空气介质的对流作用，把油箱壁和散热管的热量带走，此种冷却方式的变压器，称为油浸自冷式电力变压器。为了增加油箱的散热面积，有的把油箱壁做成波浪形，有的加装了不同数量的散热管。若在散热管外加装风扇，以增加对流散热，提高冷却效果，称为油浸风冷式变压器。

大容量电力变压器多采用强迫油循环冷却方式，即用油泵把油箱中的热油从上部抽出来，经过水或风冷却器冷却后，再从油箱下部用油泵打入变压器，这种变压器都不再装散热器。

273. 变压器在运行中为什么会发生局部高热？

答：一般结构的变压器绕组，在正常运行状态时，经试验证明，温度最高点在高度方向的70%～75%处，辐向在绕组厚度（从内径算起）的1/3处。当变压器发生故障时，在其内部的某些部位可能发生局部高热，严重时，将危及变压器的运行安全。常见的内部故障有：

（1）分接开关接触不良。分接开关是变压器内部唯一的可动部件，可能因接触不良而使接触电阻增加，损耗增大，产生局部高温。

（2）绕组匝间短路。即相邻几个绕组间的绝缘损坏，使线匝间产生金属性接触而形成短路环路，同时使该相绕组的匝数减少。短路环路内的短路电流会使绕组局部产生高热，严重时，可能烧坏变压器。当有匝间短路存在时，油温迅速上升，轻瓦斯可能动作，在变压器旁用听针可听到"咕噜"像油沸腾一样的声响。

（3）铁芯的硅钢片间存在短路。如由于外力损伤或检修插片时不小心，可能使硅钢片之间的绝缘损坏而形成短路，造成较大涡流，引起铁芯局部过热，严重时会使硅钢片熔伤。

（4）绕组内部连接的焊接不良。引线和绕组的焊接不良、引线与导管中导杆的螺母连接不良等造成的接头发热；压环螺钉绝缘损坏或压环碰铁芯造成环流等引起过热。

为了及时发现并防止扩大变压器局部高热故障，在运行维护上，要经常监视变压器油温，听变压器的声音。轻瓦斯动作后要引起注意，加强巡视检查，应尽量避免变压器长期过负荷运行。

274. 油浸变压器中的油起什么作用？它的运行温度的限额是多少？

答：（1）油浸变压器中的油起两种作用：

1）作为绝缘介质。油使绕组与绕组之间、绕组与接地的铁芯和箱壳之间有良好的绝缘，提高了有机纤维绝缘材料的绝缘水平。

2）作为散热介质。它将运行中变压器铁芯和绕组等散发出来的热量传递给油箱壁、散热器或冷油器进行冷却。

（2）运行中变压器油温的限额决定于绝缘材料，而变压器的绝缘材料都属于 A 级绝缘。它的耐热温度为 105℃。一般绕组对油的温升为 25℃，如果环境最高温度为 40℃，则油的温升允许值为 105℃ − 25℃ − 40℃ = 40℃。同时，考虑到上层油温最高，且通常是通过监督上层油温来控制绕组最热点的温度，因此，规定上层油温的最高允许温升为 55℃，此时对应油的平均温升为 40℃。若考虑最高空气温度为 40℃，则上层油的最大允许温度为 95℃。就是说，油的上层温度不超过 95℃，绕组温度不会超过 105℃。为了防止变压器油质劣化过速，上层油温不宜经常超过 85℃。

275. 怎样判断变压器油油质好坏？

答：变压器在运行中，由于可能和空气接触，而空气中的水分会使油受潮，同时由于长期受温度、电场及化学复合分解的作用，会使油质劣化。判断变压器油是否受潮和劣化，首先应检查干燥器（呼吸器）。因为干燥器内有用氯化钴处理过的硅胶作为干燥剂，它能吸收变压器内空气中的水分而变色。若发现大部分硅胶由原来的蓝色变为红色或紫色（用溴化铜处理过的硅胶则由原来的黑色变为淡绿色）时，则说明干燥剂已潮解失效，变压器油已受潮，需要更换经干燥处理过的硅胶。检查变压器油质是否劣化还需定期由专业的化验人员进行取油样试验。对电压在35kV 及以上运行中和备用的变压器每年至少取油样化验 1 次；对电压在 35kV 以下的变压器，则每二年至少取油样化验 1 次。油样化验的内容如下：

（1）酸价：新油不应超过 0.05KOHmg/g，运行中油不应超过 0.4KOHmg/g。

（2）电气绝缘强度：在各种电压下，标准间隙的击穿电压应不低于表 2-6 中所列数值。

表 2-6　　　　　变压器油的绝缘标准 （kV）

使用电压	新油标准	运行油标准
35kV 以上	40	35
35 ~ 6kV	35	30
6kV 以下	25	20

（3）闪点：新油不低于 130℃；运行中的油的闪点低于新油 5℃以内。

（4）游离碳：没有。

（5）机械混合物：没有。

（6）水：无。

（7）酸碱度：用 pH 值表示，pH 值大于 4.6 为中性，pH 值在 4.1 ~ 4.5 之间为弱性，pH 值小于 4 为酸性。新油一般为 5.4 ~ 5.6。

变压器通过化验，各项指标皆符合上述标准的即认为合格，若不符合标准，要针对存在的问题进行处理。

276. 反映变压器油质好坏的几项主要指标在运行中发生变化，说明什么问题？

答：（1）黏度：黏度说明油的流动性的好坏，是油的重要特性之一。黏度愈低，流动性愈大，变压器的冷却愈好。当油质劣化时，黏度就增高。运行中常用安氏度计量变压器油的黏度，并称它为条件黏度。条件黏度为油在给定温度（50℃）下流出的时间，与同体积的水在温度20℃时流出时间之比。规程规定，在50℃时，变压器油的黏度不应超过1.8（新油）。黏度和温度的关系很大，所以表示黏度值时要说明相当于什么温度。

（2）闪点：在一定条件下将油加热到某一温度，其蒸气与空气形成混合物，若将小火苗移近，该混合物着火，这一温度就叫闪点。闪点也是油的主要特征之一。当油蒸发时，体积就缩小，黏度增大，并伴有爆炸性气体出现。闪点不能低于135℃。进行油样化验时，如果发现油的闪点比其初始值降低5℃以上，就说明油质已经开始劣化。油质劣化（由于绕组短路、铁芯起火等局部高温引起）会使闪点剧烈降低。

（3）溶解于水的酸和碱：由于油在加工过程中清洗不充分，可能残留一部分矿质酸和碱。另外，油发生氧化时也会形成一部分酸，酸和碱溶入水中，会加速油的劣化，且会腐蚀变压器金属部分和绝缘材料，使电气绝缘强度降低，所以，不论是新油和运行油，都不应有溶入水的酸和碱。

（4）酸价：为了中和1g油中所含自由酸性化合物所必需的氢氧化钾的毫克数称为酸价。酸价增大，说明油已处于氧化初始阶段，这时油的其他特性尚未改变。根据酸价大小，可以判断油的劣化程度。运行油的酸价不应大于0.4。

（5）机械混合物：加油过程中落入的脏物，运行中由于被电弧烧焦留下的碳末，以及绝缘物掉落的纤维等，都叫机械混合物。它可能在油中形成导电的路径，从而影响油的绝缘强度，又可能沉积于绝缘表面或堵塞油道影响散热，所以必须在大修或运行中用滤油机或真空分离机将油加以净化。

（6）电气绝缘强度（抗电强度）：油的抗电强度是以击穿 2.5mm（标准电极）的油层所加电压来计量，或换算成击穿强度 kV/cm。国标 GB7595—1987《运行中变压器油质量标准》规定的各种变压器油的击穿电压见表 2－7。

表 2－7　　　　　各种变压器的击穿电压（kV）

U_N	新油	运行油
500	≥60	≥50
300	≥50	≥45
66～220	≥40	≥35
20～35	≥35	≥30
≤15	≥25	≥20

击穿电压的高低与油含有水分和机械混合物的多少有很大关系，因此它也有反映油是否含水分等杂物。

（7）水分：油在运行中与空气接触并吸收了其中的水分。水分的存在一是会使含有机械混合物的油耐压水平更加降低；二是水分易和油中别的元素化合成低分子酸，腐蚀绝缘。不过，油吸水很容易饱和。试验中还发现，随着水分含量的增大，水分对击穿电压的影响反而减小。

（8）油的颜色：新油通常是亮黄色或天蓝色透明的。运行油由于劣化形成的沥青和污物的影响，油色会变暗，严重劣化时可能呈棕色。碳末对油的颜色有很大的影响。两种牌号的油最好不要混合使用，因为油的添加成分不同，混合后可能影响油质。如要混合使用，必须对混合油进行抗氧化安定性试验，并检查混合油的其他指示是否合格。

277. 变压器的冷却方式有哪几种？

答：运行中的变压器，因有损耗而发热，而变压器的温升直接影响到它的负荷能力和使用年限。为了降低温升，提高出力，保证变压器安全、经济地运行，就必须改变冷却方式。变压器的冷却方式，根据变压器的容量不同，工作条件的不同，冷却方式也不同。发电厂和变压所里的大部分变压器，都是油浸式变压器。下面介绍几种常用变压器的冷却方式。

(1) 油浸式自然空气冷却式：容量在 7500kVA 及以下的变压器，采用这种冷却方式。这种冷却方式是将变压器的铁芯和绕组直接浸入变压器油中。变压器在运行中内部产生热量使油温升高，体积膨胀，相对密度减小，因此油就向上流动。而变压器的上层油，经过散热器冷却后，相对密度增加而向下流动，这种冷却油的交换，称为对流。由于冷却油的不断对流，便将变压器铁芯和绕组的热量传给了油箱散热器，依靠油箱壁的辐射和散热器周围空气的自然对流，把热量散发到空气中去。

(2) 油浸风冷式：对于容量 10000kVA 以上的变压器，在散热器上加装风扇（每组散热器上加装 2 台小风扇），将风吹在散热器上，以加速热量的散出，使热油能迅速冷却，降低变压器的油温，这种冷却方式称为油浸风冷式。

(3) 强迫油循环水冷式：由于单纯的加强表面冷却，只能降低油的温度，而当温度降到一定程度时，油的黏度增加会使油的流速降低，起不到应有的冷却作用。故对大型变压器，采用强迫循环水冷却，以便加快油的冷却，使变压器得到较好的冷却，从而提高了变压器的出力。采用强迫油循环水冷却的变压器，油箱上不装散热器，而是在变压器外加了一套与油箱相连的油系统。这套系统包括油泵、滤油器和油水冷却器等。变压器的上层热油由潜油泵抽出，经冷油器冷却，再从油箱下部流入变压器，从而使变压器的铁芯和绕组得到冷却。当变压器铁芯和绕组周围的油受热后，热油再次流到变压器顶部，形成变压器油的循环。在冷油器内，管内通冷却水，管外加热，冷却水将油的热量带走，从排水管内排出，使热油得到冷却，如图 2-21 所示。

采用强迫油循环水冷却的变压器正常运行时，其冷却水温度不得超过 25℃，油压应高于水压 0.1～0.5MPa，以免水渗入油中。同时应检查冷油器排出的冷却水是否有油花，如有油花则说明冷油器有漏油现象，应进行处理。

(4) 强迫油循环风冷式：采用强迫循环风冷却的变压器的

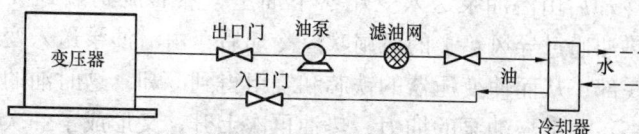

图 2-21 强迫油循环水冷却示意图

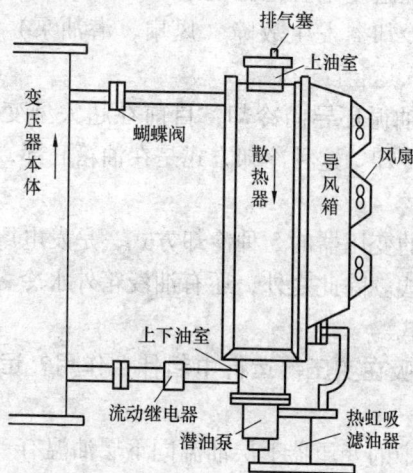

图 2-22 冷却过程示意图

冷却过程如图 2-22 所示，用潜油泵将变压器上层热油抽出，经过上蝴蝶阀门流入上油室，然后经过散热器。与强迫循环水冷却方式基本相似。其主要区别在于变压器主体部分油路不同。普通的采用油冷却的变压器油箱内油路较乱。油沿着绕组和铁芯、绕组和绕组间的纵向油路逐渐上升，而绕组段间油的流速不大，导致局部可能没有冷却到，使绕组的某些段和线匝局部温度很高。采用导向冷却后，可以改善这种情况。

导向冷却，即用潜油泵将油分别送入绕组之间的油道和铁芯内的油道中，使铁芯和绕组中的热量直接由具有一定流速的冷油带走，而变压器上层热油用潜油泵抽出后，经冷却器（用水冷却）冷却后由潜油泵送入变压器下油室，然后流到热虹吸滤油器。热油通过导风箱上的风扇吹风冷却后，由潜油泵送入变压器油箱底部，从而使变压器的铁芯和绕组得到冷却。这时油的温度又升高，加上潜油泵的抽力，热油再次上升，又形成了一次变压器油的循环。采用强迫油循环风冷却的变压器，不允许在风扇没有开启时就带负荷运行。正常运行的变压器的上层油温不得超过80℃，正常监视温度不宜经常超过75℃。备用冷却器应处在完好状态，运行冷却器发生故障（风扇、潜油泵）等时，备用冷却器应及时投入运行。

（5）强迫油循环导向冷却：目前在超大型变压器中，采用强迫循环导向冷却。这种冷却方式是在油箱底部，形成变压器油的循环。

以上介绍的变压器的 5 种冷却方式，是发电厂和变压所普遍采用的冷却方式。除此之外，还有油浸箱外水冷、蒸发冷却和水内冷等冷却方式。

278. 热虹吸在变压器运行中起什么作用？运行维护有什么要求？

答：运行中的变压器上层油温同下层油温有一定的温差，使油在热虹吸器内循环。油中的有害物质如水分、游离碳、氧化物等，随油循环而被吸收到硅胶内，因此热虹吸器不但有热均匀作用，而且对油的再生也有良好作用。

在运行维护中应注意：①硅胶最好选用大颗粒，而且应排出热虹吸器内的气体，以免影响瓦期保护动作。②热虹吸器充满油后，应关闭热虹吸器与变压器连接的下部截门，静止几小时排出杂物后，再打开下部截门。正式投用 24h 后，再将重瓦斯投入跳闸回路。③定期化验油样，监视油的化学成份，及时更换硅胶。

279. 怎样根据变压器的温度判断变压器是否正常？为何要规定温升？数值如何？

答：变压器在运行中铁芯和绕组的损耗转化为热量，引起各部位发热，使温度升高。热量向周围以辐射、传导等方式扩散。

当发热与散热达到平衡时，各部位温度趋于稳定。巡视检查变压器时，应记录环境温度、上层油温、油面高度，并与以前的记录进行比较、分析。如果发现在同样条件下温度比平时高出10℃以上，或负荷不变但温度不断上升，而冷却装置又运行正常，温度表无误差及失灵时，则可以认为变压器内部出现了异常现象。由于温升过大会使铁芯和绕组发热，绝缘老化，影响变压器使用寿命和系统运行安全，因此规定变压器绕组的最大温升为65℃。

280. 常用的变压器套管有几种类型？各用在什么场合？

答：变压器常用的套管类型有纯瓷型套管、充油型套管和电容型套管三种型式。

（1）纯瓷型套管：该套管的表面电场在法兰和端盖附近比较集中，套管直径愈小，法兰附近的电场强度愈高，这种型式的套管主要用于35kV及以下的电压等级。

（2）充油型套管：以变压器油和绝缘纸筒形成的绝缘屏障作为主绝缘，而不以瓷套作为主绝缘的套管叫作充油型套管。一般充油型套管用于63kV及以上电压等级。

（3）油纸电容型套管：由于其性能优良，外型尺寸小，从而可使变压器体积相应减小，成本大大降低，故被大量采用。目前63kV电压及以上油纸电容型套管已基本上取代了其他类型的套管。

281. 变压器的绝缘是怎样划分的？

答：变压器的绝缘可分为内绝缘和外绝缘。内绝缘是油箱内的各部分绝缘，外绝缘是套管上部对地和彼此之间的绝缘。内绝缘又可分为主绝缘和纵绝缘两部分。主绝缘是绕组与接地部分之间以及绕组之间的绝缘。在油浸式变压器中，主绝缘以油纸屏障绝缘结构最为常用。纵绝缘是同一绕组各部分之间的绝缘，如不同线段间、层间和匝间的绝缘等。通常以冲击电压在绕组上的分布作为绕组纵绝缘设计的依据，但匝间绝缘还应考虑长期工频工作电压的影响。

282. 变压器的调压接线方式有几种？

答：电力系统正常运行时，必须控制电压的波动。电压波动范围一般不得超过额定电压值的 ±5% 。为了保证电压波动在一定范围内，就必须进行调压。用改变变压器绕组匝数进行调压是最常用的方法之一。为了改变绕组匝数，常在高压侧的绕组上，引出若干个抽头（分接头），并把这些抽头接在分接开关上。当分接开关切换到不同的抽头时，就改变了绕组的有效匝数。

改变绕组的有效匝数的调压方式又分为无励磁调压和有载调压两种。变压器的调压接线方式，有绕组中性点抽头、绕组中部抽头和绕组端部抽头 3 种。可根据变压器绕组设计和开关的结构确定分接抽头的方式。

一般无励磁调压常用的绕组抽头如图 2－23 所示。图（a）适用于电压 35kV 及以下的多层圆筒式绕组，抽头从外层绕组引

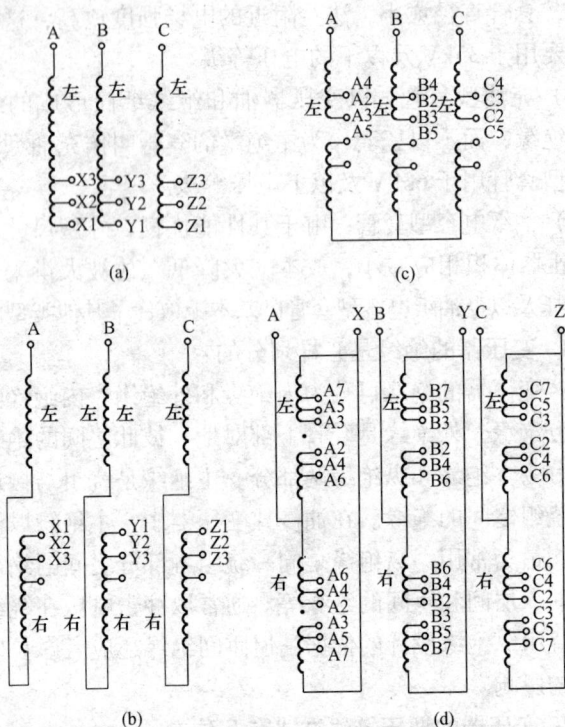

图 2－23　变压器无励磁调压的接线方式

出。图（b）适用于电压为 15kV 及以下，电流为 350A 及以下的连续式绕组。为了保持绕组的电磁平衡，采用反接线，使调压线段设在绕组中部。以上两种接法均利用了分接抽头靠近 Y 接绕组的中性点，相间电压低的特点。如中性点接地，还有对地电压低的优点，可以三相共用一个分接开关。图（c）及（d）均为在绕组中部调压，其中（d）用于电压较高的绕组。当电流较大时，配用分相的分接开关。

有载调压绕组的分接抽头接线与无励磁调压绕组的抽头基本类似。如图 2-24 所示，由于有载调压的范围选择较大，常采用独立调压绕组。为了降低有载开关的绝缘水平，多选用中性点调压的接线方式，三相用一个断路器。

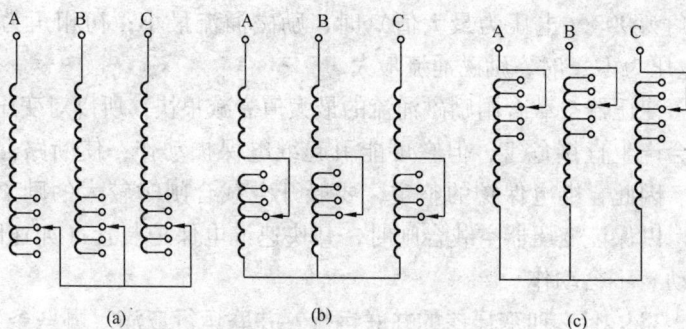

图 2-24 变压器有载调压的接线方式
（a）中性点调压；（b）中部调压；（c）端部调压

为满足电力系统的调压需要，也有采用绕组端部调压的接线方式。当变压器容量不大，调压范围较小时，不单独设置调压绕组，可采用在变压器绕组中部分接抽头上进行调压的方式。有时，为了配合系统设备，也可利用增压变压器来进行有载分级调压，如图 2-25 所示。

283. 什么叫变压器的励磁涌流？它对变压器有无危害？

答： 给一台空载变压器突然接上电源时，可以发现：合闸瞬

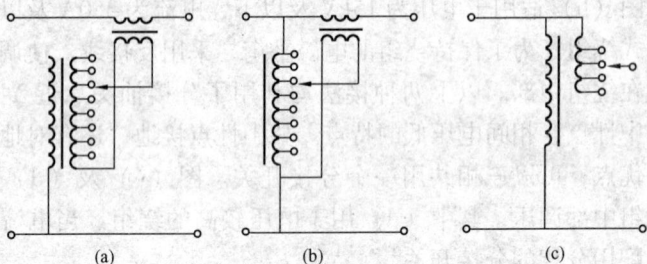

图 2-25　单相增压变压器调压的接线方式

间变压器电流表的指针有时一下子撞到针挡，不过很快又回到正常的空载电流值，这个冲击电流叫做励磁涌流。

励磁涌流的大小，取决于电源电压在合闸瞬间的初相角，初相角为90°（电压为最大值）时，励磁涌流最小；初相角为0°（电压为零）时，励磁涌流最大。

变压器空载合闸励磁涌流的最大值衰减很快，所以对变压器不会产生直接危害，但它可能引起继电保护动作，使断路器跳闸。因此，继电保护的整定，要躲开空载合闸时较大的励磁涌流，以保证变压器空载合闸时，其快速继电保护装置（如速断、差动）不会动作。

284. 什么叫变压器的并联运行？并联运行应满足哪些条件？为什么？

答：将两台或两台以上的变压器一次绕组连接到同一电压母线上，二次绕组在另一电压母线上运行，这种方式叫做变压器的并联运行。并联运行时必须满足下列条件：

（1）接线组别相同。如果接线组别不同，在并联变压器的二次绕组中，将会出现相当大的电压差。在它的作用下，即使二次绕组没有负荷，电路中也会出现几倍于额定电流的循环电流。而且，由于变压器的绕组电阻和漏电抗相当小，所以这个电流可能会烧坏变压器。因此，接线组别不同的变压器是绝对不能并联运行的。

（2）变比相等。如果变比不等，将会在它们的绕组中引起循环电流，它不属于负荷电流，却增加了变压器的损耗，使其输出容量减少，因此，要求变压器在并联运行时变比必须相等，或者变比差不得超过 0.5%。

（3）短路电压相等。并联运行的变压器负荷分配是与短路电压成反比的。如果短路电压不等，大容量变压器的短路电压较大；而小容量短路电压较小，使变压器负荷分配不合理。因此，我国规定，并联运行的变压器，最大容量与最小容量比例不能超过 3:1，且短路电压差值不得超过 10%。

285. 自耦变压器与普通变压器的工作原理有何不同？自耦变压器有何优缺点？为什么中性点必须接地？

答： 自耦变压器与普通变压器的区别在于：自耦变压器的一、二次绕组不仅有磁的联系，而且还有电的联系，而普通变压器的一、二次侧绕组仅有磁的联系。

自耦变压器的优点：消耗材料少，成本低，损耗少，效率高，便于运输和安装，提高了变压器的极限制造容量等。

其缺点是：使系统短路电流增大，调压困难（因高、中压绕组有自耦联系引起的），使继电保护配合复杂化，使变压器绕组的过电压保护复杂化。

不过，在水电厂的升压站中装自耦变压器还是有其优点的，主要是：

（1）供电灵活。因为除了将第三绕组所连接的水轮发电机的功率送出外，还可以利用高、中压侧绕组的自耦联系，补充传输一部分功率。

（2）降低升压站的造价。因为自耦变压器的中压侧也可以向高压侧传输功率，这样可以把不同等级的电压网络连接起来，减少设备投资。

（3）减少变压器的损耗。因为三绕组自耦变压器比普通三绕组变压器的损耗要小，故用自耦变压器后，对电网经济运行有好处。

现在，我国110kV以上中性点直接接地的电力系统中，用自耦变压器的水电厂已经很多。

自耦变压器的中性点必须接地（或经小电抗器接地）。这是为了避免当高压电网内发生单相接地故障时在其中压侧绕组上出现过电压。因为中性点接地之后，其电压永远等于地电位，中压侧相电压就不会出现过电压了。

286. 为什么有些变压器的中性点要接避雷器？

答：一般110kV及以上的电力系统是中性点接地的系统。当然，变压器中性点直接接地运行，是不需装避雷器的。但在有些系统中，为了防止单相接地事故时短路电流过大，系统调度常要求系统中有15%～30%容量的变压器的中性点与地线之间断开运行。在这种情况下，那些中性点的绝缘不是按照线电压设计的变压器的中性点，就应安装避雷器。其原因是：当有雷电波侵入时，由于入射波和反射波的叠加，在中性点上出现的最大电压可能达到避雷器放电电压的1.8倍左右。这个电压作用在中性点会使中性点绝缘损坏，所以必须接一个避雷器加以保护。

对于接有消弧线圈的中性点，为消除消弧线圈端部可能出现的过电压，应该与消弧线圈并联安装一个阀型避雷器。

287. 变压器一次侧运行电压过高时对变压器有什么影响？

答：一般电力变压器的磁通密度取得较高，一次侧电压为额定电压时，铁芯已趋于饱和，如果运行电压比额定电压高得过多，会引起铁芯饱和，使输出电压波形发生畸变，产生很大的高次谐波分量，造成二次侧输出电压幅值增大，容易损坏绕组绝缘。同时，铁芯过饱和，会使铁损增加，空载电流相应增大，可能造成变压器过热，并会降低电网的功率因数。此外还会引起用户电流波形畸变，增加电动机和线路的附加损耗，并且会对邻近的电信线路产生干扰影响，因此，一般不允许运行电压过额定电压的5%。

288. 变压器运行中发生不正常声响的原因有哪些？

答：变压器运行时，交变电流通过绕组，便在铁芯中产生交变磁场，由交变磁场引起的电磁力会使铁芯振动，从而发出轻微的"嗡嗡"声，这是正常的。变压器异常运行（内部故障和外部故障），有可能引起变压器发出不正常声响。

引起变压器异声的主要原因有：

（1）变压器空载合闸时，由于产生很大的励磁涌流，会在短时间内引起较大的"嗡嗡"声。

（2）当变压器过负荷或过电压时，会产生比正常声响大的"嗡嗡"声，这种声响通常伴随电流、电压表指示的变化而变化，容易辨别。

（3）变压器检修后，如果铁芯夹紧螺栓未上紧，"嗡嗡"声比检修前会明显增大。如果铁芯接地不良或忘记接地，可以听到有明显的放电声；如果用听针听到"叮当叮当"的金属撞击声，可能有铁质垫圈、螺母等杂物掉在变压器内。

（4）大雾天、雪天、细雨天，由于空气潮湿，可能在套管处听到"嘶嘶"的放电声，在夜间并能看到明显的蓝色小火花。这种异声一般不需特殊处理，天晴后能自行消失。有时，由于固定瓷套管的压板或压块接地不良，也可能在套管凸缘与压板或压块间产生蓝色小火花，并听到放电声，这种异声在晴天也有，需要及时处理。

（5）变压器内部由于匝间短路，分接断路器接触不好，绕组与引线接触不好等，会因局部高热而使油局部沸腾，产生"咕噜咕噜"像水开了似的声音。这种异声应引起特别注意，应及时检查处理，防止扩大为事故。

（6）变压器的温度计或控制信号线的金属软管与箱壁、散热器发生碰撞，或风扇电动机固定不好，风扇叶片固定不好或有裂纹，都可能产生不正常的声响。这些异声在变压器附近可以明显听到，通过直观检查也较容易发现。

运行人员在发现变压器有异声时，除观察有关仪表指示外，还应用手摸来检查各部的温度，用听针听四周的声音，并观察油温、油位、油色的变化情况，综合分析判断产生异声的原因。

289. 变压器分接头为什么能起调压作用？一般为什么都从高压侧抽分头？

答：电力系统的电压随运行方式及负荷大小的变化而变化。电压过高或过低，都会影响设备使用寿命。为保证供电质量，必须根据系统电压变化情况进行调压。改变变压器的分接头就是调压方法之一。改变分接头就是改变绕组的匝数，即改变变压器的变比。变比 K 是表示一、二次绕组的匝数之比，或高、低侧电压之比。设一次绕组的匝数为 W_1，二次绕组的匝数为 W_2，变压器一、二次侧的端电压分别为 U_1 和 U_2，则

$$K = \frac{W_1}{W_2} = \frac{U_1}{U_2}$$

若分接头在一次侧，改变分接头，就改变了一次侧绕组的匝数 W_1，也就改变了 K 值，那么，在加同样电源电压 U_1 的情况下，二次侧电压 $U_2 = U_1/K$ 就起变化，从而达到调压的作用。

从原理上讲，从变压器的高、低压绕组都可以引出分接头，但是一般变压器的分头都在高压侧引出，这是考虑到：①变压器高压绕组接头在外面，分接头引出和连接方便；②高压侧电流小，引出线和分接头开关的载流部分的截面小，接触不良的问题也较易解决。

290. 油浸风冷变压器停了风扇为什么必须降低容量运行？

答：吹风冷却是为了提高油箱及散热表面的冷却效率，风冷较之自然空气冷却，油箱和散热器的散热效率可提高 50% ~ 60%。一般油浸风冷变压器的容量比油浸自冷却变压器的容量可提高 30% 以上。因为在开启风扇情况下变压器可带额定负荷，停了风扇则只能带额定负荷的 70%，否则会使变压器上层油温超过允许值。一般油浸风冷变压器的铭牌上，都规定了开启和停用风扇情况下变压器的额定容量。

如果周围空气温度低于规定值时，运行人员可以根据上层油温升情况决定是否停用风扇。若上层油温不超过 85℃，可以停用风扇；反之，就应投入风扇或降低容量运行。

291. 变压器遇有哪些异常情况必须立即停止运行？

答：当发生以下异常现象之一者，应立即停止该变压器运行：

（1）变压器内部声响很大，很不均匀，并有爆响声。

（2）在正常冷却条件下，负荷变化不大，而油温突然升高，并不断上升超过允许值。

（3）油箱裂开喷油，防爆膜已破裂，喷油、喷火。

（4）漏油严重，油位计指示已在油位的最下限，并且不能止漏，油位继续下降。

（5）套管严重破损，闪络放电，或接线头熔断。

（6）变压器着火。

（7）变压器油油色骤然恶化，油内出现碳质。

292. 造成变压器不对称运行有哪些原因？试分析各种不对称运行情况。

答：造成不对称运行原因有以下几种情况：

（1）由于三相负荷不一样，造成不对称运行。

（2）由 3 台单相变压器组成三相变压器组，当 1 台损坏而用不同参数的变压器代替时，造成电流和电压的不对称。

（3）由于某种原因使变压器两相运行，引起不对称运行。

在 Y，yn12 接线的变压器三相负荷不一样引起不对称运行中，在变压器中性线中有电流流过，使中性点电压发生严重偏移。负荷越不对称，中性线电流越大，将引起中性线过热甚至烧断，造成事故。因此，DL/T572—1995《电力变压器运行规程》规定，中性线电流不应超过二次绕组额定电流的 25%，并且任何一相的电流不得超过额定值。

当 Y，yn 接线变压器一次侧一相断线时，如果二次侧负荷不对称时，通过中性线中电流 I_0 较大。当 Y，yn 接线变压器二次侧一相断线，使中性线电流增大。

293. 电力变压器新装或大修后投入运行为什么有时气体继电器动作频繁？遇到此类问题怎样处理？

答：新装或大修后的电力变压器在加油、滤油时，将空气带入变压器内部，没有能够及时排出。当变压器运行后油温逐渐上升，形成油的对流，内部储存的空气逐渐排出，使气体继电器动作。其动作的次数，与变压器内部储存的气体多少有关。

遇到上述情况时，应根据变压器的声响、温度、油面以及加油、滤油工作情况综合分析。如变压器运行正常，可判断为进入空气所致，否则应取气做点燃试验，判断是否变压器内部有故障。

294. 三绕组变压器停一侧，其他两侧能否继续运行？应注意什么？

答：不论三绕组变压器的高、中、低压三侧，哪一侧停止运行，其他两侧均可继续运行。若低压侧为三角形接线，停止运行时应投入避雷器，并应根据运行方式考虑继电保护的运行方式和整定值，还应注意容量比，监视负荷情况，停电侧差动保护电流互感器应短路。

295. 电力变压器有哪些常见的故障？引起故障的原因是什么？

答：变压器常见故障有：

（1）由于绕组的绝缘老化、受潮、切换器接触不良、材料质量和制造工艺不良和过电压冲击引起的故障。有油箱外部故障和油箱内部故障：

1）油箱外部故障。主要有绝缘套管和引出线上的相间短路，单相接地短路等。

2）油箱内部故障。相间短路、单相匝间短路和单相接地短路。

（2）油枕或防爆管喷油。当变压器内部有短路故障，而出气孔和防爆管堵塞等，内部的高温和高热会使变压器油突然喷出，喷油后使油面降低，有可能引起瓦斯保护动作。

（3）绝缘瓷套管闪络和爆炸。套管密封不严，因进水使绝缘受潮而损坏；套管的电容芯子制造不良，内部游离放电；套管积垢严重，以及套管的破损和裂纹，均会造成套管闪络和爆炸事故。

296. 电力变压器轻瓦斯继电器动作的原因是什么？

答：轻瓦斯动作的原因有：

（1）因滤油、加油和冷却系统密封不严，致使空气进入变压器。

（2）变压器内部故障，产生少量气体。

（3）变压器内部短路。

（4）保护装置二次回路故障。

297. 电力变压器小修内容应包括哪几个方面？各有什么要求？

答：变压器小修的内容及其要求有：

（1）消除变压器运行中所发现的缺陷。

（2）测定变压器绕组的绝缘电阻，若发现电阻值比上次测定的数值（换算到同一温度时）下降30%～50%时，应作绝缘油试验。

（3）清扫瓷套管和外壳，发现瓷套破裂或胶垫老化时更换，漏油时应拧紧螺栓或更换胶垫。

（4）检查引线接头，如发现烧伤，应用砂布擦拭后接好，并拧紧连接螺栓。

（5）缺油时补油，并清除油枕集泥器的水和污垢，检查呼吸器和出气瓣是否堵塞和完好。

（6）检查变压器瓦斯保护引出线是否完好，若有损坏应处理或更换。

（7）检查各部位的油阀门是否完好，变压器的接地是否良好，接地线应完好。

298. 为什么同一台电压互感器会有几种不同的标准容量？

答：水电厂的测量表计、继电保护、自动装置等方面都要使用电压互感器。不同的使用场合对电压互感器的准确级次有不同的要求，即要求有不同的允许误差。电压互感器的误差包括变比误差和相位误差两种。变比误差是指它的二次侧电压不等于一次

侧电压除以变比，而是下式来确定的

$$f_u = \frac{KU_2 - U_1}{U_2} \times 100\%$$

式中　U_1、U_2——分别为电压互感器的一、二次侧电压，V；

　　　K、f_u——分别为电压互感器的变比和变比误差。

　　理想电压互感器一、二次侧电压相量间互差180°，实际上总存在有误差。其相位误差是指将二次侧电压旋转180°以后与一次侧电压之间的相位差。二次侧电压超前一次侧电压，误差为正，反之为负。

　　电压互感器由于存在着漏感抗和电阻，以及铁芯中有涡流和磁滞损耗，使得带负荷时，在内部产生电压降，结果使二次侧电压低于空载二次侧电压，并使一、二次侧电压相量互差不为180°，即产生了误差。显然，互感器内部的电压降将随着负荷电流的增大而增大，并且与负荷的功率因数有关。

　　由于电压互感器的误差与所接负载有关，负载愈大，误差愈大，准确级次愈低，所以，制造厂按各种准确级次给出相应的不同使用容量，即负载不超出规定的使用容量，则准确级次也不超出规定值。此外，还给出了互感器的最大容量，它是由长期运行的发热条件决定的，不考虑准确级次，所以误差很大。例如10kV电压互感器铭牌标出：系指在0.5级时容量为120VA；1级时为200VA；3级时为480VA；最大容量为960VA。

299. 为什么三相五柱式电压互感器开口三角形侧可以用作单相接地监视？

　　答：在中性点不接地系统中，当系统的三相电压平衡对称，三相导线对地电容也平衡对称时，系统零序电压为零。当系统发生单相（如A相）接地故障时，则U_a电压表指示为零，B、C相的电压表指示为线电压，而对称分量中的零序电压分量等于相电压，即U_0等于U_B或U_C（相电压）。

　　为了检测出这个零序分量电压，常采用三相五柱式电压互感器，它有一个一次绕组和两个二次绕组。一次绕组接成星形，中性点接地；其中一个二次绕组接成星形，中性点引出，可以接地或不接地，用于测量和继电保护；另一个二次绕组接成开口三角形，用以检测三相电压的相量和，即 $\dot{U}_{ax} = \dot{U}_a + \dot{U}_b + \dot{U}_c$。当系统单相接地时，由于三相是平衡对称的，所以在开口间的正负序合成电压为零；而零序分量电压，其三相方向相同，大小相等，所以开口间的零序合成电压为零序分量电压的 3 倍，可用作单相接地绝缘监视。

300. 电压互感器二次侧为什么都要接地？为什么有的电压互感器二次侧采用 b 相接地？应注意什么？

答：互感器的二次侧接地是为了保证人身和设备的安全，因为一旦绝缘损坏使高压窜入低压时，对可能在二次回路工作的继电保护人员和运行人员有危险，同时，二次回路绝缘水平低，若不接地，也会被击穿，使绝缘损坏更严重。

从理论上讲，二次侧任何一相端头或中性点直接接地都可以。发电机的电压互感器二次侧大都采用 b 相接地，也有采用中性点接地的。采用 b 相接地的主要原因是：

（1）有的地方用两只单相电压互感器接成 V/V 形作为三相使用。为了安全，二次侧要接地，接地点通常就选两个绕组的公共点。为了接地方便和对称，习惯上总是把两只电压互感器一次侧绕组的首端分别接在 A 相和 C 相上，而把公共端点接于 B 相，则二次侧对应的公共端是 b 相，于是就成了 b 相接地。

（2）采用 b 相接地，可以简化同期系统的接线。因为，如果两组三相电压互感器，一组采用 Y，y 形中性点接地，一组采用 V/V 形 b 相接地，在进行同期操作时，则必须采用隔离变压器，否则会造成短路。而两组电压互感器都采用 b 相接地后，就可省去隔离变压器，用线电压来检测同期，从而简化同期系统接线，减少电压回路的电缆芯数和同期断路器的挡数。

电压互感器二次侧 b 相接地的接地点，一般在熔断器之后，这是为了防止当互感器一、二次间绝缘击穿时，使二次 b 相绕组经 b 相接地点和一次侧中性点形成短路而烧坏。

对于 b 相接地的三相电压互感器，应在其二次侧星形接线的中性点加装一只 220V 的击穿保险器，目的是：当电压互感器一、二次间击穿而 b 相熔断器熔断时，使窜入低压侧的高电压击穿保险器，从而使互感器二次侧仍有保护接地。

装有距离保护的电压互感器，其二次回路均要求中性点接地，因为断线闭锁装置要求有中性线。所以一般发电厂和变电所的 10kV 及以上的电压互感器二次侧都是中性点接地的。

301. 电压互感器高、低压侧熔断器的作用有何不同？熔断器的额定电流是怎样确定的？

答：（1）高压侧熔断器的主要作用是：当互感器内部故障，或互感器与电网连接的引线上发生短路故障时，熔断器熔断，防止电压互感器因内部故障损坏和影响高压系统的正常运行。

高压侧熔断器熔丝的截面是按满足机械强度的条件来选择的，其额定电流比电压互感器的额定电流大很多倍，低压侧短路时可能不熔断，更不能防止过载，因此低压侧还必须装熔断器。

35kV 和 10kV 电压互感器，其高压侧熔断器的额定电流为 0.5A，熔断电流为 0.6~1.8A。

（2）低压侧熔断器主要作用：作为二次回路的短路保护和电压互感器的过载保护。其熔丝的选择原则是：

1）熔丝的熔断时间应小于二次回路短路时的保护装置的动作时间，即当表计回路发生短路故障时，熔丝应首先熔断，以避免引起保护装置误动作。

2）熔丝的额定电流应为电压互感器二次侧最大负载电流的 1.5 倍。

低压侧熔断器的选择：对于户内电压互感器，可选用 250V、10/4A；对于户外电压互感器，可选用 250V、15/6A 的。

302. 电压互感器二次侧为什么不允许短路？

答：电压互感器二次侧约有 100V 电压，其所通过的电流，由二次回路阻抗的大小决定。电压互感器本身阻抗很小，如二次侧绕组短路时，二次侧绕组通过的电流增大，造成二次侧熔断器熔断，影响表计指示及引起保护误动，如熔断器容量选择不当，极易损坏电压互感器。

303. 电压互感器巡视检查的项目有哪些？

答：电压互感器巡视检查的项目有：

（1）检查绝缘子是否清洁无裂纹，有无缺损及放电现象；

（2）检查电压互感器油面是否正常，有无严重渗油、漏油现象；

（3）当线路接地时，检查供接地监视的电压互感器声音是否正常，有无异味。

304. 引起电压互感器高压侧熔断器熔断的可能原因有哪些？

答：引起电压互感器高压侧熔断器熔断的可能原因有：

（1）在中性点不接地的电力系统中，若单相接地电流大于某一数值（3~6kV 电网大于 30A，10kV 电网大于 20A，35kV 电网大于 10A）而又未采取必要的补偿措施，当发生雷击闪络或接地等故障时，都可能产生间歇性电弧接地，因而会产生弧光过电压。这个过电压的数值可达额定相电压的 3~3.5 倍，可能使电压互感器铁芯饱和，引起励磁电流猛增，使高压侧熔断器熔断。

（2）在系统某种运行方式或某种故障的情况下，电网可能发生铁磁谐振，谐振过电压可使电压互感器的励磁电流突然增大 10 多倍，甚至更高，因而造成高压侧熔断器熔断。

（3）电压互感器低压侧发生短路，当低压侧熔丝未熔断时，也可能造成高压侧熔断器熔断。

（4）电压互感器内部高、低压侧发生单相接地，或发生匝间、相间短路，也会使高压侧熔断器熔断。

305. 电压互感器二次回路断线，对发电机或变压器的保护装置有什么影响？如何处理？

答：电压互感器一、二次回路的熔断器熔断、隔离开关辅助触点接触不良，二次回路接线螺栓松动、连接导线或电缆断线等，都会造成二次电压回路故障，都可视为电压互感器二次回路断线。二次回路断线对发电机或变压器，线路的继电保护会有以下影响：

（1）二次回路断线时，所有接入该电压互感器二次侧的有关继电器会失去电压，因而会造成低电压速断保护和强励装置误动作，或低电压闭锁的过电流保护失去闭锁，或带电压校正器的复式励磁装置动作不正常，或阻抗继电器误动作等。

（2）会使接入继电器的电压在数值上和相位上发生畸变，对于反映电压和电流相位关系的保护，如电力方向保护，将因失去方向闭锁而拒绝动作。

（3）当熔断器不是三相同时熔断，或二次回路不是三相同时断线时，三相对称性的负序过滤器，负序电压继电器将动作，使复合电压启动的过电流保护失去闭锁。

为了防止二次电压回路断线引起的上述不安全现象，一般采取装设断线闭锁，断线信号及自动切换装置等措施。

306. 为什么110kV及以上的电压互感器一次侧不装熔断器？

答： 一方面，110kV及以上电压互感器的结构采用单相串级绝缘，裕度大；另一方面，110kV引线硬连接，相间距离较大，引起相间故障的可能较小；此外，110kV系统为中性点直接接地系统，每相电压互感器不可能长期承受线电压运行，因此110kV及以上的电压互感器一次侧不装熔断器。

307. 双母线的两组电压互感器二次侧能否并列？有什么注意事项？

答： 双母线两组电压互感器二次侧能并联运行。但在二次侧并列倒换电压互感器电源前，一次侧必须先经母联开关并列运行，否则二次侧并列后，可能由于一次侧电压不平衡，使二次侧环流较大，容易引起熔断器熔断，致使保护装置失去电源。

308. 电压互感器二次侧出口是否装熔断器？有哪几个特殊情况要考虑？

答：（1）二次侧开口三角形的出线一般不装熔断器。这是担心接触不良发不出接地信号，因为平常开口三角形端头无电压，无法监视熔断器的接触情况，但也有的供零序电压保护用的开口三角形出线是装熔断器的。

（2）中线上不装熔断器，起到避免熔断器熔断或接触不良使断线闭锁失灵，或使绝缘监察电压表失去指示故障的作用。

（3）接自动电压调整器的电压互感器二次侧不装熔断器。这是为了防止熔断器接触不良或熔断时调整器误动作。

（4）110kV 及以上的电压互感器二次侧现在一般都装空气小开关而不用熔断器。

309. 电流互感器和普通变压器相比，在原理方面有何特点？

答：电流互感器的原理是：当一次侧绕组流过电流时，铁芯中产生交变磁通，此交变磁通在二次侧绕组闭合回路中感应出电势、电流。二次电流 I_2 和一次电流 I_1 成比例关系。电流表接在二次侧，由电流表测出的二次电流值乘以互感器变比 K 就代表一次电流值。所谓变比 K，即一次额定电流 I_1 对二次额定电流 I_2 的比例，$K = I_1/I_2$，或近似写成 $I_1/I_2 = W_2/W_1 = K$，式中 W_2、W_1 分别为一、二次绕组的匝数。电流互感器的一次绕组匝数很少，仅一匝或几匝，二次绕组匝数却很多，一次绕组串在主电路里，其流过电流决定于主电路的负载电流，因此，作用于电流互感器一次侧的是一个强大的电流源。而其二次侧的额定电流一般为 5A 或 1A。

电流互感器和普通变压器比较，在原理方面有以下几个特点：

（1）电流互感器二次回路所串的负载是电流表和继电器的电流绕组，阻抗很小，因此，电流互感器的正常运行情况相当于二次短路的变压器的状态。

（2）变压器的一次电流随二次电流的增减而增减，可以说是二次起主导作用，而电流互感器的一次电流由主电路负载决定而不由二次电流决定，故是一次起主导作用。

（3）变压器的一次电压决定了铁芯中的主磁通，主磁通又决定了二次电势，因此，一次电压不变，二次电势也基本不变，而电流互感器则不然，当二次回路的阻抗变化时，也会影响二次电势。这是由于电流互感器的二次回路经常是闭合的，在某一定值的一次电流作用下，感应二次电流的大小决定于二次闭路中的阻抗，当二次阻抗大时，二次电流小，用于平衡二次电流的一次电流就小，用于励磁的就多，则二次电势变高。反之，二次电流大，用于励磁的就小，则二次电势就低。

（4）电流互感器之所以能用来测量电流，即使二次侧串上几个电流表也不减少电流，这是因为它是一个恒流源的缘故，且电流表的电流绕组阻抗小，串进回路对回路电流影响不大。而变压器却不同，二次侧加一个负载，对各个电量影响很大。

310. 油浸电流互感器和套管电流互感器的优缺点是什么？

答：油浸电流互感器的绝缘强度高，准确度高，功率大，便于更换。缺点是造价高，占地面积大，维护量大，热稳定较差。一般用在 35kV 以上的电网。

套管电流互感器体积小，造价低，维护量小，热稳定度高。缺点是准确度低，二次线容易被油腐蚀。

311. 一个瓷头的注油电流互感器怎样区别进出线？

答：一个瓷头的电流互感器一般上部为进线，下部为出线。注油瓷套电流互感器，有小瓷套的为进线，无瓷套的为出线，进出线之间用绝缘材料隔开，因为出、入端电位差很小，不须较高绝缘。一、二次均有文字标明，使用时应该核实进出线的极性。

312. 电流互感器准确等级分几级？各级适用范围如何？其误差跟什么因素有关？

答：电流互感器的误差分电流误差（又叫比误差）和角误差。电流误差是从测得的二次电流，间接求得的一次电流近似值 KI_2（K 是变比，I_2 是二次电流）与一次电流实际值 I_1 的差值，以对 I_1 的百分比表示；角误差是旋转 $180°$ 的二次电流向量与一次电流向量之间的夹角。按其误差大小，常用的电流互感器的准确等级分为下述五级：0.2、0.5、1、3、10 级。

一般发电机、变压器、厂用电、出线等回路中的电能表用的电流互感器为 0.5 级；水电厂的功率表、电流表、阻抗保护用 0.5 级或 1 级电流互感器；继电保护用 3 级电流互感器，而差动保护用 D 级电流互感器。

电流互感器的误差与一次电流的大小、铁芯质量、结构尺寸以及二次回路的阻抗有关，频率对误差也有影响。一次电流在未超过额定值的 1.2 倍时，电流增大，误差要减小；当一次电流变化在 2～15 倍额定值范围内（即短路情况）时，误差却随着电流的增加而增加；二次回路的负载阻抗对误差影响很大，当负载阻抗增加时，误差随之增大。

313. 为什么差动保护用的电流互感器要采用 D 级？

答：差动保护是用来保护设备内部故障的。设备在正常运行和外部发生短路事故时，差动保护不应动作，同时保护整定也要避开空载变压器合闸时的励磁涌流。

普通电流互感器，在一次侧通过较大的系统短路电流时，铁芯会饱和，使励磁电流增大，误差也增大。若用于差动保护，在一次侧通过短路电流时，首尾两端的电流互感器的误差可能不一样，因而二次侧电流也不一样，就可能产生较大的不平衡电流，引起差动继电器误动作。

D 级电流互感器铁芯具有较大的截面，并经过特殊的退火处理，这样，就能在通过较大短路电流时不致使铁芯饱和，因而不会造成保护误动作。

314. 电流互感器铭牌上标的容量为什么有的以阻抗值表示？阻抗值与伏安值之间有什么关系？

答：电流互感器的误差与二次回路的阻抗有关，阻抗增大，误差也增大，准确度就降低。

一定准确等级的电流互感器，在二次回路外阻抗（包括负载阻抗和连接导线阻抗），不超过此等级的额定值，而其功率因数为 0.8 时，互感器的误差不超过该级规定的误差值。否则，阻抗值超过，电流互感器的准确等级将要降到另一等级。由此可见，外阻抗是确定电流互感器在什么准确等级下工作的关键的因素。由于电流互感器二次电路中所耗的功率与外阻抗成比例，所以有时用额定阻抗值来表示它的额定容量。

实际上，额定容量的伏安值等于额定阻抗和额定电流时的电流互感器供给的功率值。阻抗的欧姆值与伏安值之间有如下关系

$$S = I_2^2 Z$$

式中　　S——电流互感器的二次容量，VA；

I_2——电流互感器的二次额定电流，A；

Z——电流互感器的二次负载阻抗，Ω。

在电流互感器铭牌上标出的是它所能达到的最高准确等级和与其相应的额定阻抗。

315. 什么是电流互感器的极性？极性接错有何影响？

答：电流互感器的一、二次绕组端子都标有极性的符号：如（＋）或（＊）等。在一、二次绕组有这样一个符号的一端叫做同极性端，同理，二者另一头没有标此符号的一端也为同极性端。在电流互感器中，常以一、二次电流方向关系来确定同极性端或异极性端。一般是这样来确定同极性端的：对一次绕组的端子，先可任意选定一个端头作为始端（另一个作为终端），当一次绕组电流 i_1 瞬时由始端流向终端，二次绕组内电流 i_2 流出的那一端就标示为二绕组的始端（另一个作为终端）。图 2 – 26 所示，有"＊"记号的表示同极性端。

电流互感器有所谓加极性的标示方法。从电流互感器一次绕组和二次绕组所标的同极性端来看，电流 i_1 和 i_2 的流向是相反的，即一个流过，另一个流出，这样的极性关系，称为减极性，反之为加极性。一般采用减极性标示方法。

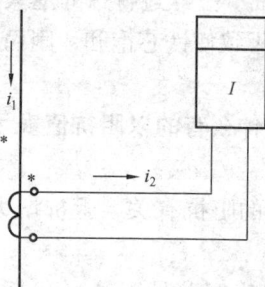

图 2 –26　电流互感器同名端

在连接继电保护（如差动、功率方向继电器）、有功和无功功率表、电能表计时，必须要注意电流互感器的极性。只有电流互感器的极性连接得正确，保护装置和仪表才能正确动作。表计的极性错了，会引起有功、无功功率表反指，有功和无功电能表反转；在差动保护中，电流互感器二次回路极性接反，将引起带上负荷后保护误动作事故。

316. 电流互感器二次侧为什么要接地？有什么注意事项？

答：电流互感器二次侧接地属于保护性接地，防止一次侧绝缘击穿时，高电压窜入二次回路危及人身和设备的安全。尤其是铁芯未接地的套管型电流互感器，其一次导电杆与二次绕组间存在电容，通过静电感应将在二次绕组上感应出高电压，如果二次侧不接地，感应电压可能造成二次回路的绝缘薄弱点（端子板、继电器的接线柱等）处打火，严重时会导致这些地方的绝缘发生永久性损坏。

电流互感器二次侧只允许有一个接地点，对于差动保护电流回路一般在保护盘经端子排接地。其他电流回路则在配电装置端子箱内经端子排接地，二次侧闲置不用的绕组必须短路并接地。

二次侧不能多点接地，因为多点接地会形成分流，易使继电保护拒绝动作。如图 2 − 27 所示。

图 2 − 27　电流互感器接地误动作示意图

如果电流互感器端子箱处已接地（a 点），继电器附近的保护盘端子排上再来一个接地点（b 点），恰巧 b 点又在继电器绕组的另一侧的话，则继电器绕组的电流在两个接地点 a、b 间形成回路分流，使流过继电器绕组的电流减小，故障时有可能动作不了。

317. 电流互感器二次接线有几种方式？

答：电流互感器的使用一般有 5 种接线方式，如图 2 − 28 所

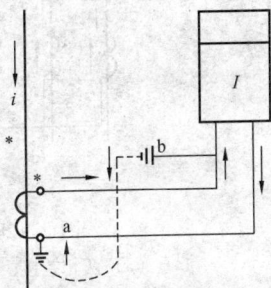

示。使用两个电流互感器时，有图 2 - 28（a）所示两相差接和图 2 - 28（b）所示 V 形接线两种方式；使用三个电流互感器时有图 2 - 28（c）所示三角形接线、图 2 - 28（d）所示星形接线和图 2 - 28（e）所示零序接线三种方式。根据不同情况采用不同接线方式。

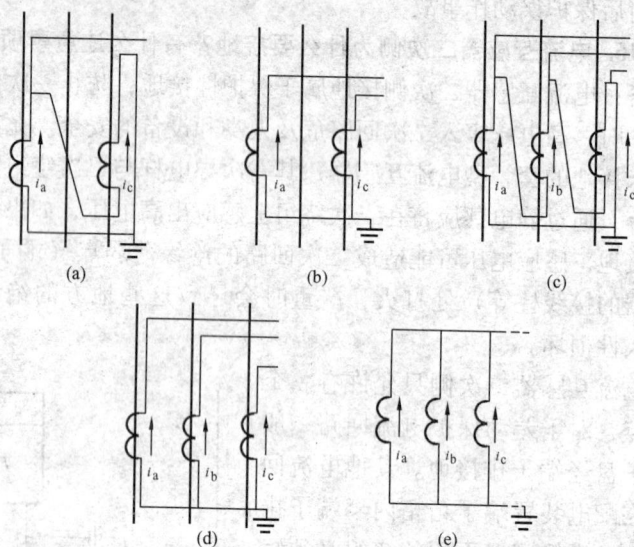

图 2 - 28　电流互感器接线方式
（a）两相差接；（b）V 形接线；（c）三角形接线；
（d）星形接线；（e）零序接线

318. 电流互感器为什么不允许开路？开路后会发生什么？怎样处理？

答：在运行中的电流互感器二次回路都是闭路的，且一次电流的大小与二次负载的电流大小无关。互感器正常工作时，由于阻抗很小，接近于短路状态，一次电流所产生的磁化力大部分被二次电流所补偿，总磁通密度不大，二次绕组电势也不大。当电流互感器开路时，阻抗无限增大（$Z_2 = \infty$），二次电流等于零，副磁化力等于零，总磁化力等于一次绕组磁化力（$I_0W_1 = I_1W_1$）。也就是一次电流完全变成了励磁电流，在二次绕组产生很高的电势，其峰值可达几千伏，威胁人身安全，或造成仪表、保护装置、互感器二次侧绝缘损坏。另一方面一次绕组磁化力使铁芯磁通密度过度增大，可能造成铁芯强烈过热而损坏。

电流互感器开路时，产生的电势大小与一次电流大小有关。在处理电流互感器开路时一定将负荷减小或负荷为零，然后带上绝缘工具进行处理，在处理时应停用相应的保护装置。

319. 电流互感器的正常巡视检查项目有哪些？有可能出现哪些异常？

答：主要检查接头有无过热，有无声响，有无异味，瓷质部分应清洁完整无破损和放电现象，油浸电流互感器的油面应正常，无漏油渗油现象等。

电流互感器可能出现开路、发热、冒烟、绕组螺栓松动、声响异常、严重漏油、油面过低等异常现象。根据出现的异常情况进行判断处理，如用试温蜡片检查电流互感器发热程度，从声响和表计指示情况辨别电流互感器是否开路等。

320. 电流互感器有哪些主要类型？

答：电流互感器按照一次绕组的匝数可分为单匝式和多匝式两类。

（1）单匝式电流互感器中有下列主要类型：

1）芯柱式。一次绕组实际上只是一根铜柱，装在穿墙瓷套管内。瓷套管外套着环形铁芯，铁芯是由硅钢带绕成。在环形铁芯上穿绕二次绕组。瓷套管即为一次绕组及二次绕组间的绝缘。

2）母线式。对于额定电流大于2000A，额定电压为10~20kV的电流互感器，一次绕组用母线代替。实际上电流互感器瓷套管内是空心的，可以用来穿母线。

3）套管式。额定电压在35kV及以上时，采用套管式电流互感器是简单而经济的。它是利用变压器或多油开关的瓷套管及其中的载流柱作为一次绕组及主绝缘。因此，套管式电流互感器只要在一环形铁芯上绕上二次绕组就可。使用时将互感器套在瓷套管的下部（油箱内）。

（2）多匝式电流互感器中，常用的有下列类型：

1）多匝穿墙式。额定电流较小，一次绕组穿过瓷套管，可用为穿墙套管用。

2）浇注式。额定电压在 10kV 及以下，可将电流互感器用环氧树脂浇注，它具有很好的电气性能，体积小，重量轻。

3）支柱式。额定电压在 35kV 及以上时，支柱式电流互感器安装在配电装置的构架上。它的外壳是一个套管绝缘子。二次绕组在环形铁芯上，一次绕组从铁芯内穿过，形成两个互相套住的环，好象一个"8"字。一次绕组与地、铁芯及二次绕组间的绝缘是按整个装置对地电压设计的。一次绕组用多股铜线绕成，除匝绝缘外整个绕组是电缆纸绝缘。二次绕组与铁芯间也包电缆纸绝缘，这样可以节省绝缘材料，缩小体积。此种互感器是充油的，在瓷绝缘外壳的顶部有伸缩器。

4）串级式。当额定电压为 220kV 及以上时，采用串级式结构可以大大节省绝缘材料。串级式电流互感器先将一次绕组电流经第一级电流互感器变成 20A，然后再经第二次级电流互感器变成规定的额定二次电流 5A。不过，这种电流互感器误差较大。

321. 互感器型号的意义是什么？

答：（1）电流互感器的型号含义：

电流互感器型号中，第一个字母：L 表示电流互感器；第二个字母：Q 表示线圈式、D 表示单匝贯穿式、A 表示穿墙式、B 表示支持式、M 表示母线式、F 表示复（多）匝式、Y 表示低压、C 表示瓷箱式、X 或 J 表示零序接地保护用；第三个字母：W 表示户外式、C 表示瓷绝缘、S 表示塑料注射绝缘或速饱和的、J 或 Z 表示浇注绝缘、K 表示塑料外壳绝缘、G 表示改进型、L 表示电缆电容型；第四个字母：B 表示保护级、D 表示差动保护用。

举例：LFCD－10/400 表示瓷绝缘多匝穿墙式电流互感器，用于差动保护，额定电压为 10kV，变流比为 400/5。

（2）电压互感器的型号含义：

电压互感器型号中，第一个字母：J表示电压互感器；第二个字母：S表示三相、D表示单相、C表示串级式；第三个字母：J表示油浸式、G表示干式。

举例：JSJW－10表示三相五柱油浸式电压互感器，额定电压为10kV。

第五节　电气一次设备(包括消弧线圈、断路器、隔离开关、配电装置、电动机)

322. 中性点不接地系统的单相接地电容电流是多少？为什么？

答：中性点不接地系统中，单相接地时的电容电流规定不超过5A。因为单相接地电容电流大于5A小于等于10A时，最容易引起间歇电弧。电网电压越高，间歇电弧引起的过电压危险性就越大，其过电压值一般为3倍，个别可达5倍。

323. 间隙性电弧在什么情况下容易产生？有什么危害？如何消除？

答：随着系统线路的增长和工作电压升高，单相接地电流也增大，弧光接地故障不能自行熄灭；同时，由于接地电流并不大，所以不能产生稳定性的电弧，在这种情况下，容易造成熄弧与电弧重燃相互交错的不稳定状态，即间歇电弧。它会引起电网运行状态的瞬时变化，导致电磁能的振荡，并在电网中产生危险的过电压。

324. 消弧线圈的作用是什么？有几种补偿方式？哪种补偿方式好？为什么？

答：在变压器的中性点通过消弧线圈接地的系统中，当线路的一相发生接地故障时，由通过消弧线圈的电感电流，抵消由线路对地电容产生的电容电流，从而减小或消除因电容电流而引起故障点的电弧，避免故障扩大，提高电力系统供电的可靠性。大容量发电机定子绕组对地电容很大，也经常在中性点接消弧线圈。

消弧线圈有三种补偿方法，即全补偿、过补偿、欠补偿。其中，过补偿方式最好，因为当 $I_L > I_{DC}$（$1/\omega L > 3\omega C$）时（其中 I_L 为消弧线圈中产生的电感电流，I_{DC} 为单相接地时的电容电流），说明接地处有多余的电感性电流，可避免欠补偿、全补偿出现的串联谐振过电压，因此得到广泛采用。

325. 什么叫消弧线圈的补偿度？什么叫脱谐度？

答：消弧线圈的电感电流 I_L 减去网络全部电容电流 I_C 与网络全部电容电流 I_C 之比，即为补偿度，用符号 ρ 表示，$\rho = (I_L - I_C) / I_C$，或用脱谐度 V 来表示，其定义为 $V = (I_C - I_L) / I_C$。

由此可以看出，当 $\rho > 0$ 时，对应于过补偿；当 $\rho = 0$ 时，对应于全补偿（谐振补偿）；当 $\rho < 0$ 时，对应于欠补偿。

326. 消弧线圈运行有什么规定？

答：消弧线圈运行一般有如下规定：

（1）为避免线路跳闸后发生串联谐振，消弧线圈应采用过补偿。但当补偿设备容量不足时，可采用欠补偿运行。脱谐度采用 10%，一般电流为 5～10A。

（2）中性点经消弧线圈接地的电网，在正常情况下运行时，不对称度不超过 15%（所谓不对称度就是中性点的偏移电压与额定电压的比值），即长时间中性点偏移电压不超过额定电压的 15%，在操作过程中允许超过额定电压的 30%。

（3）当消弧线圈的端电压超过相电压的 15% 时，不管消弧线圈信号是否动作，都应按接地故障处理，寻找接地点。中性点经消弧线圈接地的电网，在正常运行中，消弧线圈必须投入运行。

（4）在电网有操作或有接地故障时，不得停用消弧线圈。由于寻找故障及其他原因，使消弧线圈带负荷运行时，应对消弧线圈上层油温加强监视，使上层油温最高不得超过 95℃，并监视消弧线圈带负荷运行时间不超过铭牌规定的允许时间，否则应停用消弧线圈。

（5）消弧线圈内部出现异响及放电声、套管严重破损或闪络、瓦斯保护动作等异常现象时，首先将接地的线路停电，然后将消弧线圈停用，进行检查试验。

（6）消弧线圈动作时或发生异常现象时，应该做如下记录：动作时间，中性点电压、电流，三相对地电压等，并及时报告调度员。

327. 正常巡视检查消弧线圈有哪些内容？

答：值班人员应按规定的巡视时间对消弧线圈及其系统进行巡回检查。其内容有：

（1）消弧线圈的补偿电流及温度应在正常范围内。

（2）中性点位移电压不应超过额定相电压的15%，在操作过程中，允许超过额定电压的30%。

（3）消弧线圈的油位及油色应正常，本体无漏油现象。

（4）消弧线圈的套管及隔离开关的绝缘子应完好，无破坏损伤及裂纹。

（5）消弧线圈的外壳及中性点的接地装置应良好。

（6）消弧线圈的声音应正常，无杂音。

（7）隔离开关的接地指示灯或信号装置应正常。

328. 消弧线圈通常有哪些故障？应如何处理？

答：消弧线圈常见的故障有：

（1）消弧线圈单相接地。

（2）产生串联谐振过电压。

（3）消弧线圈温度和温升超过极限值。

（4）消弧线圈从防爆筒向外喷油。

（5）消弧线圈因漏油而使油面骤然降低，油位指示器内看不见油位。

（6）消弧线圈内部有强烈而不均匀的噪声及内部有放电声。

（7）消弧线圈着火。

（8）改换分接头位置后，发现分接头开关接触不良。

处理方法为：

（1）在上述故障中，若出现（3）～（8）项故障之一时，应将消弧线圈退出运行。

（2）若为单相接地故障时，则绝缘监视电压表指示接地相电压为零，未接地两相电压升高至线电压。此时，运行值班人员应进行以下处理：

1）将接地的相别、接地性质（永久性的、瞬时性的及间歇性的）及消弧线圈电流数值等情况向值长或值班调度员汇报；

2）巡视母线、配电设备、消弧线圈及其所连接的变压器。若接地故障持续 15min 未消除，应检查消弧线圈本体，而后每隔 20min 检查一次。若上层油温超过 95℃，持续运行时间超过规定值时，禁止使用隔离开关进行操作；

3）详细记录故障时各种仪表指示值。

（3）当消弧线圈在欠补偿方式运行时，由于线路因故障跳闸或高压断路器三相触头不同期动作等，均可能产生串联谐振过电压。当发生此种故障时，出现消弧线圈动作光字牌及警铃响，中性点位移电压表及补偿电流表指针指示最大值，消弧线圈本体信号灯亮，绝缘监视电压表各相指示值升高且不同，消弧线圈铁芯发生强烈的"吱吱"声，上层油温急剧上升。此时，应立即停用连接消弧线圈的设备，或采用分割电网的方法，使谐振消除。

329. 带消弧线圈的非直接接地系统接地故障点如何寻找？

答：寻找方法如下：

（1）询问有无新投入的用电设备，并检查这些设备有无漏气、漏水及焦臭味等不正常现象，若有则停用。

（2）若电站接地自动选择装置已启动，应检查其选择情况。当自动选择已选出某一馈电线，应联系用户停用。

（3）利用并联电路，转移负荷及电源，观察接地是否变化。

（4）若电站未装设接地选择装置或接地自动选择装置未选出时，可采用分割系统法，缩小接地选择范围。

（5）当选出某一部分系统有接地故障时，则利用自动重合闸装置对送电线路瞬停寻找。

（6）利用倒换母线运行的方法，顺序鉴定电源设备（发电机、变压器等）、母线隔离开关、母线及电压互感器等设备是否接地。

（7）找出故障设备后，将其停电，恢复系统的正常运行。

330. 输电线路并联电抗器的作用是什么？

答：线路并联电抗器是接在高压输电线路上的大容量的电感线圈，它的作用是补偿高压输电线路的电容和吸收其无功功率，防止电网轻负荷时因容性功率过多引起的电压升高。它的主要作用有四点：

（1）限制工频电压升高。高压输电线路一般距离较长，线路的电容很大，大量容性功率通过系统感性元件（发电机、变压器等）时，末端电压将要升高，即所谓的"容升"现象。在线路的首末端装设并联电抗器，可补偿线路上的电容电流，削弱这种容升效应，从而限制工频电压升高。并联电抗器的容量 Q_L 对空载长线电容无功功率的比值 Q_L/Q_C 称为补偿度。一般补偿度选在 60% 左右。

（2）降低操作过电压。操作过电压常常是在工频电压升高的基础上出现的，如甩负荷、切除接地故障和重合闸等。所以工频电压升高的程度直接影响操作过电压的幅值。因此，加装电抗器后，由于工频电压升高得到限制，操作过电压也随之降低。当开断带有并联电抗器的空载线路时，被开断导线上剩余电荷即沿着电抗器以接近 50Hz 的频率振荡放电，最终泄入大地，使断路器触头间恢复电压由零缓慢上升，从而大大降低了开断后发生重燃的可能性。

（3）避免发电机带长线出现的自励磁。线路终端甩负荷、断路器合闸和并网等情况，都将形成较长时间的发电机带空载长线的运行方式。断路器合闸是容性电抗，因而可能导致发电机的自励磁。自励磁引起的工频电压升高可能达到额定电压的 1.5 ～

2.0倍，甚至更高，它不仅使并网时的合闸操作成为不可能，而且其持续发展将严重威胁到电网设备的安全运行。并联电抗器能大量补偿容性无功功率，从而破坏了发电机自励磁的条件。

（4）有利于单相自动重合闸。由于输电线路存在线间电容和电感，故障相断开短路电流后，非故障相将经这些电容和电感向故障相继续提供电弧电流，即所谓"潜供电流"，使电弧难于熄灭。如果线路上有并联电抗器，其中性点经小电抗器接地，就可以限制或消除单相接地电弧的潜供电流，使电弧熄灭，成功重合闸。

331. 高压断路器在水电厂的作用是什么？

答：高压断路器又叫高压开关，是水电厂（包括开关站）的重要设备。它不仅可以切断与闭合高压电路的空载和负载电流，而且在变压器、水轮发电机和电力系统其他设备发生故障时，它和保护装置、自动装置相配合，迅速地切断故障电流，以减少停电范围，防止事故扩大，保证系统安全运行。

332. 高压断路器型号的含义是什么？

答：高压断路器的型号表达式含义如下表：

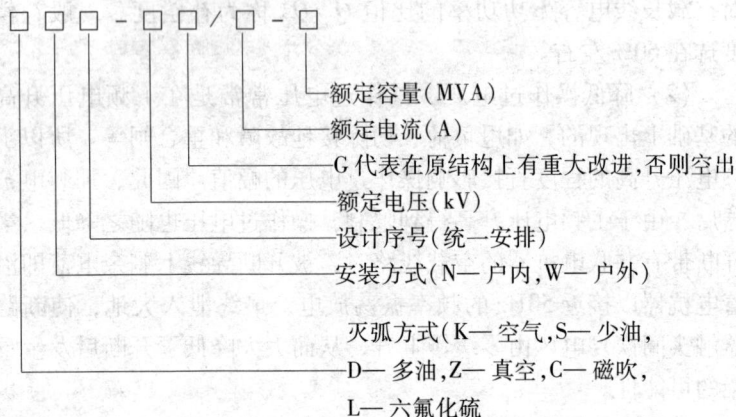

□□□ － □□/□ － □

额定容量（MVA）
额定电流（A）
G 代表在原结构上有重大改进，否则空出
额定电压（kV）
设计序号（统一安排）
安装方式（N— 户内，W— 户外）

灭弧方式（K— 空气，S— 少油，
D— 多油，Z— 真空，C— 磁吹，
L— 六氟化硫

例如，SW3 - 110G/1200 - 3000，表示户外少油式，设计序号为3、电压为110kV改进型断路器，它的额定电流为1200A，额定断流容量为3000MVA。

断路器操动机构型号的含义如下表：

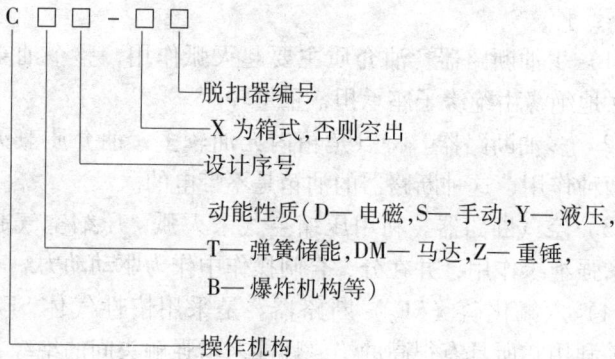

```
    C □ □ - □ □
                │  脱扣器编号
              ┌─ X 为箱式，否则空出
            ┌─ 设计序号
          ┌─ 动能性质（D— 电磁，S— 手动，Y— 液压，
          │   T— 弹簧储能，DM— 马达，Z— 重锤，
          │   B— 爆炸机构等）
        └─ 操作机构
```

例如，CS2 - 114 表示手动操作，设计序号为 2、具有 2 个过载瞬时脱扣器和一个分励脱扣的机构。

333. 高压断路器有哪些主要技术参数？其含义是什么？

答： 高压断路器的主要技术参数有：

（1）额定电压 U_e：指断路器当安装地点的海拔高度小于 1000m 时，在正常运行中允许承受的额定电压，kV。

（2）额定电流 I_e：指断路器长时间允许通过的最大工作电流，且断路器各部分的发热不超过允许标准，kA。

（3）额定断流容量 S_{dn}：指断路器在额定电压下允许开断的最大短路容量，MVA。

（4）额定开断电流 I_{dn}：指断路器在额定电压下能可靠地切断的最大电流，kA。

（5）全开断时间 T_{fd}：指断路器操作机构的分闸绕组从开始通电时起，到断路器各相中电弧全部熄灭时为止的这段时间，它包括固有分闸时间与电弧存在的时间，s。

（6）合闸时间 T_{gn}：指断路器操作机构合闸线圈从开始通电时起，到断路器主电路触头刚接触时为止的这段时间，s。

除上述技术参数外，还有 ts 热稳定电流 I_t 和极限通过电流峰值 I_{gf}，kA。

334. 水电厂常用的有哪几种断路器？各有什么特点？

答：断路器按灭弧介质和原理区分有6种，而水电厂常用的有以下5种。

（1）少油断路器。油介质主要起灭弧作用，整个油箱体带电，对地绝缘由绝缘子座承担，重量轻。

（2）多油断路器。特点是箱内充油较多，油介质兼灭弧和绝缘两种作用，这种断路器的油箱是不带电的。

（3）空气断路器。利用压缩空气来灭弧，压缩空气起着灭弧和增强绝缘作用，并在分、合闸操作中作为驱动动力。

（4）六氟化硫（SF_6）断路器。是采用惰性气体 SF_6 来灭弧，并利用它所具有很高的绝缘性能来增强触头间的绝缘，其特点是断流容量大而体积小，可以与其他设备一起制成封闭式全绝缘组合电器。

（5）真空断路器。触头是密封在真空的灭弧室内，利用真空的高绝缘性能来灭弧，因此，具有触头不易氧化、寿命长、触头行程短、断路器体积小等特点。

335. 高压断路器由哪些主要部件组成？它们的作用是什么？

答：高压断路器的主要部件及其作用如下：

（1）开断元件。由主灭弧室、主触头系统、主导电回路、辅助灭弧室、辅助触头系统、并联电阻等组成，作为开断及关合电力线路、安全隔离电源之用。

（2）支撑绝缘件。由瓷柱、瓷套管、绝缘管等构成的支柱本体和拉紧绝缘子等组成，保证开断元件有可靠的对地绝缘，承受开断元件的操作力及各种外力。

（3）传动元件。各种连杆、齿轮、拐臂、液压管道、压缩空气管道等，它们将操作命令及操作动力传递给开断元件的触头及其他部件。

（4）基座。断路器本体的底架、底座等，为整台设备的基础。

（5）操作机构。弹簧、液压、电磁、气动及手动机构的本体及其配件，为开断元件分合闸操作提供能量，并实现各种规定的操作。

336. 什么是电弧？产生和维持电弧的条件是什么？

答：断开电路时，触头间产生强烈的亮光并具有很高的温度，这种现象叫电弧。电弧的本质是气体的强烈放电，电弧通道中的电流密度很大，可达 $10000A/cm^2$ 以上。弧心的温度可达 $10000℃$ 以上，电弧的表面温度可达 $3000\sim4000℃$ 以上。如果电弧燃烧时间过长，不仅会把触头烧坏，严重时还会引起火灾或其他事故，因此，要求断路器具有迅速熄灭电弧的能力。

产生和维持电弧的条件是触头间的电压不低于 $10\sim20V$，电路中的电流不小于 $80\sim100mA$。

337. 什么叫气体电弧？它是怎样产生的？

答：气体电弧是指在一个绝对大气压及以上气体中燃烧的电弧。目前，除真空断路器外，所有其他断路器在开断过程中所产生的电弧都属于气体电弧。

气体电弧的产生：当高压断路器切断电流时，随着触头逐渐分离，动、静触头之间的接触电阻急增，在触头最后断开处将产生高热。同时，当触头刚刚分离后，动、静触头之间在电压作用下形成很高的电场。在高热及高电场的作用下，触头金属内的电子便向外发射，这些电子在电场中吸收热量，逐渐加速。当高速运动的电子碰到中性气体分子后，使其游离。被游离出来的新电子同样受电场作用，继续加速，致使发生了崩溃似的游离过程，使气体导电，电弧便这样产生了。

338. 试述气体电弧熄灭的原理。

答：在 50Hz 交流高压电网中，电弧电流每经 $0.01s$ 就要过零一次，电流过零前，输入弧柱的瞬时功率为零，故电弧温度迅速下降，去游离作用大大增加，这时是最有利的熄弧机会。交流高压断路器的灭弧装置都是利用这个有利时机。在触头断开的同时，用流动的空气或 SF_6 气体、油流的能量，还用电弧本身的能量来分解电弧周围的固体或液体，产生具有较高压力的气流，强烈的冷却电弧，使之熄灭。

339. 高压油断路器中的绝缘油有什么作用？油面过高、过低有什么危害？

答： 绝缘油在少油式断路器（开关）中主要用来熄灭电弧，在多油式断路器中除用熄灭电弧外，还起绝缘作用。

油断路器在切断负荷电流或故障电流时，其动、静触头之间要产生电弧，电弧的高温使油迅速分解并产生大量的气体，在灭弧装置的作用下，这些气体对电弧产生纵吹和横吹，使弧柱迅速冷却，增强了弧隙的去游离作用，这样随着开关触头距离的拉长，弧隙的绝缘强度恢复，使电弧熄灭。

油断路器内的油面标准，应按照规定保持在上、下红线之间。油位过高，会使油箱内的缓冲空间相应减小，当油断路器切断短路电流时，电弧的高温会使其附近绝缘油气化，体积膨胀，因为缓冲空间减小，将从排气孔喷油，严重时可能使箱体变形、破裂。油位过低，会使触头裸露，当切断短路电流时，电弧不能熄灭，恢复电弧的高温足以使绝缘油点燃，严重时会引起爆炸；再者油面过低，将使裸露的绝缘材料、灭弧栅、套管等受潮，使介质损失增加。

340. 对运行中的油断路器要注意检查哪些方面？

答： 为保证油断路器的安全运行，应定期进行下列项目的检查：

（1）绝缘套管有无异常杂音或闪络现象。

（2）油位计指示的油位是否正常，油位计、外壳有无漏油、渗油现象。

（3）充油套管的油面是否正常。

（4）检查油断路器中油色是否正常，正常时油一般是淡黄色的透明体，经运行后颜色变深。

（5）排气管、安全膜是否完整。

（6）断路器的操作、传动机构是否完好。

（7）连接导线的接触点是否有发热现象（可根据变色漆的颜色及试温烛熔化情况来判断，或用红外线测温仪测量）。

（8）信号装置和位置指示是否正确。

341. 空气断路器的运行中维护检查的项目有哪些？

答：空气断路器运行中的维护检查包括：

（1）检查空气断路器的分、合闸信号指示器，正确指示其相应工作状态。

（2）断路器的分、合闸位置指示器应在相应的位置。

（3）工作气压应正常，储气筒内气压应保持在允许的变动范围内。

（4）对气隙装置进行全面检查，空压机运行正常，高压罐中气压保持在额定值，各级阀门位置正确，同时应检查空压机的自动或手动开关，放出集水器中的油和水。

（5）各充气部位无明显漏气。

（6）通风装置的指示器的小球应在规定的范围内。

（7）断路器各导电部分的接线端子无发热现象，必要时，用示温蜡片或红外线测温仪检查温升。

（8）对带外隔离开关的空气断路器，应检查外隔离开关的合闸位置，当它在合闸位置时，由侧面看，刀片与固定触头的两片横条基本重合，则说明接触良好。

（9）均压电容器无漏油或其他异常现象，各处瓷件无破损、裂纹和严重影响绝缘的沾污。

（10）环境温度是否低于5℃，若低于5℃时，应投入电加热器。

342. 什么叫高压断路器的额定电流和额定电压？

答：高压断路器的额定电压系指铭牌上所指示的线电压，断路器应能在长期超过额定值10%～15%的电压下工作，但不得超过断路器的最高允许电压。

高压断路器的额定电流系指保证断路器各部件的长期发热不超过规定的长时间流过的电流。因此，最大连续负荷电流一定要小于断路器的额定电流值。

343. 什么叫断路器的电动稳定性和热稳定性？

答：断路器能够承受短路电流电动力作用而不致损坏的能力，称为断路器的电动稳定性。此时流过断路器的电流为极限电流值。

断路器能承受短路电流产生热效应不致损坏的能力叫做断路器的热稳定性。表现热稳参数的是热稳定电流，各种型式的断路器都规定着热稳定电流的数值。

344. 断路器在通过短路电流和开断短路故障后，应进行哪些检查？

答：油断路器在通过短路电流和开断短路故障后，应重点检查油断路器有无喷油现象，油色及油位是否正常等。

对于空气断路器应检查是否有大量排气现象，气压是否恢复正常等。

此外，还应检查断路器各部件有无变形及损坏，各接头有无松动及过热现象。若发现不正常现象应立即处理。

345. 为什么说 SF₆ 气体是较理想的灭弧介质？它是怎样灭弧的？

答：SF_6 气体是目前所知的较理想的气体灭弧介质。因为它是一种负电性气体，具有很强的吸附自由电子的能力，这对电弧电流过零后的去游离极为有利。其原因是：一方面，自由电子被大量吸附；另一方面，SF_6 吸附电子后，形成负离子 SF_6^-，它的运动速度比电子慢得多，容易与 SF_6^+ 复合为中性分子。由于吸附和复合的综合作用，使弧隙中的带电粒子密度急剧减小。当温度愈低时，吸附与复合的作用愈强烈。其结果是 SF_6 气体在电流过零时，去游离过程格外迅速。

SF_6 断路器一般是利用几个到十几个大气压力的 SF_6 气体，在喷口中形成高速气流来熄灭电弧。利用预先储存在断路器中的高压 SF_6 气体，在灭弧间隙中形成高速气流，强烈地吹熄电弧，使绝缘垫冷却。当电弧在高速气流中燃烧时，弧隙中的热量将及时地被带走，电弧在气流作用下迅速移动，热发射和金属蒸气大大减少，特别是在电流接近零和过零时，弧隙温度将迅速下降，电弧直径明显减少。当电流过零后，在强烈的气流作用下，弧隙温度迅速降到热游离温度以下，弧隙中的残余物被消除，并由新鲜压缩 SF_6 气体取代，电弧熄灭。

346. SF_6 气体绝缘全封闭组合电器 GIS 配电室巡回检查应注意什么？

答：巡检时应注意下列事宜：

（1）室内禁止饮食、吸烟。

（2）巡视操动机构时，严禁接近或触摸拐臂、连接杆等裸露的可动件。

（3）当含氧测定仪或 SF_6 气体检漏仪自动报警发信号时，人员不得进入；如必须进入时，进入前应启动风机至信号复归。

（4）严禁在防爆膜附近停留，发现异常应查明原因。

347. 为什么真空断路器的体积小而使用寿命长？

答：真空断路器的结构非常简单，在一个抽真空的玻璃泡中放一对触头，由于真空的绝缘性，其灭弧性能特别好，可使动、静触头的开距非常小（10kV 的约 10mm，而油断路器触头开距约为 160mm），所以真空断路器的体积和重量都很小。由于真空断路器的触头不会氧化，并且熄弧快，触头不易烧损，因此适用于频繁操作的场合，使用寿命比油断路器约高 10 倍。

348. 真空断路器与其他高压断路器灭弧方式有何异同？

答：各种交流断路器主要都是利用电流过零来熄灭电弧的。一般的高压断路器如油、压缩空气、SF_6 等断路器，当出现电弧后，利用电弧能量将液体、固体介质分解成气体，或者靠外来能源（如压缩空气、SF_6）通过喷口形成高速气流；当电流过零时，使电弧迅速熄灭，同时弧隙依靠上述介质使绝缘强度迅速恢复。而真空断路器的灭弧室真空度为 $1.33 \times 10^{-6} \sim 1.33 \times 10^{-2}$ Pa。当出现电弧后，由于周围真空而导致弧柱区的气体与周围有极大的压力差，致使弧柱等离子体迅速向四周扩散，有利于触头间隙绝缘强度迅速恢复，加上弧柱的截面不仅随电流大小而变化，而且在时间上几乎同步，因此电流过零时弧柱也随之迅速消失。再加上触头结构常带磁吹，强迫弧根在触头表面迅速运动，因此当电流过零时利用真空可使电弧迅速熄灭，灭弧效果更好。

349. 真空断路器的屏蔽罩有什么作用？

答：（1）屏蔽罩在燃弧时，冷凝和吸附了触头上蒸发的金属蒸气和带电粒子，不使其凝结在外壳的内表面，增大了开断能力，提高了容器内沿面的绝缘强度，同时防止带电粒子返回触头间隙，减少发生重燃的可能性。

（2）屏蔽罩改善灭弧室内的电场和电容的分布，以获得良好的绝缘性能。

350. 如何根据断路器的合闸电流选择合闸保险的容量？

答：合闸保险的选择和断路器的型式有关。由于断路器的型式不同、合闸的时间也不一样，合闸时间短的选用较小的保险。而断路器的合闸线圈是按瞬间通过额定合闸电流设计的，根据保险的特性，合闸保险电流可按额定电流的 $1/3 \sim 1/4$ 左右来选择，或通过试验来准确地选择合闸保险容量。

351. 交流接触器由哪几部分组成？

答：交流接触器由以下几部分组成：

（1）电磁系统：包括吸引线圈、上铁芯（动铁芯）和下铁芯（静铁芯）。

（2）触头系统：包括三副主触头和两个动合、两个动断辅助触头，它和动铁芯是连在一起互相联动的。主触头的作用是连通和切断主回路，而辅助触头则接在控制回路中，以满足各种控制方式的要求。

（3）灭弧装置：接触器在接通和切断负荷电流时，主触头会产生较大的电弧，容易烧坏触头，为了迅速切断开断时的电弧，一般容量较大的交流接触器装置有灭弧装置。

（4）其他部件还有支撑各导体部分的绝缘外壳、各种弹簧、传动机构、短路环和接线柱等。

352. 交流接触器的工作原理和用途是什么？

答：交流接触器的工作原理是：吸引线圈和静铁芯在绝缘外

壳内固定不动，当线圈通电时，铁芯线圈产生电磁吸力，将动铁芯吸合。由于触头系统是与动铁芯联动的，因此动铁芯带动三条动触片同时运动，触点闭合，从而接通电源。当线圈断电时，吸力消失，动铁芯联动部分依靠弹簧的反作用而分离，使主触头断开，切断电源。

交流接触器可以通断启动电流，但不能切断短路电流，即不能用来保护电气设备。适用于电压为 1kV 及以下的电动机或其他操作频繁的电路。不宜安装在有导电灰尘、腐蚀性和爆炸性气体的场所。

353. 交、直流接触器能否互换使用？为什么？

答：交、直流接触器不能互换使用。因为交流接触器一般用硅钢片叠压铆成，以减少交变磁场在铁芯中产生的涡流及磁滞损耗，避免铁芯过热。而直流接触器线圈中的铁芯不会产生涡流，故铁芯可用整块铸钢或铸铁制成，直流铁芯不存在发热的问题。直流电路的线圈没有感抗，所以线圈匝数较多，电阻大、铜损大，所以线圈本身发热是主要的，为使线圈散热良好，通常将线圈做成长而薄的圆筒状。交流接触器线圈匝数少，电阻小，但铁芯发热，线圈一般做成粗而短的圆筒形，并与铁芯之间有一定间隙，以利于散热，同时又能避免线圈受热烧坏。交流接触器为了消除电磁铁产生的振动和噪声，在静铁芯的端面上嵌有短路环，而直流接触器不需要短路环。

鉴于上述交、直流接触器的区别，如把交流接触器当作直流接触器使用，则会因其匝数少，电阻小，流过线圈的电流大而使线圈发热，严重时将会烧毁线圈。反之，若将直流接触器当作交流接触器使用，也会使铁芯过热，烧毁线圈，或因剧烈振动、噪声大，不能正常工作。

354. 接触器或其他电器的触头为什么采用银合金？

答：对触头的材料要求是：耐电磨损和机械磨损、抗熔焊、耐腐蚀、接触电阻小而稳定，具有良好的导电、导热性能。如果触头材料采用银合金，由于银不易氧化，即使有氧化层仍能保持良好的导电性，不致使触点烧坏，能延长触点的使用寿命。其他金属材料，在电弧高温下容易氧化，从而增大接触电阻，引起触头温度升高，促使接点更加氧化，最终导致触头烧坏。所以接触器或其他电器的触头多采用银合金制成。

355. 熔断器的灭弧方式有哪些？

答：熔断器的灭弧方式分为填充料和无填充料两种。

无填充料灭弧方式是用纤维管或硬绝缘材料管做熔断器的管体，主要借熔管内壁在电弧高温作用下产生高压气体（约9.5MPa）将电弧熄灭。

有填充料灭弧方式是在管内填充石英砂，利用石英砂来吸收电弧的热量，使之冷却而熄弧。

356. 熔丝是否达到其额定电流时即熔断？

答：熔丝在接触良好正常散热时，通过额定电流时不熔断。35A 以上的熔丝要超过额定电流的 1.3 倍才熔断。在实际使用中，因接触、散热不好，并可能有振动，因此在额定电流左右才有可能熔断。

357. GIS 正常巡检哪些项目？

答：GIS 正常巡检项目包括：

（1）断路器、隔离开关、接地开关合分位置指示正确，并从观察窗观察断路器、接地开关触头接触情况，装置外壳接地完好无锈蚀，断路器的操动机构位置正确。

（2）装置无异常声音或气味，防爆膜完好。

（3）SF_6 气体压力及空气压力指示正常。

（4）断路器操作方式切换开关位置正确。

（5）SF_6 气体温度补偿压力开关及空气压力开关位置正确，整定值符合标准。

（6）控制箱、操作机构箱内无受潮、生锈、污染等，各控制电源隔离开关、熔断器完好。

（7）各二次接线端子无断脱、松动、过热变色，各继电器触点位置正确，无过热、掉牌。

（8）空压机运行方式切换开关位置正确，电源电压正常。

（9）压气系统无漏气声音，其设备无异常，阀门位置正确。

（10）各进出线套管、电缆终端完好清洁，引线无松动、闪络放电。

358. 检修 GIS 时，应采取哪些安全措施？

答：GIS 检修安全措施：

（1）将检修设备的进线、出线及电压互感器（防止反充电）停电。

（2）断开各电源侧隔离开关，从观察窗确认隔离开关在断开位置。

（3）将维修接地开关接地。

（4）断开控制回路电源并取下相应熔断器。

（5）关闭空气储气罐过气阀，打开排气阀排气。

（6）投入断路器、隔离开关、维修接地开关的机械锁定。

（7）回收 SF_6 气体，并保持通风良好。

359. 高压隔离开关型号的含义是什么？

答：高压隔离开关的型号表达式见下表：

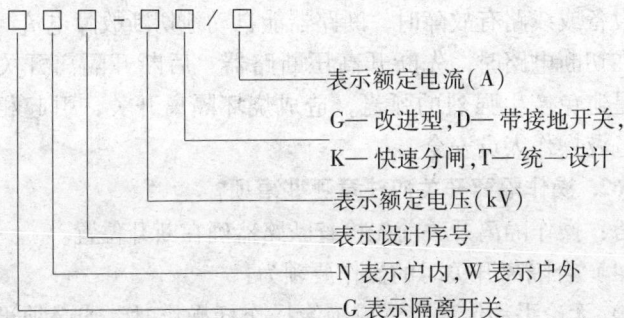

```
□□□－□□／□
```

表示额定电流(A)

G— 改进型, D— 带接地开关,
K— 快速分闸, T— 统一设计

表示额定电压(kV)

表示设计序号

N 表示户内，W 表示户外

G 表示隔离开关

例如：GN8－10T/400 表示 10kV 室内型、设计序号 8、额定电流 400A 的隔离开关。

360. 高压隔离开关运行维护中有哪些注意事项？

答：运行维护中的注意事项有：

（1）触头及连接点有无过热现象，负荷电流是否在它的允许范围内。

（2）瓷绝缘有无破损和放电现象。

（3）操动机构的部件有无开焊、变形或锈蚀现象，轴、销钉、紧固螺母等是否正常。

（4）维修时应用细砂布打光触头、接头，检查其紧密程度并涂以中性凡士林油。

（5）分、合闸过程应无别劲，触头中心要校准，三相是否同时接触。

（6）高压隔离开关严禁带负荷分闸，维修时应检查它与断路器的连锁装置是否完好。

361. 接通电路时为什么必须先合隔离开关，后合高压断路器，而断开电路时必须与之相反？

答：由于隔离开关没有灭弧装置，不能切断较大的负荷电流。而油断路器或空气断路器，它们有专门的灭弧装置，且具有较快的切合速度，不仅能切合正常的负荷电流，也能切断故障电流。

在接通电路时，先合隔离开关，后合断路器的目的，是当接通的设备或线路有故障时，断路器能自动地切断故障电流。

在切断电路时，先断开高压断路器，后断开隔离开关的目的，是避免产生强烈的弧光，造成烧坏隔离开关，引起相间短路，危及操作人员安全。

362. 操作隔离开关应注意哪些事项？

答：操作隔离开关前先检查断路器确在断开位置。

（1）合隔离开关时的操作要领为：

1）无论手动传动装置或绝缘操作杆操作时，均必须迅速而果断，但在合闸终了时用力不可过猛，使合闸终了时不发生冲击。

2）操作完毕后，应检查接触的严密性。

（2）断开隔离开关时的操作要领为：

1）开始时应慢而谨慎，当刀片刚离开固定触头时应迅速。

特别是切断变压器的空载电流、架空线路及电缆的充电电流、架空线路的小负荷电流、以及环路电流时，断开更应迅速而果断，以便能迅速消弧。

2）操作完毕后，应检查隔离开关每相确实已在断开位置，并应使刀片尽量拉到头。

363. 操作中发生带负荷错拉、错合隔离开关时怎么办？

答：（1）错合隔离开关时：即使合错，甚至在合闸时发生电弧，也不准将隔离开关再拉开。因为带负荷拉隔离开关，将可能造成三相弧光短路事故。

（2）错拉隔离开关时：在刀片刚离开固定触头时，便发生电弧，这时应立即合上，可以消灭电弧，避免事故。但如隔离开关已全部拉开，则不许将误拉的隔离开关再合上。

如果是单极隔离开关，操作一相后发现错拉，对其他两相则不应继续操作。

364. 为什么绝缘子表面做成波纹形？

答：做成波纹形能起到如下作用：

（1）因绝缘子做成凹凸的波纹形，延长了爬弧长度，所以在同样有效高度内，增加了电弧爬弧距离，而且每个波纹又能起到阻断电弧的作用；

（2）当遇到雨天时，可起到阻断水流的作用，污水不能直接由绝缘子上部流到下部，形成水柱引起接地短路；

（3）污尘降落到绝缘子时，尘土降落到凸凹部分不均匀，因此，一定程度上保证了绝缘子的耐压强度。

365. 水电厂的开关站装有哪些防雷设备？

答：为了防止直击雷对变电设备的侵害，开关站装有避雷针或避雷线，但常用的是避雷针。为了防止进行波的侵害，按照相应的电压等级装设阀型避雷器、磁吹避雷器、氧化锌避雷器和与此相配合的进线段保护（即架空地线、管型避雷器或火花间隙）。在中性点不直接接地系统装设消弧线圈，能减少线路雷击跳闸的次数。为了防止感应过电压，旋转电机还装设有保护电容器。为了可靠的防雷，所有以上设备都必须装设可靠的接地装置。

366. 避雷针是如何防雷的?

答：避雷针可以保护设备免受直接雷击，它一般由接闪器即避雷针的针头、引下线和接地装置三部分组成。

避雷针之所以能防雷，是因为在雷云先导发展的初始阶段，因其离地面较高，其发展方向会受一些偶然因素的影响而不"固定"。但当它离地面达到一定高度时，地面上高耸的避雷针因静电感应聚集了与雷云先导异性的大量电荷，使雷电场畸变，因而将雷云放电的通路由原来可能向其他物体发展的方向，吸引到避雷器本身，通过引下线和接地装置将雷电波放入大地，从而使被保护物体免受直接雷击。所以避雷针实质上是引雷针，它把雷电波引入大地，有效地防止了直接雷击。

367. 避雷线与避雷针有什么不同?

答：避雷线的接闪器不像避雷针采用金属杆，一般采用截面不小于 $25mm^2$ 的镀锌钢绞线架于架空线路之上，以保护架空线路免受直接雷击。由于避雷线既要架空又要接地，所以它又称为架空地线。

避雷线的防雷作用和原理与避雷针相同。由于避雷针是一个尖端，电场比较集中，雷云对它易放电，因而保护范围较大。单针时其保护范围像一个帐篷，保护角（空间立面内的边缘线与铅垂线之间的夹角）为45°，多针时互相配合可适用于保护一块占地一定面积的发电厂或变电所。而避雷线是水平悬挂的狭长线，因而用于保护狭长的电气设备（如架空线路）较为妥当，当其保护角为25°时，保护范围为有一定宽度的长带状。

368. 什么叫反击?

答：当避雷针（或避雷线）受到雷击后，如果接地装置的冲击接地电阻很大，雷电流通过时会出现很高的电位，因此与该接地装置相连的杆塔、构架、电气设备外壳等都将处于很高的电位。高电位作用在线路或设备上，会使绝缘发生击穿，这种由于接地部分电位升高而向附近其他设备放电的现象叫做逆闪络，又叫反击。

369. 避雷器是怎样分类的？对避雷器有哪些基本要求？

答：避雷器按结构可分为：

（1）管型避雷器（包括一般型和新型）。

（2）阀型避雷器（包括普通型和磁吹型）。

（3）氧化锌避雷器。

为了可靠地保护电气设备和电力系统的安全，任何避雷器必须满足下列要求：

（1）避雷器的伏秒特性与被保护设备的伏秒特性正确配合，即避雷器的冲击放电电压任何时刻都要低于被保护设备的冲击放电电压。

（2）避雷器的伏安特性与被保护设备的伏安特性正确配合，即避雷器动作后的残压要比被保护设备通过同样电流时所能耐受的电压低。

（3）避雷器的灭弧电压与安装地点的最高工频相电压正确配合，使在系统发生一相接地的故障情况下，避雷器也能可靠地熄灭工频续流电弧，从而避免避雷器发生爆炸。

370. 阀型避雷器上部的均压环起什么作用？

答：阀型避雷器一般为多元件组合，每一节对地电容不一样，影响工频电压分布。加装均压环后，使避雷器电压分布均匀，否则在并联电阻的避雷器中，当其中一个元件的电压分布增大时，其并联电阻中的电流增大很多，会使电阻烧坏，同时电压分布不均匀还可能使避雷器不能灭弧。

371. 什么叫接触电压、跨步电压？其允许值各为多少？

答：当电气设备发生接地故障，接地短路电流流过接地装置时，大地表面形成分布电位，在该地面上离开设备水平距离为0.8m，垂直距离为1.8m间的电位差，称为接触电势。人体接触该两点时，所承受的电压称为接触电压。

由于接地短路电流的影响，在附近地面将有不同的电位分布，人步入该范围两脚跨距之间的电位差称为跨步电压，规程规定此距离为 0.8m。

在积水地面上或水田内，人体的接触电压允许值为 10V，跨步电压允许值为 20V。在较干燥的大地表面，接触电压不允许超过 36V，跨步电压不允许超过 40V。若超过此规定，应采取措施（如加套管或围栏），以避免人接近。当故障情况时，如经常接触的设备，接触电压不超过 100V，不是经常接触的设备，其接触电压不超过 150V。有人常往地区，跨步电压不得超过 150V。

372. 什么是水电厂电气主接线？什么是母线？

答： 电气主接线是水电厂的主要电气设备（如水轮发电机、电力变压器、断路器等）按一定要求顺序连接起来所构成的生产、输送和分配电能的电路。各设备元件用统一规定的图形符号表示出的接线图为电气主接线图。它是电气运行人员进行各种操作和事故处理的依据之一。

母线是主接线中进行横方向联系的电路（又称汇流排），它起着汇总和分配电能的作用。一方面将所有电源连接到母线上进行汇总，同时又将所有的引出线连接于母线上进行电能分配。

373. 水电厂常用的有哪些固体绝缘材料及其制品？

答： 固体绝缘材料种类繁多，但水电厂常用的固体绝缘材料及其制品有：

（1）天然的有机绝缘材料，如橡胶、木材以及绝缘漆、胶、纸、纸板等绝缘纤维制品和漆布、漆管和绑扎带等绝缘浸渍纤维制品。

（2）合成的有机绝缘材料，如合成树脂、环氧聚合物、塑料等。

（3）无机绝缘材料，如玻璃、电工陶瓷、云母及其制品等。

374. 室外配电装置正常检查哪些项目？

答： 室外配电装置正常检查项目包括：

（1）绝缘子套管表面是否清洁，有无裂纹损坏以及放电闪络现象。

（2）充油设备油面高低，油色变化，有无渗油、漏油现象。

（3）空气断路器的气压是否正常，应无漏气现象，通风指示器指示是否正常，对屋外少油断路器要注意油管接头、活塞杆、工作缸的密封处等是否有漏油，检查油箱油位的标线位置，并注意油泵启动情况，如启动频繁，则应查明原因。

（4）各设备外壳的接地是否完整。

（5）各带电设备有无异常的放电声和振动声。

（6）各断路器隔离开关的工作触头、接头，接触是否良好，有无过热、变色现象。

（7）断路器位置指示是否正确。

（8）避雷器接线是否牢固，本体是否歪斜，放电记录器是否动作。

（9）高压母线是否完整，有无断股或损伤。

（10）各控制箱、柜、端子箱内电压互感器二次回路熔断器是否完好，有无进水、受潮现象。

375. 室内配电装置正常检查哪些项目？

答：室内配电装置正常检查的项目有：

（1）绝缘子、瓷套管表面清洁无裂纹损坏，无放电迹象。

（2）检查油断路器的油面、油色、漏油、渗油情况。

（3）电压互感器无漏油、渗油现象。

（4）电流互感器无异常声音。

（5）各设备外壳的接地良好。

（6）触头、接线头无过热现象。

（7）消弧线圈油面、油色正常。

（8）断路器的位置指示正确，操作压力正常。

（9）隔离开关操作机构的锁定完好。

（10）电缆头不漏油，电缆外皮接地良好。

376. 充油设备发生哪些现象应停电处理？

答：充油设备出现下列情况时，应立即停电处理：

（1）外壳破裂、大量漏油。

（2）喷油、冒烟或着火。

（3）套管表面发生连续性火花、闪络。

（4）接头烧断或熔化。

377. 断路器拒绝合闸时应对哪些方面进行检查？

答：断路器拒绝合闸时应检查：

（1）操作电压是否过高或过低。

（2）断路器连锁回路是否投入或退出。

（3）操作熔断器是否熔断，接触器是否有卡死现象，操作回路是否有故障。

（4）合闸熔断器是否熔断，接触器是否有卡住现象。

（5）检查操作机构及辅助触点转换情况，根据检查情况进行处理。

（6）检查断路器操动机构是否已储能或液压操动机构压力是否正常。

378. 三相异步电动机有哪些额定参数？

答：三相异步电动机的额定参数有：

（1）额定功率（又称额定容量）。指在额定运行情况下，电动机轴上输出的机械功率，单位是千瓦（kW）。

（2）额定电压。电动机铭牌上所规定的额定电压，是指电动机定子绕组所能承受的线电压值，单位是伏（V）。在运行中电动机上所施加的电压应等于电动机的额定电压。

（3）额定电流。指电动机在额定电压、额定功率、额定效率和额定功率因数下工作时定子绕组中的线电流，单位为安（A）。它们之间的关系是

$$P_e = \sqrt{3}U_e I_e \eta_e \cos\varphi_e \times 100\%$$

式中　P_e、U_e、I_e、η_e、$\cos\varphi_e$——分别为电动机的功率、电压、电流、效率和功率因数的额定值。

（4）接法。三相电动机的定子绕组在正常运行情况下的接线方式，有星形（Y）和三角形（△）两种接线。

（5）额定转速。是指电动机在额定条件下运行时的转速，

单位为转/分（r/min）。

（6）额定功率因数 $\cos\varphi_e$。φ_e 表示在额定运行时，定子相电流与相电压之间的相位差。

（7）绝缘等级。指电动机定子绕组所用绝缘材料的等级。它决定了电动机的允许温升。目前，低压电动机多用 E 级绝缘，高压电动机多用 B 级绝缘。

（8）温升。指电动机工作时各部温度允许比周围环境温度高出的数值。

379. 什么是异步电动机转子的转差率？

答：三相异步电动机定子三相绕组接三相电源后，定子中产生旋转磁场，其转速为 n_1（叫同步转速），转子随着旋转磁场以转速 n 旋转（$n < n_1$），其同步转速 n_1 与转子转速之差，称转差速度。转差速度与同步转速之比，称为转差率，用 s 表示，即 $s = (n_1 - n)/n_1$。

当转子不动时（$n = 0$），转差率 $s = 1$，由于异步电动机的转子转速 n 总是小于同步转速 n_1 的，故转差率的变化范围为 $0 < s \leqslant 1$，通常转差率用百分率表示。异步电动机在额定运行状态时，转差率约为 $1\% \sim 6\%$；空载状态时，转差率一般小于 0.5%。

380. 什么是异步电动机的启动电流？

答：电动机的定子加上对称的三相电压（额定电压），当转子尚未转动时（$s = 1$），电动机定子绕组中的电流就是启动电流。这时电动机相当于一个二次侧短路的变压器，因而定、转子绕组中都流过很大的电流。这时虽然启动电流很大，但功率因数很低，所以启动转矩并不大。

异步电动机启动电流通常是它的额定电流的 $4 \sim 7$ 倍。随着转子转速的升高，转差率 s 减小，转子绕组中感应电势逐渐减小，定子电流也相应减小，到电动机达额定转速时，定子绕组中流过额定电流。

381. 试述电动机的允许运行方式。

答：（1）电动机在额定冷却空气温度 +40℃ 时，可按额定数据运行。

（2）电动机绕组和铁芯的最高允许温度，一般以温升 60℃ 为限。

（3）电动机可以在额定电压变动 −5% ~ +10% 的范围内运行，其额定出力不变。

（4）电动机在额定出力运行时，相间电压的不平衡不得超过 5%。

（5）电动机轴承的最高允许温度，对于滑动轴承不得超过 80℃，对于滚动轴承不得超过 100℃。

382. 为什么要规定电动机的运行电压只允许在额定电压的 −5% ~ +10% 范围内变动？

答：接在电动机上的电源电压过高或过低都会引起电动机过热，以致烧坏绕组，或影响电动机绝缘的寿命。

当电源电压降低时，电动机的电磁转矩将急剧减小。这样，当电动机的负荷保持不变时，电动机的转速要急剧下降，从而使定子电流增大而超过额定电流值，电源电压较长时间的过低将会使电动机过热以至烧毁电动机的绕组。

当电源电压过高时，由于磁路过度饱和，励磁电流急剧上升，致使电动机的发热情况恶化，以至影响电动机的绝缘寿命。所以国家标准规定：电动机的额定电压在 −5% ~ +10% 的范围内变动，其额定出力不变。

383. 电动机正常运行时应检查哪些项目？

答：运行中的电动机检查项目有：

（1）电动机声响正常，无串动、振动。

（2）外壳、轴承温度正常、无焦臭味。

（3）外壳接地线完好，电缆头不漏油。

（4）三相电流应平衡，且电流不超过允许值（即不超过红线）。

（5）电动机上及其附近清洁无杂物。

（6）电动机所带负荷设备是否完好，工作是否正常。

（7）保护罩完好。

（8）电磁启动器无异音及过热现象。

384. 如何判定出电动机的响声、振动和气味是处在不正常状态？

答：电动机正常运行时，声音均匀，无杂声或特殊噪声。如有特大的"嗡嗡"声，则表示负荷电流过大或电动机处于单相运行（一相熔丝熔断或一相电源中断等）；如有碰擦声，说明有扫膛现象；如果有"咕噜咕噜"声，说明轴承有损坏；如有"丝丝"声，说明轴承缺油。

电动机正常运行时，仅有轻度振动。检查时，可用手摸轴承部位，如果感到振得发麻，说明振动较厉害，应检查原因，消除故障。

电动机过负荷运行时间太久或绕组短路时，绕组绝缘将会损坏，并发出绝缘漆气味。情况严重时，能嗅到一种绝缘漆的焦糊味，此时应立即停机查找原因并消除故障。

第六节　直流二次设备、保护及自动装置

385. 水电厂有哪些电气设备需要用直流电源？对直流电源有哪些要求？

答：水电厂的下列电气设备都需要直流电源供电：

（1）继电保护、控制系统、信号系统和自动装置回路的用电。

（2）操作器械和调节器械传动装置用电。

（3）独立的事故照明用电。

若直流电源中断，控制和操作系统处于瘫痪状态，保护、自动装置也无法工作，因此直流电源应满足下列要求：

（1）要有高度的供电可靠性，电网发生故障时，应不影响操作电源的正常供电。

（2）要有足够的容量，以满足二次设备运行状态的需要。

（3）使用寿命要长，维护要方便。

386. 蓄电池室内为什么要严禁烟火？

答： 蓄电池在充电时，充电电流会使电解液中的水电解为氧气和氢气，并沿正负极板析出，充斥于蓄电池室内，当室内氧气达到一定数量时，一遇明火就会发生爆炸，轻则使个别蓄电池损坏，重则将使全部蓄电池炸毁。因此蓄电池室内必须严禁烟火，凡是可能发生火花的电器，如断路器、隔离开关、熔断器、插销、电炉等，都不允许装在蓄电池室内。蓄电池室内的照明，一般使用有防爆装置的白炽灯。

387. 蓄电池为什么要定期充放电、均衡充电和对个别电池进行补充电？

答： 采用浮充电运行方式的蓄电池组，因长期浮充，其负极板上的活性物易钝化，这会影响蓄电池的容量和效率，并且电解液上下层比重也不一致，会因浓度差而造成自放电，即由于电解液和电极有杂质存在，使蓄电池在空载或工作时由杂质导体所构成的无数细小的局部放电回路，而造成的蓄电池内部的局部放电现象。如铅酸蓄电池，在一昼夜内由于自放电而损失的容量可达 $0.5\% \sim 2\%$。因此，每隔半年要对蓄电池进行一次充放电，以检查电池容量，发现和及时处理落后电池，以保证电池的正常运行。

均衡充电就是过充电。采用浮充电方式的电池，虽然充电电流相等，但每个电池的自放电是不等的，这就会使部分电池处于欠充电状态，使各个电池的比重、容量和电压不均衡。为了防止这种现象扩展成为落后电池甚至反极，每月应对电池进行一次均衡充电，以使各电池达到均衡一致的良好状态。

蓄电池在长期使用中，个别电池由于自放电较大，或极板发生短路，会出现电池落后甚至反极现象。落后电池表现为：充电时电压及比重上升很慢，放电时电压及比重下降很快，并且在充电末期气泡冒得较早，电解液温升也较高，极板已有硫酸化现象等。为了不致影响全组蓄电池的正常工作，对这些个别电池要进行补充电，使其恢复正常。

388. 过充电和欠充电对蓄电池有何影响？

答：碱性蓄电池对过充电和欠充电的耐性较大，只要不太严重，发现后及时处理，对其寿命影响不大。铅酸蓄电池过充电会造成正极板提前损坏，欠充电将使负极板硫酸化，容量降低。铅酸蓄电池正常充电时，正极板为褐色，负极板为浅灰色；过充电时，正负极板颜色都变得鲜艳，电池室酸味较大，电池内部气泡较多，电池电压高于 2.2V；欠充电时，正负极板颜色不鲜明，室内酸味不明显，电池内气泡极少，电池电压低于 2.1V。

389. 蓄电池的经常巡视和定期检查有哪些项目？

答：每班或每天巡视检查蓄电池的项目是：

（1）室内温度、通风和照明情况是否正常。

（2）玻璃缸、盖是否完整。

（3）电解液有无漏出缸外。

（4）电解液面高度是否正常。

（5）典型蓄电池的比重和电压是否正常。

（6）铜母线与铅板的焊接处有无腐蚀，有无凡士林油。

（7）室内是否清洁。

（8）各种工具、备品和保安用具是否完整。

蓄电池通常在 1～2 月进行一次详细检查，检查的内容包括：

（1）每个电池的电压及电解液的比重。

（2）沉淀物的厚度。

（3）极板有无弯曲、硫化和短路。

（4）每个电池的液面高度。

（5）蓄电池的绝缘情况。

（6）隔板是否完整。

390. 蓄电池组应进行哪些方面的运行维护？

答：运行维护工作主要包括：

（1）蓄电池组每年应进行定期充放电工作。如每三个月进行一次均衡充电；每三个月进行一次核对性放电；每年雷雨季节前进行一次 10h 容量放电试验。

（2）蓄电池防酸隔爆帽每年取下用纯水冲洗一次，疏通其孔眼，洗净的防酸隔爆帽晾干后装回紧固，严禁在无隔爆帽下长时间运行。

（3）充电装置正常运行为"整流"状态，运行中的充电装置严禁带电切换运行方式，调节直流输出时，应缓慢调节，以减小冲击电流。

（4）蓄电池充电时，应投入送、排风机。室内温度保持在 10～25 ℃为宜。

（5）蓄电池室内严禁吸烟、点火。

（6）维护工作时，防止触电，电池短路或开路，清扫时要使用绝缘工具。

391. 直流系统为什么要设置绝缘监察装置?

答：水电厂的厂房和开关站的直流系统是与继电保护、信号装置、自动装置、操作机构以及屋内外配电装置的端子箱等相连接。因此，直流系统比较复杂，发生接地故障机会较多。当发生一点接地时，无短路电流流过，熔断器不会熔断，所以仍能继续运行。但是当发生另一点接地时，有可能引起信号回路、控制回路、继电保护等的不正确动作。如图 2－29 所示的控制回路中，当 A 点发生接地后，B 点又发生接地时，则断路器跳闸线圈 TQ 就有电流 I_D 流过，而引起误跳闸。因此，为了防止直流系统两点接地引起误跳闸或拒绝跳闸，必须装设连续工作且足够灵敏的

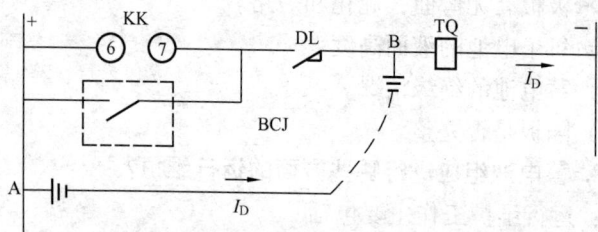

图 2－29　两点接地引起误跳闸情况

绝缘监察装置。

全部直流系统的正常绝缘电阻通常不应低于 0.5 ~ 1MΩ。当 220V 直流系统中任一极对地绝缘电阻下降到 20kΩ 以下，110V 系统下降到 6kΩ 以下，48V 系统下降到 1.5kΩ 以下时，绝缘监察装置就发出信号。

392. 直流母线电压过高或过低有何危害？允许变动范围是多少？

答：直流系统母线电压过高，容易使长期带电的继电器、指示灯等设备过热或损坏；电压过低，可能造成断路器、继电保护的动作不可靠。直流母线电压允许的变动范围一般为 ±10%。

当采用硅整流装置作 220V 合闸电源时，其输出电压可利用整流变压器的抽头作小范围调整。由于硅整流装置输出的直流含有较大的脉动成分，而断路器合闸线圈是按直流设计的，因此输出电压可保持略高，通常空载输出电压不低于 240V，以保证合闸可靠。

393. 直流正极、负极接地对运行有什么危害？

答：直流正极接地有造成继电保护装置误动的可能。因为一般跳闸绕组（如出口中间继电器的绕组和跳合闸绕组等）均接负极电源，若这些回路再发生接地，如图 2 - 30 所示，先是点 1 处接地，再发生点 2 处接地时，就会引起中间继电器 KM 误动作。若直流负极点 3 处先接地，再出现回路中点 2 处接地，这样会导致中间继电器 KM 的励磁线圈被短路，此时，当被保护设备

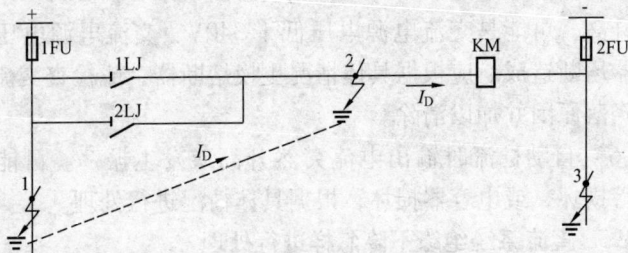

图 2 - 30 展开图

发生故障时，中间继电器 KM 拒绝动作，引起越级的继电保护动作而扩大事故范围。

394. 硅整流装置有哪些常见故障？如何处理？

答： 硅整流器发生故障时，首先断开交流电源，再进行处理。其常见故障及排除方法是：

（1）硅整流器的交流电源接通后，"停止"信号灯不亮。可能是接触器动断触点接触不良，熔断器熔断或松脱，信号灯泡损坏，线路连接不良，信号变压器的输入、输出的接线头松脱所造成。根据情况，修理接触器触点，更换或拧紧熔断器芯子，接入零线，更换信号灯泡，检查修复线路。

（2）按下"运行"按钮，硅整流器不能投入，且电压表无指示。可能是交流接触器主触点接触不良，"停止"按钮未复位，中间继电器触点接触不良，线路接触不良，熔断器熔断或松脱。此时，应检查及修复主触点，检修"停止"按钮，修复中间继电器触点，拧紧或更换熔断器，并断开交流电源后检查线路是否良好。

（3）硅整流器投入后电压很高，且经调整后亦不降低。可能是负载电流过小所致。也可能是某些负荷电路松脱，应设法增加负荷电流。

（4）硅整流器输出电压很低，且转动调压器手柄进行调整后，电压仍未升高。可能是控制变压器线路接头松脱，熔断器熔断或松脱，某一硅元件断开造成，应根据具体情况处理。

（5）硅整流器投入后，带满负荷运行时，手动调压，电压不能升高。可能是交流电源电压低于 340V，交流电源电压一相熔断器熔断造成。应根据具体情况更换熔断器，或检查交流电源电压降落原因并加以消除。

（6）自动稳流时输出电流突然升高或发生振荡。可能整流二极管损坏，或电容器损坏，根据具体情况进行处理。

395. 直流系统绝缘下降怎样进行处理？

答： 直流系统绝缘下降时的处理程序：

（1）首先测量正、负极对地电压，判断其故障性质。

（2）根据当时运行方式、检修作业情况、天气情况等判断可能接地的回路，采用瞬时切断负荷的方法寻找故障点。

断开负荷的原则：先次要负荷，后重要负荷；先室外，后室内，以及先断经常发生接地的回路。

396. 水电厂的哪些电气设备属于电气一次设备？哪些属于电气二次设备？

答：凡与电网或输电线直接连接，且通过大电流、高电压的发变电设备和厂用电设备，称为电气一次设备。如水轮发电机、电力变压器、断路器和隔离开关等。

凡为水电厂的电气一次设备、水力机械和水工机械设备的正常运行而设置的测量监视、控制、保护、信号等电气设备，称为电气二次设备。如各种电气仪表、控制开关、信号器具、继电器及其他自动装置等。连接电气二次设备的电路称为二次回路。

397. 水电厂有哪几种基本控制回路和信号回路？

答：在水电厂中，由于各种设备的操作要求不同，因此由继电器和接触器所构成的控制回路是多种多样的，而各种复杂的控制回路，又都是由几种基本的控制回路综合而成。常用的控制回路有：

（1）电动机的正、反转控制回路。

（2）多地点控制回路。

（3）连锁控制及先后顺序控制回路。

（4）行程控制回路。

（5）时间控制。

水电厂的信号系统中，一般有音响信号，灯光指示信号及位置信号回路。在中央音响信号回路中又包括事故信号和故障信号回路。

398. 在二次回路中，有了原理图，为什么还要展开图？如何阅读展开图？

答：二次回路中的原理图是设计二次回路的原始图，主要用途是表明接线中各种设备、元件之间的相互关系和它们的动作顺序。如保护回路的原理图，它给出的是保护回路的主要元件的工作状况，各元件之间是以元件整体的连接表示的，没有元件内部接线和它们的端子编号和回路编号。由于这些原因，在接线比较复杂时，看图较困难，为了弥补这些方面之不足，而根据原理图绘出展开图。展开图的特点是交流回路和直流回路分开表示，在交流回路中，又分为电流和电压回路，同时继电器的线圈和触点分开表示。为了避免混淆，属于同一元件的线圈和触点用相同的符号表示。回路是按继电器动作先后的顺序排列的。从上到下，从左至右，看起来方便，容易发现问题，同时在展开图的本侧还有文字说明回路的用途，以帮助了解接线图的内容，因此它在二次回路的运行中得到广泛应用。在运行中，值班人员见到的就是二次回路的展开图，如保护回路、控制回路和机组的自动操作回路都是以展开图表示的。

阅读展开图时，应注意以下几点：

（1）首先要了解图中设备的用途、性能、图形符号和代号代表的意义。

（2）要弄清楚继电器的动合、动断触点的含义及在图中的位置状态，弄清一个继电器动作后，它的触点接通哪几条回路，用在哪里。

（3）必须弄清控制开关的触点通断情况。

（4）先从展开图文字说明中，了解有哪些保护和装置，各装置如何构成，有哪些继电器线圈接于交流回路，然后，从上到下，从左至右看展开图，查找各装置之间的关系。

399. 继电保护装置的作用是什么？

答：继电保护装置是用继电器构成的对电气一次设备进行保护的装置，它的主要作用是：

（1）当发电机、电力变压器以及其他电气设备等发生故障时，能迅速将故障部分从电网中切除，以缩小故障范围，减少故障所引起的严重后果。

（2）当电气设备的工作发生异常状态时，保护装置动作，发出警告信号，以便运行人员及时采取措施，予以消除。

400. 红、绿灯和直流电源监视灯为什么都要串一个电阻？阻值应多大？更换电阻时应注意些什么？

答：红、绿灯串电阻的目的是为了防止灯座处短路造成断路器误动。直流电源监视灯串一个电阻的目的是为了防止灯丝或灯座处短接造成直流短路。

所串电阻的瓦数和欧姆数是：直流电压为 220V 的串 2.5kΩ，25W 的电阻；110V 的串 1kΩ，25W 的电阻；48～60V 的串 0.2kΩ，8W 的电阻。

更换电阻时应使用原规格的电阻。如果没有原规格的电阻而换成其他规格电阻时，应作以下测量：将灯座短路后测量跳合闸线圈两端的电压降不应大于额定电压的 10%。

401. 继电保护装置应满足哪些基本要求？

答：继电保护装置应快速地反应各种电气一次设备的故障或不正常的运行状态，并自动迅速地将故障元件从电网中切除，以保证电网和水电厂无带故障运行。当电气设备出现不正常运行状态时，它应及时地发出信号或警报，通知运行值班人员进行处理。

继电保护装置要实现上述任务，必须满足下述四个要求：

（1）选择性。系指水电厂及电网发生故障时，继电保护动作仅将故障元件切除，使停电范围尽量缩小。当故障元件的保护或断路器拒绝动作时，则应由本级或上一级的后备保护切除故障。如图 2－31 中 k 点短路故障时，应由距短路点最近的保护 2 动作使断路器 2 跳闸切除故障。如果保护 2 或断路器 2 拒动，则应由保护 1 动作使断路器 1 跳闸切除故障。

（2）快速性。就是要求继电保护装置以最短的时限动作切除故障。这样可以减轻故障设备的损坏程度；缩短对用户停电的时间；减少发展性故障，如减少多相故障的几率；可以提高电力系统运行稳定性。

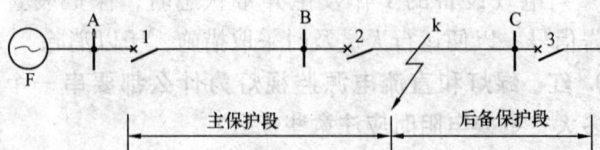

图 2-31　线路保护示意图

（3）灵敏性。系指保护装置对其所保护的范围内发生故障或出现不正常运行状态的反应能力。对于保护范围内的故障，不论短路点的位置在何处，短路类型如何，运行方式怎样变化，保护均应灵敏正确地反应。保护装置的灵敏性，通常用灵敏系数来衡量。对主要保护的灵敏度，要求不小于 1.5~2.0。

1）对于反应数值上升的保护装置，灵敏系数为

$$K_\mathrm{m} = \frac{保护区内发生金属性短路时故障参数的最小计算值}{保护装置的动作参数}$$

例如，过电流保护的灵敏系数为

$$K_\mathrm{m} = \frac{I_\mathrm{D,min}}{I_\mathrm{dz,j}}$$

式中　$I_\mathrm{D,min}$——保护区末端（如图 2-31 线路 AB 的主保护按 D 点短路）金属性短路时的最小短路电流二次值；

　　　$I_\mathrm{dz,j}$——保护装置的二次动作电流。

2）对于反应数值下降的保护装置，灵敏系数为

$$K_\mathrm{m} = \frac{保护装置的动作参数}{保护区内发生金属性短路时故障参数的最大计算值}$$

例如，对低电压保护的灵敏系数为

$$K_\mathrm{m} = \frac{U_\mathrm{dz,j}}{U_\mathrm{D,max}}$$

式中　$U_\mathrm{dz,j}$——保护装置动作电压的二次值；

　　　$U_\mathrm{D,max}$——保护区末端短路时，在保护安装处母线上的最大残余电压二次值。

（4）可靠性。是指在规定的保护范围内发生故障时，保护装置不应拒动；而在保护范围外发生故障以及在正常运行时，保护装置不应该误动。

402. 什么叫主保护、后备保护和辅助保护？

答：根据保护对被保护元件所起的作用，继电保护可分为主保护、后备保护和辅助保护。

主保护是指满足系统稳定及设备安全要求，有选择地切除被保护设备和全线路故障的保护。例如发电机和变压器的差动保护，线路的高频保护等。

后备保护指的是主保护或断路器拒动时，用以切除故障的保护。后备保护又分为远后备保护和近后备保护两种方式，远后备为主保护或断路器拒动时，由相邻电力设备或线路的保护实现后备。近后备保护是指当本元件的主保护拒动作时，由本元件的同一安装处的另一套保护实现后备作用，如当断路器拒动作时，由断路器失灵保护实现后备。

辅助保护是为补充主保护和后备保护的不足而增设的简单保护。如用电流速断保护来加速切除故障或消除方向元件的死区等。

403. 断路器失灵保护的构成原理是怎样的？

答：所有连接至一条母线上的元件的保护装置，当其出口继电器动作于跳开本元件断路器的同时，也供电给失灵保护中的公用时间继电器，该时间继电器的延时应大于故障线路断路器跳闸时间及保护返回时间之和，因此并不影响正常切除故障。如果故障线路的断路器拒动时，则失灵保护中的时间继电器动作，启动出口继电器，使连接至该条母线上所有其他有电源的断路器跳闸，从而切除故障，起到了断路器拒动时的后备保护。

404. 水轮发电机应装设哪几种基本保护？

答：根据《继电保护和自动装置规程》SDJ6—1983，对容量在 6MW 以上的水轮发电机，应装设下列保护装置：

（1）纵差动保护，用作定子绕组及其引出线的相间短路故障的保护。

（2）横差动保护，用作具有并联分支的定子绕组单相匝间或层间短路故障的保护。

（3）过电压保护，当水轮发电机组甩负荷时，防止机组转速升高而引起定子绕组的过电压。

（4）定子绕组单相接地保护，当发电机的电压系统接地电流大于 5A 时才装设，如用零序电压或零序电流构成发电机的定子接地保护或用谐波原理构成的定子接地保护等。

（5）过电流保护，用作防止发电机外部短路引起的定子绕组过电流，并作为主保护（差动保护）的后备保护，常装设复合电压（包括负序电压和线电压）启动的过电流保护或低电压启动的过电流保护。

（6）失磁保护，为防止因发电机失磁而从电网吸收大量无功电流而设置的。

（7）转子励磁回路一点接地保护，用作监视水轮发电机励磁回路对地绝缘。

（8）对称过负荷保护，用作防止过负荷引起的过电流。

对大容量水轮发电机，除装有上述保护外，还装有负序功率闭锁、负序电流、转子两点接地、定子 100% 接地、转子过负荷等保护和断线闭锁装置。

405. 为什么有的过电流保护要加装低电压闭锁？

答： 根据《继电保护和自动装置设计技术规程》SDJ6—76（试行）的规定，在主要电气设备（如水轮发电机、电力变压器）上应装设过电流保护，作为该设备的主保护和相邻设备的后备保护。

过电流保护的动作电流是按躲开被保护设备的最大工作电流来整定的。由于负载电动机启动和自启动，以及并联工作的变压器突然断开一台等原因引起的最大工作电流的数值可能很大，以致按躲开最大工作电流条件整定的过电流保护，在发生外部短路时可能不能满足灵敏度的要求。在这种情况下，就必须采用低电压闭锁或复合电压闭锁（包括负序电压和线电压）的方法来提高过电流保护的灵敏度。

电网短路时总伴随着电压剧烈降低，利用这一特点，在过电流保护上加装低电压闭锁，即只有电压降低到整定值时过电流保护才能动作，这样就可以把正常运行和短路故障区别开来。因此，加装了低电压闭锁的过电流保护，就不按躲开最大工作电流来整定，而只按发电机或变压器的额定工作电流整定，从而提高了保护的灵敏度。

复合电压启动的过电流保护，由于接线比较简单，且在Y，d接法的变压器后发生短路时具有较高的灵敏度，因而得到了比较广泛的应用。

406. 水轮发电机过电流保护常用的方法有几种？各有什么特点？

答：常用的过电流保护有三种：

（1）低电压启动的过电流保护。其特点是发电机相间短路灵敏度高，但变压器后发生短路时，灵敏度可能不够。对出现很大负序电流的不对称短路，有可能不切除。

（2）复合电压启动的过电流保护。在不对称短路时，电压元件的灵敏度较高。在变压器后不对称故障时，电压元件的灵敏度与变压器接线方式无关。

（3）负序电流保护。接线简单，能直接反应对发电机很危险的负序电流，能简单地实现负序过负荷保护，对不对称故障有较高的灵敏度。在变压器后短路时，保护的灵敏度与变压器绕组接线方式无关。缺点是不能反应三相短路。

407. 水轮发电机纵差动保护是如何实现的？

答：纵差动保护是水轮发电机定子绕组及其引出线的相间短路时的主保护。它是利用比较发电机中性点侧和引出线侧（即发电机出口断路器处）电流幅值和相位的原理构成的。

在发电机中性点侧和引出线侧装设特性和变比完全相同的电流互感器以实现纵差动保护。两组电流互感器之间为纵差动保护

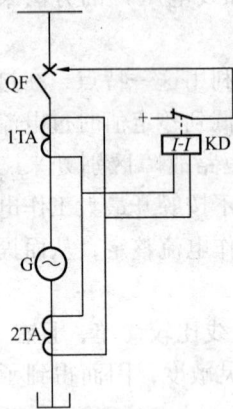

图 2 - 32　纵差动
保护原理图

的保护区。互感器二次按环流法接线，如图 2 - 32 所示。

发电机内部故障时，差动继电器中的电流为两侧电流相加，当电流大于差动继电器动作电流时，差动继电器 KD 动作，使断路器 QF 跳闸。

在正常运行或保护区外短路时，流过差动继电器的电流为两侧电流之差。理想情况下，流过差动继电器的电流为零。但实际上差动继电器中有一个不平衡电流流过。此电流不足以使差动继电器启动，故断路器不会跳闸。

水电厂常用的发电机差动继电器有 BCH - 2 型电磁式差动继电器和 BCD 系列的晶体管型差动继电器。

408. 为什么水轮发电机要专门装设过电压保护？

答：水轮发电机在突然甩负荷时，由于调速器不能立即动作将导叶全部关闭。同时转子的惯性大，由水轮机供给发电机的功率将大于发电机的输出功率而使发电机加速。再加上定子绕组去磁电枢反应的消失，将使发电机的端电压升高（若水轮发电机系经长距离的输电线供电，输电线的电容电流还会产生助磁的电枢反应，使发电机端电压升高更大），水轮发电机过电压的数值可能高达发电机额定电压的 1.8～2 倍。这样高的电压对定子绕组的绝缘是有害的。为防御发电机定子绕组绝缘遭受损坏，在水轮发电机上需装设过电压保护。

当发电机的端电压数值达到额定电压 1.5～1.7 倍时，过电压继电器动作，并经 0.5s 延时动作，并跳开发电机侧出口断路器，同时跳开灭磁开关进行灭磁。

409. 电力变压器应装设哪些保护？各有什么特点？

答：电力变压器应装设下列保护，其各自特点为：

（1）重瓦斯、轻瓦斯保护。用以变压器油箱内部发生故障和油面降低。重瓦斯作用于跳闸，轻瓦斯作用于发信号。

（2）纵差动和电流速断保护。用作变压器绕组和引出线相间短路的保护，防止中性点直接接地电网侧绕组和引出线的接地短路，以及区间短路，作用于跳闸。

（3）过电流保护作为瓦斯、纵差动、速断的后备保护，作用于跳闸。在三绕组变压器中，三侧都装过电流保护。当三绕组变压器任一侧母线有故障时，过电流保护动作，无需将变压器全部停运。三侧都装过电流保护，可以有选择性地切除故障。各侧的过电流保护，可作为本侧母线、线路、变压器的主保护或后备保护。主电源侧过电流保护可作为其他两侧的后备保护。例如对三绕组降压变压器，若中、低侧拒动时，高压侧过电流保护应动作，以切除故障。

（4）零序电流保护。防御中性点直接接地电网中，外部接地短路故障，作用于跳闸。

（5）用以对称过负荷的过负荷保护，作用于发信号。

此外，一些大型变压器还应配有过励磁保护。

410. 电力变压器的纵差动保护有什么特殊问题？有哪些不同的型式？

答：变压器纵差动保护的特殊问题有：

（1）变压器励磁涌流。在变压器空载投入和外部故障切除后的电压恢复过程中，可能产生很大的励磁涌流，最大可达额定电流的 $8 \sim 10$ 倍，如不采取措施，它将使纵差动保护误动作。

（2）变压器两侧电流相位不同。当变压器为 Y，d11 接线时，两侧电流之间就有 $30°$ 的相位差，在差动回路会有一个不平衡电流。

（3）电流互感器的变比不能理想匹配，引起差动回路有不平衡电流。

（4）变压器两侧电流互感器型号差别，也会产生误差。

纵差动保护的型式有：

（1）为躲过励磁涌流，用 BCH－2 型继电器的纵差动保护。

（2）由于外部故障不平衡电流太大而灵敏度不够时采用 BCH－1 型继电器的纵差动保护。

（3）对多侧电源多绕组变压器，具有分裂绕组式带负荷调压的多绕组变压器及断路器数目大于 3 的变压器，多采用 BCH－4型差动继电器。

411. 引起变压器纵差动保护动作的原因有哪些？怎样判断和处理？

答：引起电力变压器纵差动保护动作的原因有：

（1）变压器的引出线和套管发生故障。

（2）保护装置直流系统故障引起误动作。

（3）电流互感器二次回路断线或短路。

（4）电力变压器内部发生故障。

（5）保护整定值不当，不能躲开变压器的励磁涌流和外部故障引起的不平衡电流。

（6）大修后保护电流回路接线错误引起误动作。

（7）高压侧套管电流互感器的设计变比与实际不符。

纵差动保护动作后，应根据跳闸前变压器各侧电流有无异常变化、瓦斯保护是否动作、保护范围内的一次设备有无明显短路痕迹等，判明是否变压器内部故障。如明显的是变压器故障应停止运行，并通知检修人员进一步检查。

如果确认不是变压器故障引起的保护动作，可与调度联系，试投入运行。若试投不成功，而电源侧电流表没有短路特征，则应检查直流回路有无接地现象，判断是否由于直流回路两点接地引起的误动作。如果直流回路没有故障，可以暂时拆除纵差动保护，将变压器投入电网，若试投成功，就应测量纵差动回路各相不平衡电流，以判断电流互感器二次侧是否有断线、短路、接线错误、变比不对等情况。如果测得的不平衡电流很小，就可能是纵差动保护装置躲不开励磁涌流或外部故障产生不平衡电流，或可能是继电器短路匝数选择过小，电流互感器特性不好，应重新进行整定计算，必要时应更换电流互感器。

412. 变压器装设有纵差动保护，为什么还要装气体保护？

答：瓦斯保护是变压器内部故障的主保护之一，它能反应变压器油箱内的任何故障。

变压器油箱内的故障通常有：绕组匝间或段间绝缘损坏造成的短路，高压绕组对地绝缘损坏造成的单相接地，铁芯局部发热或烧损，分接断路器接触不良或导线焊接不良和油面降低等。

对于变压器油箱内绕组的某些短路故障，纵差动保护往往不能反应。如绕组少数线匝的匝间短路，虽然短路匝内循环电流很大，会造成局部绕组严重过热，但表现在相电流上，却并不大。对于这种故障，瓦斯保护却能灵敏地反应，这就是纵差动保护不能代替瓦斯保护的原因。此外，纵差动保护不能反映油位下降和铁芯的故障，而瓦斯保护则能反映。同样，只设瓦斯保护也是不行的，虽然它能反应变压器油箱内的任何故障，但不能代替纵差动保护防御变压器引出线的相间短路、大电流接地系统引出线的接地短路。因此，只有瓦斯保护和纵差动保护相互配合，才能比较全面地防御变压器的各种故障。

413. 气体保护为什么能反应油箱内的故障？

答：变压器内部故障时，短路电流所产生的电弧将使绝缘材料和变压器油受热分解，产生出大量气体，气体的多少和故障性质及严重程度有关。故障轻微时，产生的气体少，这些气体慢慢地扩散，通过变压器油箱和油枕间的连接道进入油枕。当故障严重时，就有大量气体产生，油会迅速膨胀，这时，就有强烈的油流通过连接管道冲向油枕。而气体继电器安装在油箱和油枕之间的连接管道上，它反应内部故障的产气量。故障严重时，有大量气体冲向油枕使气体继电器动作。由于是利用气体来动作的保护，故称为瓦斯保护。

414. 零序电流保护的作用是什么？它有什么优点？与一般电流保护在整定值上、时限上有什么不同？

答：零序电流保护是反应大接地电流系统中单相接地短路的

保护装置。当过流保护采用三相式时，虽然也能保护单相接地短路，但时限较长、灵敏度较低。而零序电流保护回路接线简单、灵敏度高、动作时限短，与一般电流保护相比较，在整定值、时限上的特点如下：

（1）动作时限短。

（2）保护范围长且稳定。

（3）不受负荷电流的影响。

采用零序保护后，大接地电流系统的相间保护也可以采用两相式接线，使保护简化。因此，在大接地电流系统中都装设零序电流保护。

415. 发电机—变压器组保护有什么特点？

答：大型水电厂中经常采用发电机—变压器组单元接线方式。这时，发电机、变压器相当于一个工作元件。其特点如下：

（1）发电机及变压器某些同类型的保护可以合并，如采用公用的纵差动、过电流和过负荷保护等，使保护装置的总套数减少。

（2）由于发电机与电网没有电的直接联系，因此，发电机定子接地保护可以简化。

（3）根据发电机—变压器组连接方式的不同，其纵差动保护接线视发电机、变压器之间是否有断路器和自用电支路而会有差异。

（4）发电机—变压器组的过电流保护应与发电机的过电流保护类型相同。若发电机—变压器组之间有分支线路时，发电机的过电流保护应有两个时限，第一段时限作用于高压侧断路器跳闸，第二段时限断开其他断路器及灭磁断路器，这样，可以保证在外部故障时仍能对分支线供电。

（5）发电机侧接地保护的特点。对于发电机—变压器组，其发电机的中性点一般不接地或经消弧线圈接地。发生单相接地的电容电流通常小于 5A，故接地保护可采用零序电压保护，并动作于发信号。对于大容量的发电机应装设保护范围为 100% 的定子接地保护。

416. 引起母线故障的原因是什么？对母线保护有什么要求？

答：引起母线故障的原因：

（1）由于空气污秽，其中含有损坏绝缘的气体或固体物质，导致与母线连接的绝缘子和断路器套管发生闪络。

（2）母线绝缘子、断路器套管及隔离开关支持绝缘子的损坏。

（3）装设在母线上的电压互感器及装设在断路器和母线之间的电流互感器发生故障。

（4）运行人员的误操作，如带负荷拉隔离开关，带地线合隔离开关等。

对母线保护的要求：应能快速地有选择性地将故障部分切除；保护装置必须十分可靠并且有足够的灵敏度。

417. 什么叫做电流速断保护？它有什么优缺点？

答：从继电保护速动性要求出发，在满足系统稳定、保证重要用户供电和选择性的前提下，保护装置动作切除故障的时间愈短愈好。这种瞬时动作的电流保护，称电流速断保护。

它的主要优点：简单可靠、动作迅速，在结构形式较复杂的多电源网络中，能有选择地工作。

主要缺点表现在：保护范围较小，而且受运行方式变化的影响较大。

418. 为什么需要装设电流速断保护？

答：定时限过电流保护是利用各段线路的保护具有不同时限的原理，来保证动作的选择性的，因此具有动作时间长的缺点。越靠近电源侧，动作时间越长。如果因动作时间长，而不能满足系统的稳定运行和用户正常工作的要求时，就需要配置电流速断保护。

419. 为什么有的配电线路只装定时限过电流保护而不装速断保护？

答：如果配电线路短，线路首端和末端短路电流的差别很小，或者最大与最小运行方式的短路电流差别很大，装速断保护后保护范围很小，甚至没有保护范围，同时该处短路电流很小，用过电流保护作为该线路的主保护完全能满足系统稳定的要求。故只装定时限过电流保护而不装速断保护。

420. 什么叫方向保护？哪种情况下需要加方向保护？

答：在双侧电源辐射形电网和单侧电源环形电网中，任一负荷都能从两端获得电源，若某一端发生故障，负荷仍可从另一端的电源得到供电。在这种电网中，如果采用一般的带时限的过电流保护，无法满足有选择地切除故障的要求。在这种电网中，流向短路点的功率方向是有一定规律的。如果在过电流保护上加装反应功率方向的元件，使凡是流过保护的短路功率是由母线指向线路时保护动作，凡是流过保护的短路功率是由线路指向母线时保护不动作，这样就使保护有了选择性，这种带功率方向的保护，就称方向保护。

方向保护通常都用在两端有电源供电的网络中。

421. 距离保护有何特点？主要由哪几部分组成？总的评价如何？

答：距离保护，就是反映故障点至保护安装处的距离，并根据距离的远近而确定动作时间的一种保护装置。当短路点距保护安装处近时，保护装置动作时间短；当短路点距保护安装处远时，保护装置的动作时间就加长，以此保证动作的选择性。因为线路的长短即距离与线路的阻抗成正比，所以测量故障点至保护安装处的距离，实际上是用阻抗继电器测量故障点至保护安装处之间的阻抗。故距离保护又称为阻抗保护。其保护范围稳定，不受运行方式影响，在任何场合下能快速、灵敏且有选择地切除短路故障。

距离保护由下列主要元件组成：

（1）启动元件。它的主要作用是在发生短路的瞬间启动整套保护装置。通常用过电流继电器或阻抗继电器作为启动元件。

（2）方向元件。它的主要作用是保证保护动作的方向性，防止反方向故障时，保护误动作。方向元件可采用单独的功率方向继电器，但更多的是采用方向元件和阻抗元件相结合而构成的方向阻抗继电器。

（3）距离元件。它的主要作用是测量短路点到保护安装地点之间的距离（即测量阻抗），一般采用阻抗继电器。

（4）时间元件。它的主要作用是按照故障点到保护安装地点的远近，配合得到所需要的时限特性，以保证动作的选择性。一般采用时间继电器。

（5）振荡闭锁装置。它的主要作用是：①当系统发生振荡但没有故障时，装置可靠地将保护闭锁；②在保护范围内短路时，不论系统是否发生振荡，保护都不会闭锁，而保证装置可靠地动作。常用负序电流元件或用负序电流增量和零序电流增量元件构成振荡闭锁装置。

距离保护可以在多电源的复杂网络中保证动作的选择性。比电流、电压保护具有较高的灵敏度，保护范围相对稳定。但是接线复杂，工作可靠性相对降低，有时不能满足电力系统稳定运行的要求。

422. 在什么条件下必须采用距离保护？

答：在高压电网中遇到下列情况必须采用距离保护：

（1）在系统的最小运行方式下，瞬时速断或延时速断保护的保护范围缩得很小，甚至没有保护范围。

（2）短路电流与最大负荷电流的差值很小，不能满足过电流保护灵敏度的要求。

（3）多电源环形电网中，方向过电流往往不能满足有选择性切断故障的要求。

423. 距离保护第Ⅰ、Ⅱ、Ⅲ段的时限和保护范围是怎样划分的？

答：距离保护一般都作成三段式，即有三个动作范围。第Ⅰ段不带延时（时限是阻抗元件的固有时限），保护范围是被保护线路全长的80%~85%。保护装置的第Ⅱ段，保护本线路全长并延伸至下一段线路的一部分，为第Ⅰ段保护的后备段。第Ⅲ段为第Ⅰ、Ⅱ段的后备段，能保护本线路的全长，并延伸至下一段线路的一部分。第Ⅱ、Ⅲ段的时限逐渐增大。

424. 距离保护突然失去电压时为什么会误动作？

答：当距离元件所测到的阻抗 $Z = (U/I)$ 值等于或小于整定值时，距离保护动作。加到阻抗继电器上的电压降低，电流增大，就说明阻抗 Z 减小。电压产生继电器的制动力矩，电流产生动作力矩。当电压突然失去时，制动力矩很小（只有弹簧的制动力矩），电流回路有负荷电流产生的动作力矩。如果闭锁回路动作不灵，距离保护就要误动作。

425. 什么叫高频保护？为什么要采用高频保护？

答：高频保护就是将线路两端的电流相位（或功率方向）转化为高频信号，然后利用输电线路本身构成高频电流的通道，将此信号送至对端，以比较两端电流相位（或功率方向）的一种保护装置。就其原理上看，它不反应保护范围以外的故障，在参数选择上也无需和下一条线路相配合，因此，高频保护的动作不带延时。目前，高频保护是 220kV 及以上电压复杂电网的主要保护方式。按其工作原理的不同又分为方向高频保护和相差高频保护两大类。

426. 高频保护在运行中应注意哪些维护工作和异常处理？投切时注意什么？

答：高频保护在运行中对称性极为重要，两侧的保护投入与退出必须同时进行。连接滤波器的接地隔离开关必须断开。并严禁退出收发信号机和保护直流电源，同时不允许在保护装置和通道上进行作业。在高频保护投入运行前或保护动作跳闸后，以及高频保护出现异常时，应进行通道检查。

（1）运行中出现下列情况之一，应同时退出两侧高频保护：

1）检查通道中发现测量表计指示反常。

2）任一侧保护装置（包括收、发信机）直流电源中断或出现异常而不能立即恢复。

3）本保护装置电流互感器回路发生故障。

4）通道加工设备元件故障。

（2）高频保护正常投入时应注意以下几点：

1）检查户外连接滤波器旁的接地隔离开关确已断开。

2）投入保护装置直流电源。

3）测试通道正常。

4）按系统调度的要求，加用保护出口压板。

（3）保护装置退出时应注意：

1）根据调度命令，停用保护出口压板。

2）只有在不具备投信号位置的前提下，才断开保护装置直流电源。

427. 水电厂的自动准同期装置有几种型号？主要由哪几部分组成？各部分起什么作用？

答：目前水电厂的自动准同期装置用得较多的有 ZZQ－3A 和 ZZQ－5 型。其中又以 ZZQ－5 型应用更多，这种装置由合闸、均频、均压和电源等部分组成。它们的作用是：

（1）合闸部分的作用是在发电机与电网的频率差和电压差都满足要求的情况下，在待并发电机电压与并列点电网侧电压相角差到达零之前的一个适当时刻发出合闸脉冲。

（2）均频部分的作用是测量待并发电机与电网的频差方向，判断发电机电压的频率是高于还是低于电网侧电压的频率，从而发出减速或增速的命令，作用于水轮发电机组的调速器。调整发电机频率使之趋近于电网频率，从而达到跟踪电网频率，加速并列过程。

（3）均压部分的作用是比较发电机电压和并列点电网电压的高低发出调压脉冲，使发电机电压趋近于电网电压。在电压差小于整定值时，解除合闸部分电压差闭锁，以达到加速并列过程。

（4）电源部分由电压互感器供电，经过装置内部的变压器降压和整流、滤波、稳压，供给装置其他部分使用。

428. 自动低频减载装置有什么作用？主要由哪几部分构成？

答：电网中某些机组故障切除时，由于出现有功功率缺额，电网频率会急剧下降。采用低频减载装置，切除一部分负载可以制止事故的进一步扩大。该装置由下列几部分组成：

（1）低频测量元件。

（2）延时元件。

（3）执行元件。

（4）闭锁元件。

429. 水电厂为什么要设置水轮发电机低频自启动装置？它的主要任务是什么？

答：当电网发生功率缺额时，就会引起电网频率下降。因水轮发电机组有启动快的特点，一般从静止启动到带满负荷运行，正常情况下，只要 4～5min，事故时还可缩短为 1min 左右，所以在电网发生功率缺额而频率下降时，为了加速恢复频率，在水电厂装设低频率自启动装置，以实现下列任务：

（1）将运行机组带满负荷。

（2）将调相运行的发电机自动改为发电机运行。

（3）将备用发电机启动，并带上负荷。

为了防止频率暂时下降时造成自动装置误启动，自启动装置启动部分应带延时。

430. 水轮发电机励磁系统的作用和对励磁系统的要求是什么？

答：励磁系统的主要作用，有如下几个方面：

（1）发电机正常运行时，励磁系统能维持发电机端电压在给定水平。当发电机负荷改变时，将会使端电压发生相应变化，此时自动励磁调节系统将自动地增加或减小输出的励磁电流，使发电机端电压恢复到原有的给定水平。

（2）当几台机组并列运行时，自动励磁调节系统能稳定合理地分配机组间的无功功率。

（3）当发电机突然甩负荷时，通过励磁系统的调节作用，进行快速减磁，限制发电机端电压异常升高。

（4）电网不正常情况下，如电力系统发生短路时，发电机励磁调节器能迅速增加其励磁电流的输出，以维持系统的电压在一定水平，确保系统稳定。同时，由于励磁电流的增加，发电机输出的电流也将增大，这样也提高了继电保护装置的动作灵敏度。

（5）当发电机内部发生故障时，为了避免事故扩大，或者当运行中的灭磁开关发生误跳闸时，为了防止励磁绕组上产生危险的过电压，励磁系统能自动灭磁。

此外，现代化的励磁系统，还能显著地改善电网的运行条件，如当电网短路故障切除后，它能快速恢复电网的电压。

为完成上述任务，保证电厂和电网安全、可靠地运行，对励磁系统提出如下基本要求：

（1）励磁系统的容量应能满足发电机各种运行工况的要求，并留有适当裕度（电流、电压约各为10%）。

（2）具有足够大的强励顶值电压倍数及电压上升速度，当电网发生短路故障时，一般应能提供1.8～2倍的强励电流。当水电厂是经长距离大负荷输电给电网时，从提高系统稳定运行的要求出发，有时要采用更高的顶值电压倍数。

（3）根据运行需要，应有足够的电压调节范围，装置的电压调差率，应能随电网要求而改变。

（4）要求励磁系统的调节性能稳定，反应速度要快，调节的失灵区要小；

（5）励磁系统应力求接线简单，元件可靠，易于操作，调试检测方便。

431. 水电厂常用的励磁系统有哪几种方式？

答： 水轮发电机的励磁方式甚多，但我国常用的有：

（1）同轴直流励磁机的励磁系统。指发电机的励磁电流由装设在与发电机同轴的并励直流发电机供给的系统。

（2）可控硅励磁系统。指发电机的励磁电流是由交流励磁电源经可控硅整流后变为直流供给的系统。它又可分为自复励静止可控硅励磁系统和自并励静止可控硅励磁系统。自复励静止可控硅励磁系统是由接于发电机机端的并联变压器和接于中性点的串联变压器共同提供交流电压，用可控硅整流后向发电机提供励磁电流；自并励静止可控硅励磁系统是由接于发电机机端的并联变压器提供交流电压，用可控硅整流后向发电机提供励磁电流。

432. 水电厂常用的可控硅励磁方式，按交流励磁电源的种类不同有哪两大类励磁系统？

答：可控硅励磁系统按获得交流电源的方法一般可分为他励和自励两大类。

（1）他励整流器励磁系统。是指水轮发电机的励磁电源，由发电机以外的独立电源供电的励磁系统。一般作为大型水轮发电机的备用励磁系统。

（2）自励整流器励磁系统。指采用变压器作为交流励磁电源，励磁变压器接在发电机出口端，正因为励磁电源取自发电机自身，故这种励磁方式称为自励整流器励磁系统。由于励磁变压器和整流器是静止元件，故又称静止励磁系统。如果只用一台励磁变压器并联在发电机出口端，则称自并励方式。如果除了并联的励磁变压器外，还有与发电机定子电流回路串联的励磁变压器（或串联变压器），二者结合起来，则构成所谓自复励方式。按结合的方案不同又分为：

1）直流侧并联的自复励方式。

2）直流侧串联的自复励方式。

3）交流侧并联的自复励方式。

4）交流侧串联的自复励方式。

国内，自并励方式已在 300MW 的水轮发电机上得到应用。葛洲坝水电站的励磁系统交流侧串联的自复励方式和自并励两种方式都有。

433. 简述励磁三相全控桥可控硅整流电路的工作原理。

答：采用可控硅三相全控桥电路，其接线特点是六个桥臂元件全都采用可控硅管，共阴极组的可控硅元件及共阳极组的可控硅元件都要靠触发换流。它既可工作于整流状态，将交流变成直流，也可工作于逆变状态，将直流变成交流。正是因为有逆变状态，励磁装置在正常停机灭磁时，就不需跳灭磁开关，可以大大减轻灭磁装置的工作负担。

三相可控硅全控桥整流电路的原理接线如图 2-33 所示。六个可控硅元件按 +A、-C、+B、-A、+C、-B 顺序轮流配对导通，在一个 360° 周期内，每个可控硅导通 120°。KRD 是快速熔断器，起保护可控硅的作用；R 和 C 是可控硅的阻容保护，主要吸收可控硅换相时的过电压，可限制可控硅两端的电压上升率，有效防止误导通。此外，有的三相全控桥整流电路装有电抗器，作用主要是限制可控硅的电流上升率，可降低可控硅的换流过电压。

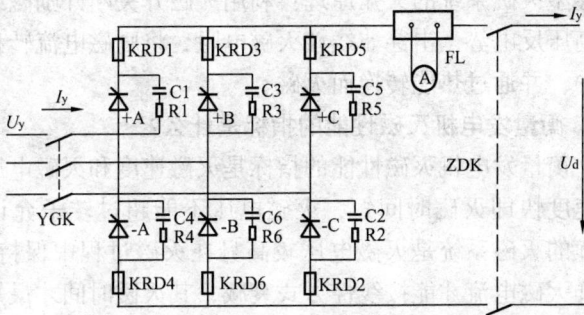

图 2-33 三相全控整流桥原理接线图

434. 发电机灭磁及转子过电压保护有哪些主要类型？

答：目前发电机灭磁及转子过电压保护有以下主要类型：

（1）灭磁开关灭磁。即采用具有灭弧栅片的 DM2 型灭磁开关灭磁，采用可控硅跨接器限制转子过电压，跨接器的放电电阻为线性电阻。

（2）线性电阻灭磁。即将二极管串联线性电阻后并联在转子两端，利用一个恒值电阻的放电来灭磁。此间，没有装设发电机转子过电压保护。

（3）非线性电阻灭磁。即采用 DM4 灭磁开关（双断口）配合氧化锌非线性电阻灭磁，采用可控硅跨接器限制转子过电压，跨接器的放电电阻也是氧化锌非线性电阻。

上述三种灭磁类型，就磁场能量的消耗方式而言，磁场能量主要消耗在灭磁开关中的称为耗能型（如 DM2 型灭磁开关）。而在线性或非线性电阻灭磁系统中，由于灭磁开关不承担或不全部承担耗能任务，仅仅起到断开磁场回路使转子建立较高的反电动势的作用，转子磁场的能量主要消耗在线性或非线性电阻中，这种方式称为非耗能型或转移型灭磁系统。

耗能型灭磁系统的灭磁原理：利用 DM2 开关断开时产生的弧电流，将转子能量消耗在灭磁室的灭弧栅中，即转子的磁场能量转换成热能而消耗掉。

转移型灭磁系统的灭弧原理：利用灭磁开关断开励磁绕组时产生的高压反电势，击穿非线性灭磁电阻，将励磁电流转移到灭磁电阻中，并通过热能转换而灭磁。

435. 衡量发电机灭磁性能的指标是什么？

答：衡量发电机灭磁性能的指标是灭磁速度和灭磁电压。其要求是速度快即灭磁时间短，灭磁电压不能超过转子允许电压值。最优的灭磁系统是灭磁电压较高且在灭磁过程中保持恒定，只有这样灭磁电流才能按线性方式衰减，其灭磁时间才最短。最优的灭磁系统称为理想灭磁系统。

灭磁开关利用灭弧栅的短弧原理灭磁，灭磁效果非常接近理想灭磁目标。而线性电阻灭磁利用一个恒值电阻放电灭磁，灭磁电压不可控，灭磁时间很长，因而灭磁效果最差，但很安全。图 2－34 为灭磁特性曲线。

实现理想灭磁的基本条件是：灭磁电压 U_{fm} 保持不变，灭磁电流 i_{fm} 直线衰减，这就要求在一个大电感回路中，其灭磁电阻 R_m 应具有随电流 i_{fm} 而变化的非线性特性。只有这样才能保证 $i_{fm}R_m = U_{fm} = $ 常数。图 2－34 中 U_{fm1} 和 i_{fm1} 是灭弧栅灭磁的灭磁特性曲线，如果 R_m 是一个恒定值，则灭磁时电压就会因电流的变化而变化；U_{fm2} 和 $i_{fm2}R_m$ 就是非线性电阻的灭磁特性曲线。值得注意的是采用非线性电阻灭磁的时间比理想灭磁时间长很多，而图中没有体现这一特征。

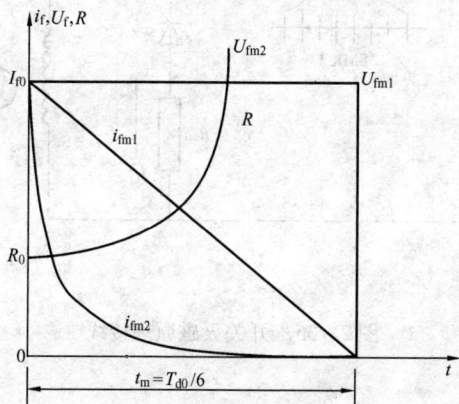

图 2 – 34   灭磁特性曲线

436. 简述灭磁开关灭磁和线性电阻灭磁原理。

答: 采用灭磁开关灭磁方式，其原理接线如图 2 – 35 所示。FMK 采用 DM2 灭磁开关，SCR 和 R_m 组成转子过电压跨接器，当转子产生过电压时，可控硅导通，线性电阻 R_m 吸收过电压能量。由于整流电压 U_d 大幅度的变化对灭磁开关拉弧建压极为不利，再加上灭磁中跨接器常常误动等原因，易造成灭磁开关烧毁，影响发电机和励磁装置的安全运行。图 2 – 36 是采用线性电阻灭磁的原理接线，尽管只是用二极管 V 取代 SCR，且 R_{m2} 小于 R_{m1}，但灭磁原理发生了根本的改变。

灭磁开关的灭磁原理：FMK 跳闸时，因励磁电流不能突变，其两端将产生弧压 U_k，该弧压减去整流电压 U_d 后，使励磁电压 U_f 由正常运行时的上正下负变为下正上负。由于灭磁能量没有地方转移，励磁电流只有继续在 FMK 的灭弧栅片上燃烧。根据短弧原理，此时灭磁电流线性衰减，灭磁时间很短，符合理想灭磁要求。但由于 U_d 大幅度变化，使得灭磁电压不能确定。另

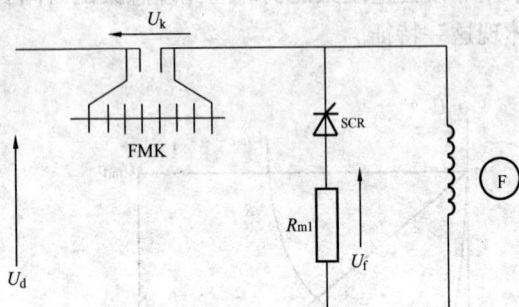

图 2-35 开关灭磁原理接线

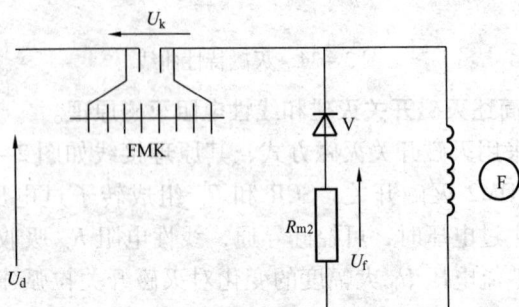

图 2-36 线性电阻灭磁原理接线

外，跨接器只是一个过电压保护，灭磁时一般不会动作，如果灭磁过程中误动，则将导致灭磁失败。更为严重的是，励磁电流在 R_{m1} 上会产生很高的过电压，该电压则会击穿刚刚熄弧的 DM2 触头，从而烧毁灭磁开关。

线性电阻的灭磁原理：FMK 跳闸时，因励磁电流不能突变，其两端将产生弧压 U_k，该弧压减去整流电压 U_d 后，使励磁电压 U_f 由正常运行时的上正下负变为下正上负，此时二极管 V 导通，

励磁电流开始经 R_{m2} 和 V 续流。由于 R_{m2} 很小，励磁电流在其上的压降也不很高，因而较安全。一旦 FMK 的弧电流下降到不能维持，FMK 就彻底断开了，灭磁能量由 FMK 转移到续流电阻上，灭磁电压和灭磁时间就由励磁电流和续流电阻确定。由于利用恒阻值电阻放电，其电压和电流都将呈指数衰减，且时间较长。

437. 简述非线性电阻灭磁的原理。

答：目前用于灭磁的非线性电阻器件主要有碳化硅和氧化锌非线性电阻两种类型。在非线性电阻灭磁系统中，灭磁开关 FMK 的主要作用是用来断开和接通转子回路，使转子建立起反电势并击穿非线性电阻 R_f，将转子磁场能量由开关转移到非线性电阻上，因而一般都属于移能型灭磁系统。图 2–37 为非线性电阻灭磁的原理接线，ZTC 是自动投入电阻 R_z 的接触器，由 FMK 跳闸并延时投入，延时时间一般为 1s 左右，主要是考虑到在非线性电阻完成大部分灭磁任务后，及时投入 R_z，一方面吸收发电机阻尼绕组能量，另一方面短接发电机转子，防止转子出现过电压。

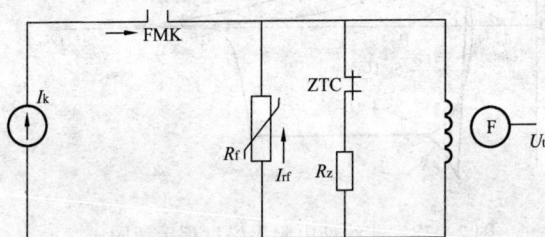

图 2–37　非线性电阻灭磁原理接线图

非线性电阻的灭磁过程可分为三个阶段：

第一阶段：灭磁开关分闸、拉弧、建立转子反电势（图 2–38 中 $t_0 \sim t_1$ 时段）。在这个阶段的初始时刻，灭磁开关主触头分断，在触头之间产生直流电弧，由于电弧电流在吹弧线圈中产生吹弧磁力，从而使直流电弧拉长并进入灭磁开关的灭弧栅。由于直流电弧被拉长后其弧电阻增加，促使灭磁开关主触头两端的电压升高，直至达到非线性电阻的动作值。

第二阶段：非线性电阻换流、移能，转子灭磁（图 2 - 38 中 $t_1 \sim t_2$ 时段）。在这个阶段的初始时刻，由于灭磁开关触头断开引起的转子反向过电压使非线性电阻由阻断变成导通，从而使原经过灭磁开关构成的励磁电流通路转换为由非线性电阻和转子之间构成通路，进而使灭磁开关断口熄弧，完成励磁电流由灭磁开关向非线性电阻的换流。完成换流后，由于转子能量并没有消耗，故非线性电阻将维持导通状态，直至将转子的几乎全部能量都转移到非线性电阻之中，将磁能变成热能。

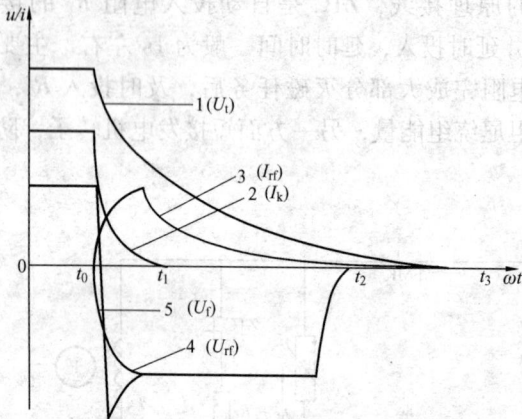

图 2 - 38　非线性电阻灭磁过程示意图

1—发电机机端电压 U_t 变化曲线；2—灭磁开关断口电流 I_k

变化曲线；3—非线性电阻的电流 I_{rf} 变化曲线；4—非线性

电阻两端电压 U_{rf} 变化曲线；5—转子两端电压 U_f 变化曲线

第三阶段：线性电阻消耗能量（图 2 - 38 中 $t_2 \sim t_3$ 时段）。在这个阶段的初始时刻，由于非线性电阻的移能作用，发电机转子能量逐渐减少，转子两端反电势逐渐降低，当不能继续维持非线性电阻的导通状态时，非线性电阻由导通转换为阻断，不再吸收转子能量。由于非线性电阻并没有完全转移转子中的全部能量，当非线性电阻不再继续吸收转子能量时，应及时投入 ZTC，以便使线性电阻 R_Z 投入工作，完成转子剩余能量的消耗，使转子完全灭磁。

438. 可控硅励磁调节器由哪些基本单元组成？各自起什么作用？调节器的基本工作原理是什么？

答：励磁调节器一般由测量比较、综合放大、移相触发以及功率整流等几个单元组成。

测量比较单元：其作用是测量发电机端电压的变化。

综合放大单元：其作用是线性的综合测量及反馈多种直流信号，并加以放大，用来满足移相触发单元所需的控制电压。

移相触发单元：它的作用是产生可以改变相位的脉冲信号。根据输入控制信号的变化，改变输出到可控硅整流器触发脉冲的相位，控制可控硅整流器的输出，从而达到自动调节发电机励磁的目的。

励磁调节器的工作原理是：发电机端电压经电压互感器输入到测量比较单元，经测量整流变换成直流后与基准的给定信号比较，得到一电压偏差信号，将此信号输入到综合放大单元，放大后作为移相触发单元的控制信号，以控制改变移相触发单元输出脉冲的相位，从而改变可控硅整流器的控制角 α，也就改变了发电机的励磁电流。

439. 简述 MEC—31 系列多微机励磁控制器的工作原理。

答：MEC—31 多微机励磁控制器是一个装设三台微型工业控制计算机的励磁调节器，其中两台工控机不仅具备自动电压调整器的全部功能，而且还有手动励磁电流调节等功能，并且集多种控制功能于一体。另一台工控机只具有手动励磁电流调节功能。31 中的 3 表示工控机数，1 表示用于静止励磁系统。

它的工作原理是：MEC—31 多微机励磁控制器通过测量发电机三相定子电压和定子电流以及整流桥的阳极交流电流，并计算出发电机端电压 U_t、有功功率 P、无功功率 Q 以及励磁电流 I_f

的当前值，同时测量可控硅同步电压并计算机组当前频率值。将上述当前值与给定值进行比较，再按最优励磁控制的原理计算出可控硅控制角 α。在自然换流点，同步方波引起中断，作为计时起点，CPU 响应中断后将脉冲个数 N 送入计数器，时间一到立即输出相应的触发脉冲。微机输出六路双窄脉冲，经前置放大和切换电路送到脉冲放大部分，再经过脉冲将新的控制角送到可控硅控制极，改变可控硅的导通角，从而达到自动调节励磁系统工况的目的。

440. MEC—31 系列多微机励磁控制器有哪些主要功能？

答： MEC—31 系列多微机励磁控制器有以下主要功能：

（1）3 种起励方式：

1）恒端电压起励，即发电机端电压闭环运行。正常起励设定值是额定机端电压，试验起励设定值一般取 30% 的额定机端电压。

2）恒励磁电流起励，即转子电流闭环运行，最小起励设定值是 15% 额定励磁电流。

3）自动跟踪系统母线电压起励，它也是发电机端电压闭环运行，只不过其给定值是系统母线电压值。

（2）3 种运行方式：

1）恒机端电压运行即自动运行，它对发电机端电压偏差进行最优控制调节，并完成自动电压调节器的全部功能，是调节器的主要运行方式。

2）恒励磁电流运行即手动运行，它对励磁电流偏差进行常规比例调节，由于只能维持励磁电流的稳定运行，故无法满足系统的强励要求，是调节器的备用和试验通道。恒励磁电流运行方式，一般是在恒机端电压运行下出现强励、TV 断线、功率柜故障等情况时，调节器自动转换，故障消除后又自动恢复。

3）恒无功运行，它对发电机无功偏差进行常规比例调节，其投入也是自动的，比如调节器过励或欠励动作后，调节器就自动从恒机端电压运行转入恒无功运行，起稳定无功的作用。当这些限制复归后，其运行方式也自动恢复到恒机端电压运行。

（3）5种限制功能：

1）瞬时/延时过励磁电流限制，即强励限制。所谓强励就是励磁电压的快速上升，衡量强励能力的指标是强励倍数，它是指最大励磁电压和额定励磁电压的比值，MEC取1.8倍。由于励磁装置强励时，励磁电流大大超过其额定值，故为了励磁装置设备的安全，应对强励时的励磁电流进行限制。MEC的强励限制曲线是一个反时限曲线，又称为瞬时/延时过励磁电流限制，当励磁电流达到1.8倍额定值时，延时20s；达到2.4倍时，延时0s；只有1.1倍时，延时无穷大。强励限制动作后，调节器由恒电压运行方式自动转为恒励磁电流方式，限制励磁电流。

2）功率柜停风或部分功率柜故障退出运行时的励磁电流限制。当励磁整流柜冷却消失或部分功率柜故障时，励磁装置的输出能力就会下降，此时若发生励磁强励或励磁电流太大，就会造成励磁功率柜过载损坏，故一旦发生上述情况，调节器就由恒电压运行方式自动转化为恒励磁电流运行，相当于取消励磁强励功能，限制励磁电流。

3）发电机无功功率过载限制，其限制值一般为额定无功功率。这样当发电机的无功超过其额定值时，正在恒电压运行方式下的调节器则自动转为恒无功运行，由于此时给定值是额定无功值，这样就限制了无功功率过载。

4）发电机无功功率欠励磁限制，也就是发电机无功进相限制。发电机并网运行，由于系统电压变高，调节器就减少励磁电流，当励磁电流减少过多时，定子电流就会超前端电压，发电机开始从系统吸收滞后无功功率即进相运行。如果进相太深，则有可能失磁保护动作使发电机失去稳定而被迫停机。

5）伏赫限制，也称为发电机变压器过激磁保护。所谓伏赫限制就是在发电机频率下降的情况下降低发电机端电压的。随着频率的下降，发电机端电压也要下降，而自动电压调节器为维持发电机电压就不断加励磁电流，直到励磁电流限制动作为止。显然，此时应对调节器的恒电压运行方式进行适当的调整，伏赫限制就是调整的方法之一。MEC 的伏赫限制，用电压百分数与频率百分数的比值是否大于 1.1 作为判据。正常运行时，电压与频率的比值为 1，当频率下降而电压不变时，二者的比值开始大于 1。若频率的继续下降使二者的比值大于 1.1 倍时，伏赫限制动作，调节器自动减少给定值，使发电机端电压下降，保持电压与频率的比值不大于 1.1。当电机频率下降很多时，伏赫限制直接逆变灭磁。

441. SJ-820 型微机励磁调节器有哪些主要功能？

答：SJ-800 系列微机励磁调节器不同于常规模拟式励磁调节器，它的功能不是由硬件来实现，而是由软件来完成的，可依据功能要求来选取软件模块。其主要功能模块有：

（1）恒发电机端电压的 P、PI、PD、PID 的调节规律。

（2）线性最优励磁调节规律（EOC）。

（3）电力系统稳定器（PSS）的附加控制。

（4）发电机恒无功功率运行（选用）。

（5）发电机恒功率因数运行（选用）。

（6）最大励磁电流瞬时限制。

（7）发电机强励的反时限制。

（8）欠励瞬时限制。

（9）过励延时限制。

（10）可控硅整流柜快速熔断、停风、部分柜切除时的励磁电流限制。

（11）空载过压保护。

（12）励磁用电压互感器高压侧断路的检测和保护。

（13）正、负调差和调差率大小选择。

（14）软件数值整定和比较功能。

（15）电源、硬件、软件故障检测和处理功能。

（16）与上级计算机通信的功能。

442. 电力系统稳定器（PSS）的主要作用是什么？

答：在励磁控制系统中引入一个附加控制信号，以增加发电机的阻尼，也就是提高整个电力系统的阻尼能力，消除电力系统发生低频增幅振荡的可能性。

443. 水轮发电机为何要设置继电强行励磁、强行减磁装置？

答：强行励磁装置是一种在电网发生故障引起发电机端电压下降较多时，能迅速使发电机励磁电压上升至顶值的自动装置。采用电机励磁时，如励磁调节器本身的强行励磁作用不够，可附加一套继电强励装置。采用可控硅励磁时，通常可以不再设继电强励装置。

强行减磁装置是为防御水轮发电机甩负荷时电压上升过高而设的。当发电机端电压上升到 1.15~1.2 倍额定电压时，过电压继电器动作，使附加电阻串接于励磁回路中，而使励磁电流大减，起到强减励磁作用。当发电机电压下降到接近额定电压时，过电压继电器返回，附加电阻需重新被短路，发电机又恢复正常运行。

444. 水轮发电机启动时升不起电压有哪些原因？

答：机组大修后水轮发电机升不起电压，首先要查明是定子回路还是励磁系统的问题。如果升压过程中转子有励磁电流，则是定子回路的问题。如果发电机出线完好，很可能是发电机电压互感器一、二次侧熔断器没有装上或已熔断。有的高压发电机电压互感器二次侧是经隔离开关的辅助触点闭锁的，当隔离开关未合上，或已合上但辅助触点接触不好，仪表上都反映不出电压。

由于励磁系统故障引起升不起电压的原因随励磁方式不同而异。

（1）对于半导体可控硅（或不可控）励磁系统，不能起励的原因可能有：

1）发电机转子剩磁过低。

2）外加起励电源容量不够或起励磁场方向与剩磁方向相反。

3）起励接触器接触不好或卡死。

4）可控硅触发回路故障。

5）可控硅故障。

6）起励回路故障（如继电器触点接触不良等）。

（2）对于采用直流励磁机励磁的发电机组，升不起电压的原因可能是：

1）励磁机励磁回路断线。

2）磁场变阻器接触不良或断线。

3）碳刷接触不良。

4）整流子片间短路。

5）磁场线圈极性接错。

6）磁极剩磁过小。

（3）励磁机一般采用并励或复励的直流发电机，其励磁电流是靠励磁机本身供给的，要建立起励磁机电压，必须具备以下三个条件：

1）要有剩磁，励磁机开始旋转时要感应电势必须靠本身的剩磁。

2）并励磁场线圈接到电枢两端时极性要正确，即它所产生的磁场方向要和剩磁方向一致。

3）磁场回路电阻必须小于临界值。

当励磁机在接近额定转速时还建立不起电压，可用万用表测量其正负碳刷间的电压，若测得的电压大于额定值的2% ~5%，而减小磁场电阻时电压反而降低，说明磁场绕组的极性错误，这时把极性互换就可以了。若测得的电压小于额定值的2% ~5%，说明剩磁太弱，需要充磁。

如果励磁机在大修中更换过电枢绕组，试运行时升不起电压，就要检查整流片的焊接质量和节距是否正确。如果大修中更换过磁场线圈，就要检查线圈的接线是否正确，线圈头尾是否接错。

445. 为什么可控硅和硅二极管等硅整流元件要用快速熔断器保护？能否用普通熔断器代替快速熔断器？

答：可控硅和硅二极管等硅整流元件承受过电流的能力较

差，可控硅在一个电压周期（0.02s）内承受过电流的能力约为其额定电流的 4 倍左右，硅二极管为 5 倍左右。通常硅整流元件采用熔断器作为过流保护，这就要求熔断器的安秒特性位于整流元件过电流特性之下，如图 2－39 所示，当发生有可能损坏硅整流元件的过电流时，熔断器应熔断，从而可靠地起到保护作用。

目前生产的熔断器有两种类型：一种是快速熔断器，如 RSO、RS3、RLS 型等；一种是普通熔断器，如 RTO、RM、RS 型等。快速熔断器使用银质熔丝，装于管内，充以石英砂，其导热性好而热容量小，所以与普通熔断器相比，在同样过电流下，熔断时间要小得多。

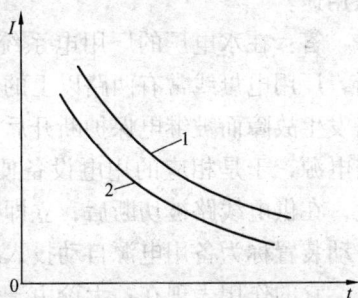

图 2－39　硅整流元件电流特性
与熔断器安秒特性比较
1—硅整流元件过电流特性；
2—熔断器的安秒特性

普通熔断器，由于其熔断时间较长，所以不能用来代替快速熔断器作为硅整流元件的过电流保护。

446. 为什么可控硅励磁装置主整流回路都不加滤波元件？续流二极管在电感性负载中的作用是什么？

答：尽管从主整流回路输出的直流电压存在较大的交流分量，但是由于转子绕组是一个大的电感负载，当电源电压变化时，它会产生反电势来阻止因电源电压变化所引起的电流的变化，因而使通过它的电流变得比较平滑，即转子绕组本身就有滤波作用，所以可不再装设滤波元件。

电感性负载的特点是，负载上电流的变化落后于电压的变化。在可控硅整流的主回路中，当电源电压由正变化到零，需要可控硅切断时，可能因回路电流仍然大于可控硅的维持电流而切不断，造成失控。解决失控的措施是在转子绕组两端并联一只起续流作用的二极管。加了续流二极管后，当输入电压过零变负

223

后，电感负载上储存的能量经此二极管形成回路，可控硅承受反向电压而切断。续流二极管不仅可解决可控硅失控问题，还使输出的直流电流变得平滑。续流二极管的极性必须正确，如果极性接错，会造成短路事故。

447. 什么叫水电厂厂用电备用电源自动投入装置？它有什么用途？

答：在水电厂的厂用电系统中，为了保证厂用电源不致中断，厂用电母线常有两路以上的电源供电，当其中某一路供电线路发生故障而被继电保护断开后，所有接在此母线上的负荷都失去电源，于是相应的用电设备便停止工作。为了提高供电可靠性，在供电线路被切断后，立即投入备用电源恢复对负荷供电的自动装置称为备用电源自动投入装置（BZT）。

它的作用表现在：无论由于什么原因，如高压电源消失，工作变压器或工作母线故障继电保护动作而跳闸，或因控制回路、保护回路、操作机构、运行人员的误操作等方面的原因造成开关误跳闸，使工作母线失去电压时，备用电源自动投入装置均会动作，投入备用电源，以保证不间断地供电。

448. 对备用电源自动投入装置（BZT）有何要求？

答：对备用电源自动投入装置以下要求：

（1）装置的启动部分应能反应工作母线失去电压的状态。

（2）工作电源断开后，备用电源才能投入。

（3）备用电源投入装置只允许动作一次。

（4）备用电源投入装置的动作时间以使负荷的停电时间尽可能短为原则。

（5）电压互感器二次侧的熔断器熔断时，备用电源投入装置不应动作。

（6）当备用电源无电压时，备用电源投入装置不应动作。

449. 综合自动重合闸应满足哪些基本要求？

答：综合自动重合闸应满足下列要求：

（1）线路单相接地时，只切除故障相，经一定延时后，进行单相重合。如果重合到永久性故障时，跳三相，不再进行第二次重合。

（2）如果在切除单相后的两相运行过程中，另两相又发生故障，这种故障发生在发出单相合闸脉冲前，应立即切除三相，并进行一次三相重合。如果在发出单相合闸脉冲后才发生全相故障，则切除三相不再重合。

（3）当线路发生相间故障时，切除三相，进行一次三相重合。

450. 什么叫做自动重合闸的前加速和后加速？其使用情况如何？

答：由于自动重合闸的采用，给加速继电保护切除故障的时间提供了可能。根据加速方式不同，常用的有重合闸前加速保护和重合闸后加速保护两种。

所谓前加速，即在装有自动重合闸装置的线路上，无论在线路的哪一段发生故障，第一次都是线路始端保护无选择性的动作，瞬时跳开断路器，将故障切除。此后，立刻进行重合闸，如为自消性故障，则供电恢复，如为持续性故障，则各保护按整定的时限有选择性动作，此种方式常用于 35kV 以下的水电厂或变电所只装有简单电流、电压保护的线路上。

后加速则不同，它是当装设有自动重合闸的线路上发生故障后，保护按有选择性的方式动作，然后进行重合闸。如重合于永久性故障线路上，则保护装置不带时限动作使断路器再跳闸，瞬时切除故障，这种保护称为带重合闸的后加速保护，简称重合闸后加速。由于它第一次是有选择性的动作，不致因重合闸装置或断路器拒动造成事故扩大，而且又保证了永久性故障第二次能瞬时切除，故它是常用的一种自动重合闸方式。

451. 什么叫遥控、遥调、遥测和遥信？

答：远距离控制简称遥控，是对被控变电所的主要设备直接进行控制。如操作机组的启停，一些重要断路器的跳合，某些自动装置的投入或切除等。

远距离调节简称遥调，是指由调度所直接调节变电所的有功或无功出力。一般情况下，是给频率和有功功率自动调节装置（AGC）、电压和无功功率自动调节装置（AVC）发出调节命令，由装置自动执行。

远距离测量简称遥测，是将被监视变电所的某些运行参数，如电压、电流、有功功率、无功功率、电量、频率、水库水位等电气量和非电气量传送给调度所，在调度所用普通的仪表或数字仪表显示出来。

远距离信号简称遥信，是将被监视变电所的主要设备，如发电机、电力变压器、重要断路器的运行状态传送给调度所。为了及时掌握并判断故障情况，根据需要将电站的总故障信号或主要设备的故障信号传送给调度所，在模拟盘上用灯光信号显示出来。

452. 水电厂中央信号的作用是什么？共分几种信号？各种信号的作用是什么？

答： 中央信号是监视水电站电气设备运行的一种信号装置。当发生事故或故障时，相应的装置将发生各种灯光及音响信号。根据信号的指示，运行人员能迅速而准确地确定和了解所得到信号的性质、地点和范围，从而作出正确的处理。

中央信号装置应能完成下列任务：

（1）中央信号应能保证断路器的位置指示正确。

（2）当断路器跳闸时，应能发出音响信号（蜂鸣器）。

（3）当发生故障时，应能发出区别于事故音响的另一种音响（警铃）。

（4）事故预告信号装置及光字牌应能进行线路是否完好的试验。

（5）当发生音响信号后应能手动复归或自动复归，而故障的性质显示（光字）仍保留。

水电厂的中央信号按其用途可分为：事故信号、预告信号和位置信号三种。

（1）事故信号装置。事故信号通常包括发光信号和音响信号，当断路器因事故跳闸时，蜂鸣器及时发出音响，通知值班员有事故发生，同时跳闸的断路器位置指示灯闪光，显示出故障的范围。

（2）预告信号装置。亦称故障信号，运行中设备发生故障或异常（如发电机过负荷、操作电源消失、差动或电压回路断线、强励或强减动作、转子一点接地、轴承温度超过规定、油压下降、冷却水中断、剪断销剪断以及电力变压器过负荷、轻瓦斯动作等），预告信号将发出区别于事故音响的另一种音响（警铃），同时标明故障内容的一组光字牌亮，值班人员可以根据所得到的信号进行处理。

（3）位置信号装置。是用来监视断路器、隔离开关、闸门等的位置状态的，断路器的位置信号通常采用双灯制（红绿灯）接线，红灯亮表示断路器"接通"，绿灯亮表示"断开"。当断路器的位置与操作把手位置不对应时，指示灯即发出闪光。隔离开关的位置信号是通过信号器用盘上的红带变化表示，垂直表示"接通"，水平表示"断开"。

453. 对断路器控制回路有哪些基本要求？

答： 对断路器控制回路的基本要求有：

（1）跳、合闸操作时，控制回路只允许短时通电。

（2）跳、合闸操作既能手动，又能自动进行。

（3）控制回路中有防跳电气闭锁装置。

（4）具有防止非同期合闸的闭锁装置。

（5）有反映断路器处于合、跳闸的位置信号。

（6）有熔断器保护。

454. 怎样寻找小接地电流系统中的接地点？

答： 小接地电流系统中发生一相接地时发出音响信号，运行值班人员听到信号后，可利用切换开关及绝缘监察电压表寻找接地发生在哪一级电压系统中。然后再利用"拉合开关"的办法来寻找接地点具体在哪条电路中。例如，当断开某线路的开关时，绝缘监察装置的仪表恢复正常，说明接地点在该线路上。一般拉合开关的顺序是：

（1）拉合分段开关，以区别接地点发生在哪一段母线上，但在拉分段开关之前要调整发电机的负载，使通过分段开关的负载电流基本为零。

（2）拉合绝缘性能较差、防雷性能较弱、不重要负荷线路的开关。

（3）对不能间断供电的线路，例如厂用变压器，可用备用变压器代替；重要负荷的线路可用备用线路代替。

（4）转移发电机的负荷，解列发电机并进行检查。

第三章　运行操作基本知识及技能

第一节　倒闸操作的基本要求

455. 什么叫倒闸? 什么叫倒闸操作?

答: 电气设备分为运行、备用（冷备用及热备用）、检修三种状态。将设备由一种状态转变为另一种状态的过程叫倒闸, 所进行的操作叫倒闸操作。

倒闸操作是电气值班人员日常最重要的工作之一。操作人员应严格执行规章制度、充分发挥应有的技术水平、具备高度的责任心。事故处理所进行的操作, 实际上是特定条件下的紧急倒闸操作。

456. 值班人员在倒闸操作中的责任和任务是什么?

答: 严格遵守规程制度, 认真执行操作监护制, 正确实现电气设备状态的改变和转换, 从而保证发电厂、变电所和电网安全、稳定、经济地连续运行, 保证用户的用电安全不受影响。这就是电力系统各级调度、电气值班人员在倒闸操作中的责任和任务。

为了减少误操作, 除紧急情况及事故处理外, 交接班期间一般不要安排倒闸操作。条件允许时, 一切重要的倒闸操作应尽可能安排在负荷低谷时进行, 以减少误操作对电网和用户用电的影响。

457. 倒闸操作前应考虑哪些问题?

答: 倒闸操作前, 值班人员要认真考虑以下问题:

(1) 改变后的运行方式是否正确、合理及可靠。

1) 在确定运行方式时，应优先采用运行规程中规定的各种运行方式，使电气设备及继电保护尽可能处在最佳状态运行。

2) 制定临时运行方式时，应根据以下原则：①保证设备出力、满发满供，不窝出力、不过负荷；②保证运行的经济性、系统功率潮流合理，机组能较经济地分配负荷；③保证短路容量在电气设备的允许范围之内；④保证继电保护及自动装置正确运行及配合；⑤厂用电可靠；⑥运行方式灵活，操作简单，处理事故方便。

(2) 倒闸操作是否会影响继电保护及自动装置的运行。

在倒闸操作过程中，如果预料有可能引起某些保护或自动装置误动或失去正确配合，要提前采取措施或将其停用。

(3) 要严格把关，防止误送电，避免发生设备事故及人身触电事故。为此，在倒闸操作前应遵守以下要求：

1) 在送电的设备及系统上，不得有人工作，工作票应全部收回。同时设备要具备以下运行条件：①发电厂或变电所的设备送电，线路及用户的设备必须具备受电条件；②一次设备送电，相应的二次设备（控制、保护、信号、自动装置等）应处于备用状态；③电动机送电，所带机械必须具备转动条件，否则应切断；④防止下错令，将检修中的设备误接入系统送电。

2) 设备预防性试验合格，绝缘电阻符合规程要求，无影响运行的重大缺陷。

3) 严禁约时停送电、约时拆挂地线或约时检修设备。

4) 新建电厂或变电所，在基建、安装、调试结束及工程验收后，设备正式投运前，应经本单位主管领导同意及电网调度下令批准，方可投入运行，以免忙中出错。

(4) 制订倒闸操作中防止设备异常的各项安全技术措施，并进行必要的准备。

(5) 进行事故预想。

电网及变电所的重大操作，调度员及操作人员均应做好事故预想。发电厂内的重大电气操作，除值长及电气值班人员要做好事故预想外，其他主要车间的负责人及工作人员也要做好事故预想。事故预想要从电气操作可能出现的最坏情况出发，结合本专业的实际，全面考虑。拟定的对策及具体可行的应急措施。

458. 倒闸操作前应做好哪些准备？

答：倒闸操作前的准备工作一般包括：

（1）接受操作任务。操作任务通常由操作指挥人或操作领导人（调度员或值长）下达，是进行倒闸操作准备的依据。有计划的复杂操作或重大操作，应尽早通知相关单位的人员做好准备。接受操作任务后，值班负责人要首先明确操作人及监护人。

（2）确定操作方案。根据当班设备的实际运行方式，按照规程规定，结合检修工作票的内容及地线位置，综合考虑后确定操作方案及操作步骤。

（3）填写操作票。操作票的内容及步骤，是操作任务、操作意图及操作方案的具体化，是正确执行操作的基础和关键。填写操作票务必严肃、认真、准确。

1）操作票必须由操作人填写。

2）填好的操作票应进行审查，达到准确无误。

3）特定的操作，按规定也可使用固定操作票。

4）准备操作用具及安全用具，并进行检查。

此外，准备停电的设备如带有其他负荷，倒闸操作的准备工作还包括将这些负荷转移的操作。例如：停电的线路上有 T 接负荷时，应事先将其倒出；停机前，倒停工作厂用变压器等。

459. 操作票制度在执行中有哪些要求？

答：电气操作票是"两票三制"中的重要内容之一。电气操作票制度在执行中的一般要求是：

（1）操作票的操作范围不得任意扩大。按照《电业安全工作规程》DL 408—1991 的规定，允许下列电气操作可以不使用操作票。

1）事故处理。

2）拉合断路器的单一操作。

3）拉开接地刀闸或拆除全厂（所）仅有的一组接地线。

（2）操作票的使用，应符合下述规定：

1）操作票应先编号，并按照编号顺序使用。

2）一个操作任务填写一张操作票。

3）操作票中所填设备名称，实行双重编号。

（3）操作票中应填写的内容。

1）操作任务。

2）应拉合的断路器及隔离开关的名称、编号。

3）检查断路器及隔离开关的分、合实际位置。

4）投入或取下控制回路、信号回路、电压互感器回路的熔断器（保险）。

5）定相或检查电源是否符合并列条件。

6）检查负荷分配情况。

7）断开或投入保护连接片和自动装置。

8）检查回路是否确无电压。

9）装、拆接地线（合拉接地刀闸），检查接地线（接地刀闸）是否拆除（拉开）等。

倒闸操作中的辅助操作包括：①测量设备的绝缘电阻；②变压器或消弧线圈改变分接头位置；③启停强油循环变压器的油泵；④接通或断开断路器的合闸动力电源及隔离开关的控制电源或气源等。这些操作是否写入操作票中，应根据各厂（所）制订的操作规程的规定而定。

（4）操作票实行三级审查制。"三审"是指操作票填好后，必须进行三次审查：

1）自审，由操作票填写人进行。

2）初审，由操作监护人进行。

3）复审，由值班负责人（值长）进行。

三审后的操作票，经值长批准生效，得到调度正式操作令后执行操作。

（5）固定操作票的使用。对于与电气运行方式关系不大的频繁操作或特定操作，在不违反《电业安全工作规程》、不降低安全水平的情况下，经领导批准，可以使用内容、格式统一的固定操作票。

1）使用固定操作票，也要审票，并严格执行操作票制度的有关规定。

2）一般可考虑使用固定操作票的操作有：①高低压电动机停送电；②备用励磁机定期测绝缘电阻、试转、升压；③发电机解并列；④设备定期联动试验等。

460. 操作监护制在执行中有哪些要求？

答：操作监护制是我国发供用电运行部门普遍实行的一种基本工作制度，即倒闸操作时实行一人操作、一人监护的制度。这个制度在执行中有以下基本要求。

（1）倒闸操作必须由两人进行。通常由技术水平较高、经验比较丰富的值班员担任监护，另一人担任操作。发电厂、变电所、调度所及用户，每个值班人员的监护权、操作权应在岗位责任制中明确规定，通过考试合格后由领导以书面命令正式公布，并取得合格证。

（2）操作前应进行模拟预演。经"三审"批准生效的操作票，在正式操作前，应在"电气模拟图"上，按照操作票的内容和顺序模拟预演，对操作票的正确性进行最后检查、把关。

（3）每进行一项操作，都应遵循"唱票—对号—复诵—核对—操作"这5个程序进行。具体地说，就是每进行一项操作，监护人按操作票的内容、顺序先"唱票"（即下操作令），然后操作人按照操作令查对设备名称、编号及自己所站的位置无误后，复诵操作令，监护人听到复诵的操作令后，再次核对设备编号无误，最后下达"对，执行！"的命令，操作人方可进行操作。

（4）操作票必须按顺序执行，不得跳项和漏项，也不准擅自更改操作票内容及操作顺序。每执行完一项操作，做一个记号"√"。

（5）除非发生特殊情况（如操作人突然生病，或中途发生事故、受伤等），不要随便更换操作人或监护人。

（6）操作中发生疑问或发现电气闭锁装置动作，应立即停止操作，报告值班负责人，查明原因后，再决定是否继续操作。

（7）全部操作结束后，派人对操作过的设备进行复查，并向发令人回报。

461. 断路器在操作及使用中应注意什么？

答：断路器是倒闸操作中最基本的操作电器。断路器在操作及使用中应注意以下几点。

（1）操作断路器时：

1）拉合控制开关（SA），不得用力过猛或操作过快，以免合不上闸。

2）断路器合闸送电或跳闸后试发，人员应远离现场，以免因带故障合闸造成断路器损坏，发生意外。

3）远方（电动或气动）合闸的断路器，不允许带工作电压手动合闸，以免合闸在故障回路使断路器损坏或引起爆炸。

（2）当断路器出现非对称开合闸时，首先要设法恢复对称运行（三相全合或全开），然后再做其他处理。发电厂及变电所的运行规程应结合本单位的一次接线，明确规定故障发生在不同回路（发电机或出线）时的具体处理步骤和方法。

（3）断路器经拉合后，应到现场检查其实际位置，以免传动机构开焊，绝缘拉杆折断（脱落）或支持绝缘子碎裂，造成回路实际未拉开或未合上。

（4）拒绝拉闸或保护拒绝跳闸的断路器，不得投入运行或列为备用。

（5）其他注意事项：

1）对于外皮带电的断路器，倒闸操作时应与其保持安全距离，间隔门或围栏不得随意打开。

2）在电弧作用下，SF_6 气体将生成有毒的分解物。发现 SF_6 断路器漏气，人员应远离故障现场，以免中毒。在室外，至少应离开漏气点 10m 以上（戴防毒面具、穿防护服除外）并站在上风口；在室内，应立即将人员撤至室外，开起全部通风机。

3）对液压传动的断路器，操作后如油系统不正常，应及时查明原因并进行处理。处理中，特别要防止"慢"分闸。

4）对弹簧储能机构的断路器，停电后应及时释放机构中的能量，以免检修时发生人身事故。

5）手车断路器的机械闭锁应灵活、可靠，防止带负荷拉出或推入，引起短路。

6）断路器累计切断短路次数达到厂家规定，应适时安排进行检修。

7）检修后的断路器，应保持在断开位置，以免送电时隔离开关带负荷合闸。

462. 隔离开关在操作及使用中应注意什么？

答：隔离开关也是倒闸操作中重要的操作电器。隔离开关在操作及使用中应注意以下几点。

（1）按照允许的使用范围进行操作。根据电力工业部 1980 年制订的《电力工业技术管理法规（试行）》的规定，当回路中未装断路器时，允许使用隔离开关进行下列操作：

1）拉、合电压互感器和避雷器。

2）拉、合母线和直接连接在母线上设备的电容电流。

3）拉、合变压器中性点的接地线，但当中性点接有消弧线圈时，只有在系统没有接地故障时才可进行。

4）与断路器并联的旁路隔离开关，当断路器在合闸位置时，可拉合断路器的旁路。

5）拉、合励磁电流不超过 2A 的空载变压器和电容电流不超过 5A 的无负荷线路，但当电压为 20kV 及以上时，应使用屋外垂直分合式的三联隔离开关。

6）用屋外三联隔离开关可拉合电压 10kV 及以下、电流 15A 以下的负荷电流。

7）拉、合电压 10kV 及以下，电流 70A 以下的环路均衡电流。

（2）禁止用隔离开关进行的操作。隔离开关没有灭弧装置，当开断的电流超过允许值或拉合环路压差过大时，操作中产生的电弧超过本身"自然灭弧能力"，往往引起短路。为此，禁止用隔离开关进行下列操作：

1）当断路器在合入时，用隔离开关接通或断开负荷电路〔符合（1）中规定者除外〕。

2）系统发生一相接地时，用隔离开关断开故障点的接地电流。

3）拉合规程允许操作范围外的变压器环路或系统环路。

4）用隔离开关将带负荷的电抗器短接或解除短接，或用装有电抗器的分段断路器代替母联断路器倒母线。

5）在双母线中，当母联断路器断开分母线运行时，用母线隔离开关将电压不相等的两母线系统并列或解列，即用母线隔离开关合拉母线系统的环路。

（3）操作隔离开关时应注意的事项：

1）拉合隔离开关时，断路器必须在断开位置，并经核对编号无误后，方可操作。

2）远方操作的隔离开关，不得在带电压的条件下就地手动操作，以免失去电气闭锁，或因分相操作引起非对称开断，影响继电保护的正常运行。

3）就地手动操作的隔离开关。①合闸，应迅速果断，但在合闸终了不得有冲击，即使合入接地或短路回路也不得再拉开。②拉闸，应慢而谨慎。特别是动、静触头分离时，如发现弧光，应迅速合入，停止操作，查明原因。但切断空载变压器、空载线路、空载母线、或拉系统环路，应快而果断，促使电弧迅速熄灭。

4）分相操作的隔离开关，拉闸操作时先拉中相，后拉边相；合闸操作时相反。

5）隔离开关经拉合后，应到现场检查其实际位置，以免传动机构或控制回路（指远方操作的）有故障，出现拒合或拒拉现象。同时检查触头的位置应正确，合闸后，工作触头应接触良好；拉闸后，断口张开的角度或拉开的距离应符合要求。

（4）其他注意事项：

1）隔离开关操动机构的定位销，操作后一定要销牢，防止滑脱引起带负荷切合电路或带地线合闸。

2）已装电气闭锁装置的隔离开关，禁止随意解锁进行操作。

3）检修后的隔离开关，应保持在断开位置，以免送电时接通检修回路的地线或接地刀闸，引起人为三相短路。

463. 摇测绝缘电阻应注意什么？

答： 电气设备的绝缘及绝缘电阻，主要靠专业试验人员在大小修时按照电力部颁发的 DL/T 596—1996《电力设备预防性试验规程》的规定要求，定期进行监督。

（1）在正常运行维护中，为了及时发现缺陷，值班人员测量绝缘电阻，是绝对不可缺少的。因此，送电前除了感应电压比较高的设备或架构高不好测量的设备外，均要测量绝缘电阻。

（2）设备绝缘电阻合格的标准。绝缘电阻的好坏，直接决定设备能否送电，一般可按下述掌握：

1）每千伏工作电压，绝缘电阻应不小于 $1M\Omega$。

2）出现以下异常情况之一时，应报告领导，并查明原因：①绝缘电阻已降至前次测量结果（或制造厂出厂测试结果）的 $1/3 \sim 1/5$；②绝缘电阻三相不平衡系数大于 2；③绝缘电阻吸收比 $R_{60}/R_{15} < 1.3$（粉云母绝缘小于 1.6）。在排除干扰因素，确认设备无问题，方可送电。否则，送电可能造成设备事故。

（3）摇测绝缘电阻的注意事项：

1）应遵守《电业安全工作规程》的有关规定。①测量高压设备绝缘电阻，应由 2 人进行；②绝缘电阻表的引线不得使用双股绞线，或把引线随便放在地上，以免因引线绝缘不良（相当于在被测设备两端并联一个小电阻），引起错误结果；③测量绝缘电阻时，必须将设备从电源的各方面断开，验明无电压且对地放电，确证检修设备无人工作，测量线路绝缘尚应取得对方同意，方可进行；④测量绝缘电阻时，被测线路有感应电压，必须将另一回线路停电，方可进行，雷电时，严禁测量线路绝缘；⑤测量绝缘电阻时，绝缘电阻表及人员应与带电设备保持安全距离，同时，采取措施，防止绝缘电阻表的引线反弹至带电设备上，引起短路或人身触电；⑥绝缘电阻测量结束后，应将被测试设备对地放电。

2）拆除设备的接地点。摇测绝缘电阻前：①应将一次回路的全部接地线拆除，拉开接地刀闸；②应将设备的工作接地点（例如 TV）或保护接地点临时甩开；③对于低压回路（380/220V），应将负荷（电压表、电能表、信号灯、继电器）的"中性"线甩开。

3）正确选择使用绝缘电阻表。①绝缘电阻表电压的选择。除摇测水冷发电机绝缘电阻，应使用专用绝缘电阻表或规定的仪表进行测量外，通常情况，被测设备的额定电压愈高，所使绝缘电阻表的工作电压也应相应高一些，否则设备缺陷不能充分暴露。绝缘电阻表的电压，一般可参考表 3-1 的推荐值选用。测量带有电子元器件（二极管、三极管、晶闸管、集成电路、电脑及其终端）或电子成套设备回路的绝缘电阻时，因电子元件及设备耐压低，为了防止被击穿，应先将这些元件及设备从回路上甩开或短接，再用绝缘电阻表对线路或连接回路进行测量。电子元器件及电子设备的回路绝缘状况只能用万用表（放欧姆挡）进行测量检查。②绝缘电阻表容量的选择。绝缘电阻表应选用容量足够大且负载特性比较平坦的定型表计。否则，当绝缘电阻比较低或吸收电流比较大时，其输出电压急剧下降，将影响测量结果。以 ZC-7 型绝缘电阻表为例，其负载特性见图 3-1。该表额定电压为 2500V，当被测绝缘电阻分别为 20MΩ 及 5MΩ 时，其输出电压为 2000V 及 1000V，仅为额定电压值的 80% 及 40%。③正确进行接线。绝缘电阻表有三个接线柱：L—接被测设备；E—接地；G—接屏蔽。其中，L、E 不能反接，否则将产生较大的测量误差。④测量前对绝缘电阻表进行检查。在额定转速时，

绝缘电阻表两端开路，应指"∞"；低速旋转，短路时，应指
"0"。在额定转数下持续1min，再开始测量记数。

表3-1 绝缘电阻表电压的推荐值

设备额定电压	100以下	100~500	500~3000	3000~10000	10000以上
绝缘电阻表电压	250	500	1000	2500	2500或5000

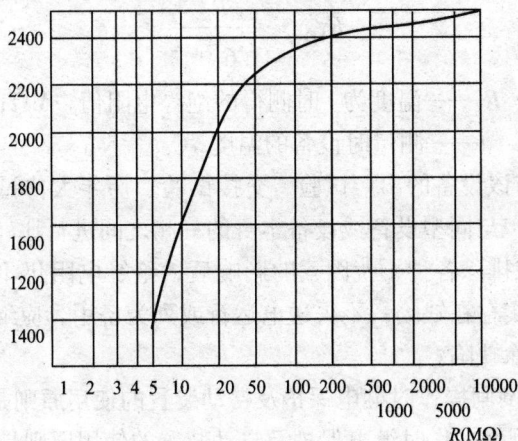

图3-1 ZC-7型绝缘电阻表负载性

（4）对测试结果的综合分析与判断。

影响设备绝缘电阻阻值的外部因素主要有三个方面：温度、湿度及放电时间。初步判定某设备绝缘电阻不合格时，为了慎重，值班人员应另找同一电压等级的绝缘电阻表进行核对，以证实原有的绝缘表有无问题。若确定设备绝缘电阻有问题时，应通知高压试验人员复查。同时，可按以下步骤查找原因：

1）加屏蔽再进行测量，以排除湿度及绝缘表面脏污的影响。

2）将绝缘电阻折算到同一温度进行比较。绝缘电阻随温度按指数规律变化。不同设备，折算方法如下。变压器绝缘电阻，折算到20℃的绝缘电阻R_{20}按下式计算

$$R_{20} = 1.5^{\frac{(t-20)}{10}} R_t \qquad (3-1)$$

电机为热塑性绝缘，折算到 75 ℃的绝缘电阻 R_{75} 按下式计算

$$R_{75} = \frac{R_t}{2^{\frac{(75-t)}{10}}} \qquad (3-2)$$

电机为 B 级热固性绝缘，折算到 100℃的绝缘电阻 R_{100} 按下式计算

$$R_{100} = \frac{R_t}{1.6^{\frac{(100-t)}{10}}} \qquad (3-3)$$

上三式中　R_t——温度为 t 时测得的绝缘电阻值，MΩ；

　　　　　t——测量时设备的温度，℃。

3）与该设备的出厂试验、交接试验、历年大修试验的数值进行比较；与同型设备或设备本身的三相之间进行比较。

4）在排除各种干扰因素的影响后，绝缘电阻仍不合格，说明设备确实存在缺陷，不得送电运行或列为备用，应继续查找原因直至消除缺陷。

464. 倒闸操作时继电保护及自动装置的使用原则是什么?

答：倒闸操作时继电保护及自动装置的使用原则是：

（1）设备不允许无保护运行。一切新设备均应按照 DL400—1991《继电保护和安全自动装置技术规程》的规定，配置足够的保护及自动装置。设备送电前，保护及自动装置应齐全，图纸、整定值应正确，传动良好，保护出口压板按规定位置加用。

（2）倒闸操作中或设备停电后，如无特殊要求，一般不必操作保护或断开压板。但在下列情况要特别注意，必须采取措施。

1）倒闸操作将影响某些保护的工作条件，可能引起误动作，则应提前停用。例如电压互感器停电前，低电压保护应先停用。

2）运行方式的变化将破坏某些保护的原工作方式，有可能发生误动时，倒闸操作前也必须将这些保护停用。例如当双回线接在不同母线上，且母联断路器断开运行时，线路横联差动保护

应停用。

3）操作过程中可能诱发某些联动跳闸装置动作时，应预先停用。例如，发电机无励磁倒备用励磁机，应预先把灭磁开关联锁连接片断开，以免恢复励磁，合灭磁开关时，引起发电机主断路器及厂用变压器跳闸。

（3）设备虽已停电，如该设备的保护动作（包括校验、传动）后，仍会引起运行设备断路器跳闸时，也应将有关保护停用，连接片断开。例如，一台断路器控制两台变压器，应将停电变压器的重瓦斯保护连接片断开；发电机停机，应将过电流保护跳其他设备（主变压器、母联及分段断路器）的跳闸连接片断开。

465. 倒闸操作时系统接地点应如何考虑？

答： 工作电压为 110kV 及以上的系统均为大电流接地系统，任何情况下均不得失去接地点运行。为了保证电网的安全及继电保护正确动作，系统接地点的数量、分布，接地变压器的容量，均应符合电网调度规程的规定。制订系统接地点的实施方案时，通常从以下几方面考虑：

（1）使单相短路电流不超过三相短路电流。

（2）在低压侧或中压侧有电源的发电厂（变电所），该厂（所）至少应有一台主变压器的高压侧中性点接地，以保证与电网解列后不失去接地点。

（3）三绕组升压变压器，高压侧停电后该侧中性点接地闸应合上，以保证单相短路时，变压器差动保护及零序电流保护能够动作。

（4）倒闸操作中，为了防止发生操作过电压及铁磁谐振过电压，根据需要，允许将平时不接地的变压器中性点临时接地。

466. 倒闸操作时对解并列操作有何要求？

答： 解并列操作重点要防止非同期并列、设备过负荷及系统失去稳定等问题。对操作的具体要求如下：

（1）系统解并列。

1）两系统并列的条件：频率相同，电压相等，相序、相位一致。发电机并列，应调整发电机的频率、电压与系统频率、电压之差在允许范围内，且电压的相位基本一致；电网之间并列，应调整地区小电网的频率、电压与主电网一致。如调整困难，两系统并列时频差最大不得超过 0.25Hz，电压差允许 15%。

2）系统并列应使用同期并列装置。必要时也可使用线路的同期检定重合闸来并列，但投入时间一般不超过 15min。

3）系统解列时，必须将解列点的有功功率调到零，电流调到最小方可进行，以免解列后频率、电压异常波动。

（2）拉合环路。

1）合环路前必须确知并列点两侧相位正确，处在同期状态。否则，应进行同期检查。

2）拉合环路前，必须考虑潮流变化是否会引起设备过负荷（过电流保护跳闸），或局部电压异常波动（过电压），以及是否会危及系统稳定等问题。为此，必须经过必要的计算。

3）如估计环流过大，应采取措施进行调整或改变环路参数加以限制，并停用可能误动的保护。

4）必须用隔离开关拉合环路时，应事先进行必要的计算和试验，并严格控制环路内的电流，尽量降低环路拉开后断口上的电压差。

（3）变压器解并列。

1）变压器并列的条件：①接线组别相同；②电压比及阻抗电压应相等。符合规定的并列条件，才能并列。

2）送电时，应由电源侧充电，负荷侧并列；停电时操作顺序相反。当变压器两侧或三侧均为电源时，应按继电保护运行规程的规定，由允许充电的一侧充电。

3）必须证实投入的变压器已带负荷，才能停止（解列）运行的变压器。

4）单元连接的发电机变压器组，正常解列前应将工作厂用变压器的负荷，转至备用厂用变压器；事故解列后要注意工作厂用变压器与备用厂用变压器是否为一个电源系统，倒停变压器要防止在厂用电系统发生非同期并列。

467. 倒闸操作时使用哪些安全用具？如何检查及有哪些问题？

答：倒闸操作中使用的安全用具主要有：绝缘手套、绝缘靴、绝缘拉杆、验电器等。按照《电业安全工作规程》的要求，这些安全用具必须进行定期耐压试验，试验合格的安全工具才能使用。

安全用具使用前应进行一般检查，要求如下：

（1）用充气法对绝缘手套进行检查，应不漏气，外表清洁完好。同时，要注意高、低压绝缘手套不能混用。

（2）对绝缘靴、绝缘拉杆、验电器等进行外观检查，应清洁无破损。

（3）禁止使用低压绝缘鞋（电工鞋）代替高压绝缘靴。

（4）对声光验电器应进行模拟试验，检查声光显示正常，设备电路完好。

（5）所有安全用具均应在有效试验期之内。

468. 验电时有哪些要求及注意事项？

答：验电操作：一要态度认真，克服可有可无的思想，避免因走过场而流于形式；二要掌握正确的判断方法和要领。例如，某发电厂10kV线路停电后验电，验电器亮，监护人判断线路上仍带电，操作人认为是静电。发生疑问后停止操作，报告调度，经检查证实是用户变电所"漏"拉了一组隔离开关，向发电厂反送电。由于及时进行了纠正，避免了带电挂地线的事故。另一发电厂，用绝缘拉杆在一条35kV双电源线路上验电。该线路本侧断路器及隔离开关已拉开，但线路对端变电所的断路器尚未拉开，故线路上有电。用绝缘拉杆验电时，已经听到"吱吱"的放电声，操作人员竟错把有电当静电，继续操作合上线路侧的接地刀闸，引起三相短路。通过以上两例说明，验电操作是一项要求高、很重要的工作，切不可疏忽大意。

（1）验电的要求。

1）高压验电，操作人必须戴绝缘手套。

2）验电时，必须使用试验合格、在有效期内、符合该系统电压等级的验电器。特别要禁止与不符合系统电压等级的验电器混用。因为，在低压系统使用电压等级高的验电器，有电也可能验不出来；反之，操作人员安全得不到保证。

3）雨天室外验电，禁止使用普通（不防水）的验电器或绝缘拉杆，以免受潮闪络或沿面放电，引起人身事故。

4）先在有电的设备上检查验电器，应确认验电器良好。

5）在停电设备的两侧（如断路器的两侧、变压器的高低压侧等）以及需要短路接地的部位，分相进行验电。

（2）验电的方法。

1）试验验电器，不必直接接触带电导体。通常验电器清晰发光电压不大于额定电压的25%。因此，完好的验电器只要靠近带电体（6、10、35kV系统，分别约为150、250、500mm），就会发光（或有声光报警）。

2）用绝缘拉杆验电要防止勾住或顶着导体。室外设备架构高，用绝缘拉杆验电，只能根据有无火花及放电声判断设备是否带电，不直观，难度大。白天，火花看不清，主要靠听放电声。在噪声很大的场所，思想稍不集中，极易作出错误判断。因此，操作方法很重要。验电时如绝缘拉杆勾住或顶着导体，即使有电也不会有火花和放电声，因为实接不具备放电间隙。正确的方法是绝缘拉杆与导体应保持虚接或在导体表面来回蹭，如设备有电，通过放电间隙就会产生火花和放电声。

（3）正确掌握区分有无电压是验电的关键。可参考以下方法进行判断。

1）有电。因工作电压的电场强度强：①验电器靠近导体一定距离，就发光（或有声光报警），显示设备有工作电压；然后，验电器离带电体愈近，亮度（或声音）就愈强。操作人细心观察、掌握这一点对判断设备是否带电非常重要。②用绝缘拉杆验电，有"吱吱"放电声。

2）静电。对地电位不高，电场强度微弱，验电时验电器不亮。与导体接触后，有时才发光；但随着导体上静电荷通过验电器→人体→大地放电，验电器亮度由强变弱，最后熄灭。停电后在高压长电缆上验电时，就会遇到这种现象。

3）感应电。与静电差不多，电位较低，一般情况验电时验电器不亮。

4）在低压回路验电，如验电笔亮，可借助万用表来区别是哪种性质的电压。将万用表的电压挡放在不同量程上，测得的对地电压为同一数值，可能是工作电压；量程越大（内阻越高），测得的电压越高，可能是静电或感应电压。

469. 对地线在技术上有哪些要求？在使用及管理上应注意哪些问题？

答：地线是电气检修人员的安全线及生命线。装设地线是防止突然来电、免遭感应电压伤害、保护人身安全的可靠措施。因此，要求地线本身：①要符合技术标准；②要质量可靠；③要使用安全。

（1）对地线在技术上的要求。

原水利电力部颁布的 SD332—1989《携带型短路接地线技术标准》，对地线的技术要求做了全面规定：

1）地线应能承受设计规定的故障电流（铭牌值），而不致于对工作人员造成电气、机械、化学和热的危害，其质量和使用，均安全可靠。

2）地线的截面选择应按所在电力系统实际最大短路容量来决定，计算方法如下

$$S_{min} \geqslant \frac{I_{k\infty}}{C} \sqrt{t_k} \qquad (3-4)$$

式中 　S_{min}——接地线的最小截面，mm^2；

　　$I_{k\infty}$——短路电流的稳定值，A；

　　t_k——短路的等效持续时间，s。一般可按系统主保护的

最大时间确定；

  C——接地线材料的热稳定系数，铜绞线的初始温度为40℃时，一般取 $C=250$。

  3）地线铭牌上的额定时间与实际短路持续时间不相等时，地线的允许电流应按下式折算

$$I_G = I_N \sqrt{\frac{t_N}{t_k}} \qquad\qquad (3-5)$$

式中 I_G——地线允许通过的电流，kA；

  t_k——短路的实际等效持续时间，s；

  I_N——地线铭牌上的额定短路电流，kA；

  t_N——地线通过电流为 I_N 时允许的额定时间，s。铭牌上的 t_N 一般为1s。

  同一地线，$t_k t_N$，I_G 与 I_N 的关系见表3-2。当 $t_k > t_N$ 时，I_N 将显著降低。

表3-2   同一地线，I_G 与 I_N 的关系（$t_N = 1s$）

t_k (s)	0.3	0.5	0.7	1	1.2	1.5	2	3	6.5
I_G/I_N	1.826	1.414	1.195	1	0.91	0.816	0.707	0.577	0.392

  4）地线在经受短路后，应根据短路电流大小和外观检查，判断是否还能继续使用。一般情况下，因导线过热、绝缘护套熔化，安全可靠难以保证，应更换新地线。

  （2）地线在使用管理上应注意的问题。

  1）应使用符合地线技术标准的合格地线，严禁使用自制地线。

  2）地线应编号使用，存放在固定地点。

  3）防止漏拆、漏挂地线。地线在现场的实际位置应与"电气模拟图"一致，交接班应进行核对。拆、挂地线均应由值班人员进行，做好记录并登记。

  4）地线每半年应检查一次，发现缺陷及时修理。无法修理的地线应更换新的。

5）全厂（所）应保留一定数量的备用地线，以供替换。

470. 停电设备上的感应电压有多高？

答： 拆、挂地线时，要求按照《电业安全工作规程》的规定进行操作，并注意防止带电挂地线，以避免烧伤、高空跌落摔伤、感应电压电伤等人身事故的发生。前两类事故，原因明显易于理解。后一类事故不为人们所重视，有的人说："闸都拉了，哪还有电！"。因此，拆挂地线时，感应电压伤人或电死人的事时有发生。下面有必要着重介绍一下感应电压的情况。

停电设备上的感应电压。感应电压包括静电感应电压 U_1 及电磁感应电压 U_1' 两部分。静电感应电压在感应电压中起主导和决定作用。

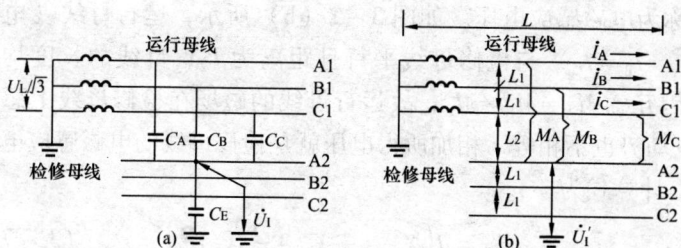

图 3-2 运行母线对检修母线 A2 的感应
（a）静电感应电压 $\dot{U}_1$；（b）电磁感应电压 $\dot{U}_1'$

1）静电感应电压 U_1。处在运行设备电场中的停电设备，由于静电耦合，三相分布电容不平衡，在停电设备上产生的对地零序电压即为静电感应电压 U_1。图 3-2（a）中，运行母线对检修母线 A2 相的静电感应电压为

$$U_1 = \frac{\sqrt{C_A^2 + C_B^2 + C_C^2 - C_A C_B - C_B C_C - C_C C_A}}{C_A + C_B + C_C + C_E} U_L \Big/ \sqrt{3}$$

$$(3-6)$$

式中　C_A、C_B、C_C——运行母线对检修母线 A2 相的电容，F；

C_E——检修母线 A2 相对地电容，F；

U_L——运行系统的电源线电压，V。

同理，也可以求出运行母线对检修母线 B2 及 C2 相的静电感应电压。由式（3-6）可以看出：①当 $C_A = C_B = C_C$，$U_1 = 0$，即运行母线对检修母线不存在静电感应。事实上，因三相距离不相等，$C_A \neq C_B \neq C_C$，$U_1 \neq 0$，且 C_A，C_B，C_C 的不平衡度愈大，U_1 就愈高。②电源电压等级越高，U_L 就愈大，U_1 就愈高。③C_E 愈小，U_1 就愈高。总之，运行的高压及超高压系统对检修停电设备普遍存在着静电感应，特别是检修系统与运行系统相互平行、交叉、跨越时，尤其严重。

2）电磁感应电压 U'_1。处在运行设备磁场中的停电设备，由于电磁耦合三相互感不平衡，在停电设备上感应的对地零序电压 U'_1 称为电磁感应电压。如图 3-2（b）所示，运行母线（电流为 $I_A = I_B = I_C$）与检修母线平行且距离为 L_2，母线的长度均为 L。因互感 $M_A \neq M_B \neq M_C$，故运行母线的磁场在检修母线上感应的电动势也不相等，相加所得电压就是检修母线的电磁感应电压 U'_1。计算式为

$$U'_1 = I\left(X_C - \frac{1}{2}X_B - \frac{1}{2}X_A\right)❶ \qquad (3-7a)$$

$$X_C = 0.628 \times 10^{-4}\left(\ln\frac{2L}{L_2} - 1\right) \qquad (3-7b)$$

式中　　　I——运行母线的电流，故障时为短路电流，A；

X_C，X_B，X_A——检修母线 A2 相分别对运行母线 C1、B1、A1 的单位长度平均互感抗（Ω/m），X_B、X_A 的计算方法与 X_C 相同，Ω；

L——运行母线的长度，m；

L_2——运行母线与检修母线之间的距离，m。

同理，也可求出运行母线对检修母线 B2 相、C2 相的电磁感应电压值。因 A2 相靠运行母线最近（L_2 小），故其电磁感应电

---

❶ 公式取自《电力工程电气设计手册第一册》（弋东方主编，水利电力出版社，1989 年）。

压值比 B2、C2 相高。由式（3-7a、b）可以看出：①当 $M_A = M_B = M_C$，$X_A = X_B = X_C$ 时，$U'_1 = 0$，即运行母线对检修母线不存在电磁感应。事实上，因三相距离不相等，$M_A \neq M_B \neq M_C$，$U'_1 \neq 0$。当互感的不平衡度愈大，U'_1 愈高。②U'_1 与母线的长度 L 及通过电流 I 成正比，与 L_2 成反比。C1 母线通过短路电流时，A2 相的电磁感应电压最高。

3）停电设备上总的感应电压。在运行设备电磁场作用下，停电设备对地具有的总电位为 $U_1 + U'_1$。考虑单一回路间的电磁耦合，可以按照式（3-6）、（3-7a、b）来计算感应电压。在变电所，电磁耦合的实际情况很复杂，如出线多，回路集中；设备交错布置（或上下层布置），环境复杂；不同运行回路的电磁耦合情况，相互影响并交织重叠，很难估计。总之，相互影响的各种因素在计算感应电压时，都考虑到是非常困难的，也是做不到的。

4）感应电压的实测。了解本单位设备上的感应电压，最简单的办法是通过现场实测。实测时，先将设备停电，并使用高内阻的静电电压表。由于现场条件（设备布置、负荷电流、绝缘状况、气候条件）不同，各单位同一电压等级的设备，测得的感应电压分布规律大致相似，而数值可能不相等，是正常的。

总之，停电设备上的感应电压决不可忽视，特别是双回线上的感应电压更不可低估。通过人身的电流按不大于 5mA 考虑，人体表面电阻一般取 $800 \sim 2000\Omega$，人能承受的电压约为 $4 \sim 10V$ 左右。因此，不采取安全措施，直接接触已停电的高压设备，感应电压对操作人员是非常危险的。

471. 为什么要制订"标准地线图"？应如何考虑？

答： 由于对《电业安全工作规程》条文的认识、理解不同，因此对同一设备的检修，不同电气检修班对工作票的地线要求往往也不同，总希望地线挂得越多越好。为此，运行、检修双方常闹矛盾。有的发电厂、变电所制订出"标准地线图"，使同一类检修设备安全措施中的地线位置、数量作到标准统一，便于管理，效果较好。因此，实行"标准地线图"，既解决了工作票制度执行中存在的具体问题，又提高了安全水平，是一个值得推广的好办法。现将现场制订"标准地线图"的依据和注意事项简述如下。

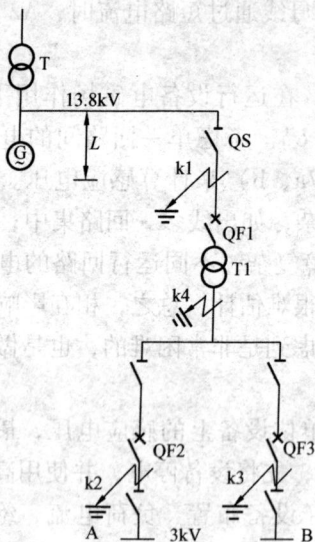

图3－3　工作厂用变压器检修示意图

（1）制订"标准地线图"的依据。应根据《电业安全工作规程》的规定，并结合现场设备实际，通过对停电设备感应电压进行实测，充分考虑检修、运行方面的意见，研究确定出每个电气设备在检修时应挂地线的数量及位置。最后绘图成册，由有关部门批准后执行。检修人员填写电气工作票时按图要求挂地线，运行人员按工作票的要求布置安全措施。

（2）制订"标准地线图"应注意的事项。

1）除保证停电设备按照《电业安全工作规程》的要求在凡是可能来电的部位必需挂地线外（见图3－3中k1～k3），为了使停电检修的设备与带电运行设备有明显的区别，应尽可能在检修工作地点保留一组看得见的地线（见图3－3中k4），避免检修人员上错设备或走错间隔。感应电压高的地方应增挂地线。

2）与运行的继电保护二次回路有联系的停电电流互感器TA两侧，不宜同时挂地线，以免影响运行保护的正确动作。例如，在停电设备的母线差动保护电流互感器两侧，不宜同时挂地线。

3）要考虑低压厂用变压器从380/220V侧反送电的可能性。在清扫检修3～6kV厂用母线时，除工作、备用电源停电并挂地线外，低压厂用变压器间隔的3～6kV电缆上也要挂地线。

4）与消弧线圈有联系的发电机、变压器检修，其中性点也要挂地线，以免系统单相接地时对检修回路产生静电感应。

（3）要考虑某些特殊情况下设备检修的补充措施。当"标准地线图"不能满足某些特殊情况时，工作票签发人应补充完善、可靠的安全措施。图3-3中，单元连接的发电机变压器组停机后，所带工作厂用变压器 T1 及断路器 QF1～QF3 检修，此时按"标准地线图"共挂地线 4 组（k1～k4），安全措施是完善的。如发电机不停电，同样的检修工作，采用同样多的地线，粗看好象也不会有什么问题，但只要结合现场实际情况加以考虑，就会发现，如不采取补充安全措施（加绝缘板隔离），QF1 就不能检修。否则，工作人员爬上 QF1 去清扫或进行设备检查时，与隔离开关 QS 上口及母线带电部分，就不能保证检修必须的安全距离。

472. 防止误操作的基本措施有哪些？

答：（1）抓"安全第一"的思想教育，贯彻安全生产责任制。电力生产的"安全第一"就是"质量第一"。因此，要不断提高值班人员的安全认识及责任心，防止误操作，确保发供电的安全，为用户服务。

（2）抓保证安全的基础工作。贯彻规章制度、对发供电及用户的倒闸操作实行严格管理、进行遵守劳动纪律的教育等，都是保证安全的基础工作，要长期坚持高标准、严要求，抓出实效。

（3）抓技术培训，提高值班人员的素质，达到"三熟三能"的要求。三熟指：①熟悉设备、系统和基本原理；②熟悉操作和事故处理；③熟悉本岗位的规程和制度。三能指：①能正确地进行操作和分析运行状况；②能及时地发现故障及排除故障；③能掌握一般的维修技能。

（4）加强运行管理，不断完善有关规章制度，保证做到正确、具体、符合实际，避免在技术指导上出错误。发生事故要按"三不放过"分析原因，采取对策。

（5）抓防误操作技术措施的落实，并要求与新建工程做到三同时：与主设备同时设计，同时施工，同时投入运行。功能上努力做到五防：①防带负荷拉合隔离开关；②防误拉合断路器；③防带电挂地线；④防带地线合闸；⑤防误入带电间隔。为操作安全提供客观的保障。

473. 倒闸操作中应重点防止哪些误操作事故？

答：电气误操作事故其性质恶劣，后果严重，是发电厂（站）日常防止误操作的重点。

（1）误拉、误合断路器或隔离开关。

（2）带负荷拉合隔离开关。

（3）带电挂地线或带电合接地刀闸。

（4）带地线合闸。

（5）非同期并列。

除以上5点外，防止操作人员高空坠落、误入带电间隔、误登带电架构、避免人身触电，也是倒闸操作中须注意的重点。

474. 防止误拉、误合断路器及隔离开关的措施有哪些？

答：不少误操作事故都直接或间接与误拉、误合断路器或隔离开关有关。防止误操作的具体措施有：

（1）倒闸操作发令、接令或联系操作，要正确、清楚，并坚持重复命令，有条件的要录音。

（2）操作前进行三对照，操作中坚持三禁止，操作后坚持复查。整个操作要贯彻五不干。

1）三对照：①对照操作任务、运行方式，由操作人填写操作票；②对照"电气模拟图"审查操作票并预演；③对照设备编号无误后再操作。

2）三禁止：①禁止操作人、监护人一齐动手操作，失去监护；②禁止有疑问时盲目操作；③禁止边操作、边做与操作无关的工作（或聊天），分散精力。

3）五不干：①操作任务不清不干；②应有操作票而无操作票时不干；③操作票不合格不干；④应有监护而无监护人不干；⑤设备编号不清不干。

（3）预定的重大操作或运行方式将发生特殊的变化，应提前制订"临时措施"，对倒闸操作做出全面安排，提出相应要求及注意事项、事故预想等，使值班人员操作时心中有数。

（4）通过平时技术培训（考问讲解、事故演习等），使值班人员掌握正确的操作方法，并领会规程条文内容的实质。

（5）认真吸取事故教训。通过吸取事故教训，防止类似事故发生。

475. 防止带负荷拉合隔离开关有哪些措施？

答：带负荷拉合隔离开关是最常见的误操作事故。自防误操作闭锁装置普遍应用之后，这种事故有所下降，但并未杜绝。在不少单位仍时有发生，后果仍然严重。

（1）带负荷拉合隔离开关的事故原因。通过对事故的分析总结，其主要原因可归纳为以下三点：

1）拉合回路时，回路负荷电流，超过了隔离开关开断小电流的允许值。

2）拉合环路时，环路电流及断口电压差超过了容许限度。

3）人为误操作。如走错间隔拉错隔离开关，或断路器未断开就拉合隔离开关等。

（2）隔离开关开断能力的分析。

电路操作时，电流超过 0.5A，或切断电压高于 30V，都会产生电弧。电弧长度与极间电压成正比。只要隔离开关在允许操作范围内进行操作，虽产生电弧均可自然熄灭，也不会引起短路，即隔离开关具有开断一定小电流的能力。当被开断的电压及电流超过允许的范围，隔离开关触头产生的电弧就不能熄灭，电路也拉不开，并发生弧光短路，即造成所谓带负荷拉隔离开关的事故。在一定范围内，带负荷拉隔离开关，电弧伸展长度 L 与被切断的电流 I 及电压 U 的关系可用以下经验公式来计算

当 $I \leqslant 100A$ 时

$$L = 5.03UI \times 10^{-3} \qquad (3-8)$$

当 $I = 100 \sim 320A$ 时

$$L = 503U \times 10^{-3} \qquad (3-9)$$

拉环路时，$U = I_Z$，上述公式可改写为：

当 $I \leqslant 100\text{A}$ 时

$$L = 5.03 I_Z^2 \times 10^{-3} \qquad (3-10)$$

当 $I = 100 \sim 320\text{A}$ 时

$$L = 503 I_Z \times 10^{-3} \qquad (3-11)$$

上四式中　L——电弧伸展长度，是指电弧两极间触头所连直线的中点至电弧伸出最远一点的距离，见图 3-4（a），mm；

Z——拉环路时，环路内阻抗之和，$Z = Z_1 + Z_2$，见图 3-4（b），Ω；

I——切断电路前流过隔离开关 QS 的电流，见图 3-4（b），A；

U——电路开断后，隔离开关断口上的电压，见图 3-4（C）。开断三相电路时，$U = U_L / \sqrt{3} = U_P$；开断两相电路时，$U = U_L$。拉环路时，$U = \Delta U$，即 U_L 为线电压，U_P 为相电压，ΔU 为环路断开后两端的电压差，V。

一般情况，开断电路时按式（3-8）~（3-11）求得的

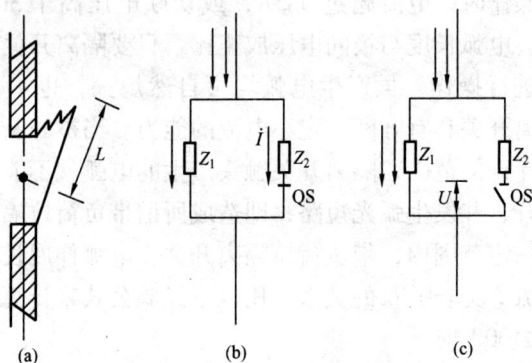

图 3-4　隔离开关切端电路示意图

（a）电弧伸展长度；（b）通过 QS 的环路电流；（c）QS 拉环路后

L，再考虑 300mm 的安全裕度，即

$$L_2 - L \geqslant 300 \qquad\qquad (3-12)$$

式中　L_2——隔离开关相间（或对地）的距离，mm；

　　　L——切断电路时电弧的伸展长度，mm。

满足上式可以用隔离开关操作。

（3）隔离开关的实际开断能力。

1）隔离开关开断小电流的能力。隔离开关安全开断小电流的能力，与开断电路的参数，操作时的环境（风向，风力），隔离开关的型式、结构、相间距离、安装方式、操作速度等因素有关。1980 年电力工业部颁布的《电力工业技术管理法规（试行）》中规定，全电压下允许用隔离开关拉合 2A 的空载变压器励磁电流（感性电流）及 5A 无负荷线路的充电电流（容性电流）；另外，《电机工程手册第 5 册》（电机工程手册编委会，机械工业出版社，1982 年），允许隔离开关开断小电流的参考值见表 3-3。根据以上规定，隔离开关开断小电流的能力：操作感性电路，10kV 及以下系统为 2～4A（L_2 小的隔离开关应取小值），10kV 以上为 2A；操作容性电路，35kV 及以下系统为 2A，35kV 以上系统为 0.5～1A。

表 3-3　　　　　　　隔离开关开断小电流参考值

额定电压（kV）	电感电流（A）	电容电流（A）
6、10	4	2
20、35	3	2
60、110	3	1
220、330	2	0.5

2）隔离开关开断环路的能力。有关规定：拉合环路，限于 10kV 及以下系统，且应在环路的均衡电流不超过 70A 的情况下进行。另外，环路操作也可按照"等弧长"原则来确定。所谓"等弧长"原则，是指：把隔离开关在全电压下允许开断的小电流值 I_G 所产生的弧长定为允许弧长 L_G；在同一电压系统中该隔

离开关拉合的环流电流为 I，所产生的弧长为 L，当 $L \leq L_G$，所求出的电压差即为允许电压差 ΔU_G。只要环路开断后的实际电压差 $\Delta U \leq \Delta U_G$，环路操作不但是允许的，而且也是安全的。按照式 $(3-8) \sim (3-11)$ 计算可得到开断环路电流 $I < 100A$，允许断口电压差为

$$\Delta U_G = \frac{I_G}{I} U_N \times 100 \qquad (3-13)$$

式中　I_G——隔离开关全电压下允许开断的小电流值，A；

　　　I——隔离开关拉合环路的电流，A；

　　　ΔU_G——隔离开关拉合环路电流 I 时允许的断口电压差，%；

　　　U_N——电源额定电压，V。

开断环路电流 $I = 100 \sim 320A$，允许断口电压差为

$$\Delta U_G = \frac{I_G}{100} U_N \times 100 \qquad (3-14)$$

当 $I_G = 2A$，$\Delta U_G = 2\% U_N$；$I_G = 4A$，$\Delta U_G = 4\% U_N$。

经过式 $(3-13)$、$(3-14)$ 计算，拉合环路电流 I 的允许电压差 ΔU_G 求得后，如果预测环路断开点的实际电压差 $\Delta U < \Delta U_G$，则允许隔离开关进行环路操作。否则，必须将 ΔU 降低到允许值后才能操作。降低 ΔU 的方法有：①降低环路电流 I，以降低压降。②采取各种手段进行均压（降低电压差及相角差）：调整变压器分接头；合母联断路器及分段断路器；调整发电机、调相机的无功功率，改变电压，使其相等。③降低环路内的阻抗。应尽量避免经系统电磁网拉合环路。

（4）防止带负荷拉合隔离开关的具体措施：

1）按照隔离开关允许的使用范围及条件进行操作。拉合负荷电路时，严格控制电流值，确保在全电压下断开的小电流值在允许值之内。

2）拉合规程规定之外的环路，必须谨慎，要有相应的技术措施。①操作前应经过计算或试验，使 $\Delta U < \Delta U_G$，操作方案经总工程师批准后，方可执行。②选择有利的操作方式，尽量使用

室外隔离开关进行操作（L_2 大）。③设备、环境、人身安全应符合要求：隔离开关最好有引弧角，且禁止使用慢分合的隔离开关拉合环路；隔离开关与周围建筑物保持安全距离（应不小于 L_2），主导电部分上方不得有建筑物，以防飞弧引起接地短路；在条件允许的情况下宜尽可能远方操作，如手动操作，就地要有保证人身安全的防护措施。④拉合环路电流，应与对应的允许断口电压差相配合。环路电流太大时，不得进行环路操作。

3）加强操作监护，对号检查，防止走错间隔、动错设备、错误合拉隔离开关。同时，对隔离开关普遍加装防误操作闭锁装置。

4）拉合隔离开关前，现场检查断路器，必须在断开位置。隔离开关经操作后，操动机构的定位销一定要销好，防止因机构滑脱接通或断开负荷电路。

5）倒母线及拉合母线隔离开关，属于等电位操作，$\Delta U = 0$，故必须保证母联断路器合入，同时取下该断路器的控制熔断器（保险），以防止跳闸。

6）隔离开关检修时，与其相邻运行的隔离开关机构应锁住，以防止误拉合。

7）手车断路器的机械闭锁必须可靠，检修后应实际操作进行验收，以防止将手车带负荷拉出或推入间隔，引起短路。

476. 防止带电挂地线（带电合接地刀闸）有哪些措施？

答： 带电挂地线（带电合接地刀闸），除引起接地短路，损坏设备停电外，因电弧温度很高（表面达 3000 ~ 4000℃，中心约 10000℃），往往烧伤操作人员，危及生命安全，造成终身残废或死亡。因此，带电挂地线必须绝对禁止。其具体措施是：

（1）断路器、隔离开关拉闸后，必须检查实际位置是否拉开，以免回路电源未切断。

（2）坚持验电，及时发现带电回路，查明原因。

（3）正确判断正常带电与感应电的区别，防止误把带电当静电。

（4）隔离开关拉开后，若一侧带电，一侧不带电，应防止将有电一侧的接地刀闸合上，造成短路。当隔离开关两侧均装有接地刀闸时，一旦隔离开关拉开，接地刀闸与隔离开关之间的机械闭锁即失去作用，此时任意一侧接地刀闸都可以自由合上。

（5）普遍安装带电显示器，并闭锁接地刀闸，有电时不允许接地刀闸合上。

477. 防止带地线合闸有哪些措施？

答：防止带地线合闸事故具体执行以下措施：

（1）加强地线的管理。按编号使用地线；拆、挂地线要做记录并登记。

（2）防止在设备系统上遗留地线。

1）拆、挂地线或拉合接地刀闸，要在"电气模拟图"上做好标记，并与现场的实际位置相符。交接班检查设备时，同时要查对现场地线的位置、数量是否正确，与"电气模拟图"是否一致。

2）禁止任何人不经运行值班人员同意，在设备系统上私自拆、挂地线，挪动地线的位置，或增加地线的数量。

3）设备第一次送电或检修后送电，运行值班人员应到现场进行检查，掌握地线的实际情况；调度人员下令送电前，事先应与发电厂、变电所的运行值班人员核对地线，防止漏拆接地线。

（3）对于一经操作可能向检修地点送电的隔离开关，其操作机构要锁住，并悬挂"禁止合闸，有人工作"的标示牌，防止误操作。

（4）正常倒母线，严禁将检修设备的母线隔离开关误合入。事故倒母线，要按照"先拉后合"的原则操作，即先将故障母线上的母线隔离开关拉开，然后再将运行母线上的母线隔离开关合上，严禁将两母线的母线隔离开关同时合上并列，使运行的母线再短路。

（5）设备检修后的注意事项：

1）检修后的隔离开关应保持在断开位置，以免接通检修回路的地线，送电时引起人为短路。

2）防止工具、仪器、梯子等物件遗留在设备上，送电后引起接地或短路。

3）送电前，坚持摇测设备绝缘电阻。若遗留地线，通过摇表测量绝缘可以发现。

478. 防止非同期并列有哪些措施?

答： 非同期并列事故，一般发生的主要原因是：①一次系统不符合并列条件，误合闸。②同期用的电压互感器或同期装置电压回路接线错误，没有定相。③运行人员误操作，误并列。

非同期并列，不但危及发电机、变压器，还严重影响电网及供电系统，造成振荡和甩负荷。就电气设备本身而言，非同期并列的危害甚至超过短路故障。防止非同期并列的具体措施是：

（1）设备变更时要坚持定相。发电机、变压器、电压互感器、线路新投入（大修后投入），或一次回路有改变、接线有更动，并列前均应定相。

（2）防止并列时人为误操作。

1）值班人员应熟知全厂（所）的同期回路及同期点。

2）在同一时间里不允许投入两个同期电源开关，以免在同期回路发生非同期并列。

3）手动同期并列时，要经过同期继电器闭锁，在允许相位差合闸。严禁将同期短接开关合入，导致失去闭锁，在任意相位差合闸。

4）工作厂用变压器、备用厂用变压器，分别接自不同频率的电源系统时，不准直接并列。此时，倒换变压器要采取"拉联"的办法，即手动拉开工作厂用变压器的电源断路器，使备用厂用变压器的断路器联动合上。

5）电网电源联络线跳闸，未经检查同期或调度下令许可，严禁强送或合环。

（3）保证同期回路接线正确、同期装置动作良好。

1）同期（电压）回路接线如有变更，应通过定相试验检查无误、正确可靠，同期装置才能使用。

2）同期装置的闭锁角不可整定过大。决定允许合闸角 δ_G 的计算见式（3-15），确定同期装置的动作角 δ_{SE} 的计算见式（3-16）

$$\delta_G = 2\sin^{-1}0.155\left(1 + \frac{X_s}{X''_d}\right) \qquad (3-15)$$

$$\delta_{SE} = 200\Delta f t_{QC} \qquad (3-16)$$

式中 X_s——系统电抗，Ω；

$\quad\quad X''_d$——发电机超次瞬间电抗，Ω；

$\quad\quad \Delta f$——允许频差，Hz，一般为 $0.05 \sim 0.25$Hz；

$\quad\quad t_{QC}$——断路器合闸时间，s，一般在 $0.15 \sim 0.65$s 之间。

要求 $\delta_{SE} \leqslant \delta_G$。当 $X_s = 0$，最小允许合闸角 $\delta_{Gmin} = 18°$，取 $\Delta f = 0.1$Hz；对于快速合闸的断路器取 $t_{QC} = 0.15$s，$\delta_{SE} = 3°$；对于慢速合闸的断路器取 $t_{QC} = 0.65$s，$\delta_{SE} = 13°$。在保证设备安全的前提下，为了缩短并列调整时间，同期装置闭锁角实际一般取值：快速断路器，$\delta_{SE} = 5° \sim 10°$；慢速断路器，$\delta_{SE} = 10° \sim 20°$；小容量发电机（柴油发电机），$\delta_{SE} = 5°$。

3）自动（半自动）准同期装置，应通过假同期试验、录波检查特性（导前时间、频差 Δf、电压差 ΔU）正常，方可正式投入使用。

4）采用自动准同期装置并列时，同时也可将手动同期装置投入。通过同期表的运转，来监视自动准同期装置的工作情况。特别注意观察是否在同期表的同期点并列合闸。

（4）断路器的同期回路或合闸回路有工作时，对应一次回路的隔离开关应拉开，以防断路器误合上，造成误并列。

479. 倒闸操作中运行值班人员应怎样对待电气闭锁装置？

答：倒闸操作中，发现电气闭锁装置动作，首先应停止操作，并报告值班负责人，要绝对禁止盲目解锁继续操作。此时应进行下列检查：

（1）操作人员是否走错间隔，操作的设备是否有误，有无误操作。

（2）检查设备状况是否正常。

1）检查断路器状态是否正常。

2）检查接地刀闸是否拉开，接地线是否拆除。

3）要接地的部位是否带有工作电压，带电显示装置是否动作，是否闭锁了接地刀闸。

（3）检查操作票的操作步骤与运行方式、设备状况是否相符。

（4）电气闭锁装置的电源、熔断器（保险）、二次回路是否正常。经检查确因电气闭锁装置本身有缺陷，需要解锁操作时，应经值班负责人同意后才能进行解锁操作。

第二节　水轮机、发电机和变压器倒闸操作

480. 水轮机投入运转前和运行中应进行哪些项目检查？

答：（1）定期测定水轮机轴的摆度以及轴承等处的振动。值班人员应定时了解、分析水轮机在不同水头、负荷下摆度和振动值的变化，是否超过规定值。并尽量避免在振动大、摆度大的负荷区运行。随时监听水轮机运行中声音是否正常。

（2）水轮机的真空破坏阀应完好，动作灵活，不应有漏水现象。

（3）活动导叶的接力器应无摆动和抽动现象，各油管路无渗漏油，调速环动作应灵活，无异声。

（4）导叶剪断销应完好，剪断销、各连杆的连接销钉应无上升现象。导叶轴套排水正常。

（5）稀油润滑的导轴承，其油面、油位、油质应合格。轴承在运行中无异响，瓦温、油温正常，冷却水畅通，表计指示正确，无漏油、漏水，轴承密封良好。

（6）水润滑的橡胶轴承，润滑水应畅通，水压正常，轴承运行中无异响，轴承密封良好。

（7）各种仪表如水压表、真空表、温度计等指示应符合运行要求。

（8）水轮机的辅助设备应定期切换、检查、维护，如供润滑水的泵、滤水器，气系统的气水分离器等应根据投入运行时间的长短进行定期切换、清扫工作。定期测定气泵或水泵的电动机绝缘，以保证水轮机的安全运行。

（9）为确保水轮机及其所属设备的正常运行，延长设备的使用寿命，必须随时保持水轮机及其所属设备的清洁，定期对有关设备进行清扫。

481. 水轮发电机组自动开机必须具备哪些条件？

答：水轮发电机组自动开机通常必须具备以下条件：

（1）进水口闸门、尾水闸门全开，压力水管充水。

（2）机组制动系统正常，制动闸已解除。

（3）调速系统及油压装置工作正常，调速器在"自动"方式。

（4）机组冷却水系统正常，处于备用状态。

（5）各油槽油位、油质合格。

（6）高压油减载装置处于良好备用状态，无高压油减载装置的机组停机超过 15 天要顶转子。

（7）接力器锁定已拔出，且导叶（或喷针）开度应在零点位置。

（8）空气围带在给气状态，主轴运行密封处于良好备用状态，顶盖排水系统工作正常。

（9）发电机励磁开关在断开位置。

（10）发电机出口断路器在断开位置。

（11）机组无事故信号，事故配压阀未动作，机组停机继电器在复归位置。

（12）操作电源投入正常，各保护、自动装置投入良好。

（13）中控室开机准备灯亮。

482. 机组停机过程有哪些要求？

答：（1）检查自动加闸用转速继电器动作整定值的正确性。

（2）机组停机应快速、平稳，制动段历时短，防止轴承油膜破坏。

（3）对转桨式水轮机防止在停机过程中协联关系遭到破坏，引起机组不稳定现象，而且还应防止在关机过程中，由于出现较大的负轴向水推力而发生抬机现象。

（4）为防止在导叶关闭过程中，顶盖下面出现过大的真空，应对真空破坏阀动作压力进行试验调整。

483. 水轮发电机组在哪些情况下不能运行？

答：水轮发电机组在下列情况下不能运行：

（1）当上、下游水位不能保证正常水轮机供水或排水时。

（2）当水轮发电机出现不允许的振动、汽蚀或超过允许的机械强度时。

（3）当负荷发生不允许的摆动时。

484. 夏季气温高，机组长时间满负荷运行时如何使发电机线圈温度控制在允许范围内？

答：有下列几种处理方法：

（1）打开发电机热风口。

（2）适当提高发电机冷却水水压。

（3）若水质差且发电机冷却系统可切换时，应切换水系统。

（4）降低发电机的出力。

485. 在停机备用状况下，调速器电气大修主要需要做哪些安全措施？

答：要根据水电厂实际情况归纳总结，主要措施有：

（1）导叶手操作机构（手动开限）全关。

（2）应急阀锁定。

（3）必要时断调速器电气部分即电调柜的交直流电源。

486. 在许可开始检修管道前，运行值班人员必须做好哪些工作？

答：在许可检修前，运行值班员必须做好一切必要切换工作，保证检修的一段管道可靠地与其他部分隔断，排除内部积水、油或压缩空气，切断水源、油源和气源，对电动阀门还应切断电源，各有关阀门应挂警告牌，并将这些操作详细地记录在值班日志中。

487. 如何进行尾水管充水操作？

答：充水前的检查：

（1）检查尾水管及蜗壳排水阀全关并锁定。

（2）检查水轮机进人孔、洞已封严。

（3）手动投入空气围带，并在供气阀上挂"禁止关闭"警告牌。

（4）顶盖排水系统工作正常，水封处于良好工作状态。

充水操作：

（1）提起尾水充水门。

（2）监视充水情况，若有异常立即中断充水。

（3）尾水管与下游水位平压后提起尾水门。

488. 蜗壳充水前应检查哪些项目？如何操作？

答：蜗壳充水前应检查：

（1）尾水管已充水，尾水门已提起。

（2）蜗壳排水阀及导叶开闭方向标示无误，处于全关位置并锁定。

（3）调速系统工作正常，导叶全关，锁定投入。

（4）机组供排水系统正常，各测压表计完整。

（5）蜗壳、顶盖、尾水管等测压表完整且已校验。

（6）水轮机导轴承油位指示正常。

（7）空气围带投入或主轴水封工作正常。

（8）投入制动风闸，保持气压。

充水操作：

（1）提起进水口充水门。

（2）监视充水情况，若有异常立即停止充水。

（3）待蜗壳与上游水位平压后，提起进水工作门。

489. 怎样手动调整压油装置的油面和油压？

答：压油装置正常时，压油槽的容积油气比为1：2。调整时，必须首先保证油压，才能保证调速系统的安全。手动调整时，将油泵全部放手动，若有自动补气电磁阀，也放手动。若油面过高，先打开气阀，充少量气，再打开排油阀，排少量油。注意观察压力表，保证压油槽油压在工作范围内，然后再打开给气阀，充少量气，打开排油阀，排少量油。如此反复进行，直到油面和油压均在范围内。最后将油泵放回自动或备用位置，补气阀放自动位置。若油面过低，先手动启动油泵，打少量油，然后视压力情况打开排气阀，排少量气，注意观察压力表，保证压油槽油压在工作范围内。然后再手动启动油泵，打少量的油排少量的气。如此反复进行，直到油面和油压均在要求范围内，最后将油泵放回自动或备用位置，补气阀放备用位置。调整完毕，要分析造成油面过高或过低的原因并处理。

490. 试述进水口快速闸门提升与关闭的操作程序。

答：（1）快速闸门提升操作：

1）检查尾水闸门应全开，蜗壳排水阀应关闭，导叶全关，开度限制关至零，接力器落锁，调速系统油压及工作正常，发电机内部及励磁系统无异常，闸门操作回路无异常现象，操作机构正常等。

2）通知坝上油泵站值班人员作好闸门提升准备，检查管路阀门开闭位置正确，油桶与油箱油位正常，关闭运行闸门的进油阀。

3）闸门平压触点压力计的阀门应开启，整定平压触点与当时水头相应的位置。

4）检查就地和远方闸门关闭位置指示绿灯应亮。

5）将就地或远方操作开关扭向开侧提升闸门。

6）监视闸门提升、钢管平压、蜗壳压力上升和油泵运行情况。检查管路阀门是否漏油，若油泵故障或管路阀门严重漏油应立即停止闸门提升操作，待处理后，再进行闸门提升操作。

7）闸门全开后，就地和远方信号红灯应亮。

（2）快速闸门正常关闭操作：

1）关闭水系统总滤过器的进水阀。

2）由就地或远方操作开关扭向闭侧，落下闸门。

3）监视自动装置的元件动作和闸门下降情况，闸门全关后，就地和远方信号绿灯亮。

491. 摇测发电机、励磁系统、转子绝缘电阻，应注意什么？

答：摇测发电机、励磁机等设备绝缘电阻时，应注意以下几点：

（1）摇测发电机定子绝缘电阻，应用 1000～2500V 绝缘电阻表测量，阻值应满足下式要求

$$R = \frac{U_N}{1000 + \frac{S_N}{100}} \qquad (3-17)$$

式中　R——接近运行温度的发电机定子绝缘电阻，$M\Omega$；

　　　U_N——发电机定子额定电压，V；

　　　S_N——发电机额定视在功率，kVA。

若绝缘电阻 R 下降到前次（新投入或大修后）测量结果的 $1/3～1/5$，或吸收比 $R_{60}/R_{15} < 1.3$（环氧粉云母绝缘 $R_{60}/R_{15} < 1.6$），应查明原因，加以消除。

（2）摇测励磁机、转子回路绝缘电阻，应用 500V 绝缘电阻表测量，阻值应不低于 0.5$M\Omega$。为了避免整流回路绝缘不良或接地导致绝缘电阻表的电压将二极管、晶闸管击穿，测量前应将复式励磁、电压校正器（相复励）、静态励磁装置等与励磁系统断开。否则，应用导线将二极管、晶闸管短接，或从回路上断开，加以保护。

（3）水冷发电机绝缘电阻的测量。

1）通水前测得的绝缘电阻值，可以作为判断设备情况的依据；通水后测得的结果主要用来检查回路有无金属接地。

2）通水后测得的定子绝缘电阻一般约在 0.2$M\Omega$ 以上；转

子绝缘电阻一般为数千欧至数万欧以上。实测数值应与厂家提供的测试数据接近。否则，应查明原因。

492. 发电机—变压器组产生过励磁的原因是什么？如何防止？

答：为了降低变压器成本，超高压、大容量变压器铁芯的磁通密度 B 设计裕度很小，一般取 $1.75 \sim 1.8T$（特斯拉）。铁芯在正常情况下已接近饱和。由于电源电压 U 与频率 f 的异常变化，国内外每年都有不少大机组的变压器（发电机变压器组），遭受过励磁的危害。

（1）变压器过励磁的危害。过励磁发生时，铁芯严重饱和，铁芯及其金属夹件因漏磁增大产生高热，严重时将损坏变压器绝缘并使构件局部变形。

（2）变压器过励磁产生的条件。

变压器的感应电动势计算式为

$$E = 4.44fNBS \times 10^{-8} \qquad (3-18)$$

式中　E——变压器的自感电动势，V；

　　　f——电源的频率，Hz；

　　　N——变压器绕组的匝数，匝；

　　　B——铁芯磁通密度，T；

　　　S——铁芯的截面积，m^2。

因 E 与电源电压 U 近似相等，于是 $E/f = U/f = 4.44BS \times 10^{-8} = K$；又因成品变压器的 S 及 N 不变，令 $4.44SN \times 10^{-8} = K$，于是 $U/f = KB$；额定工况时，$U_N/f_N = KB_N$，由此可得

$$\frac{B}{B_N} = \frac{U}{f} \Big/ \frac{U_N}{f_N} = K_1 \qquad (3-19)$$

则　　　　　　　　　　$B = K_1 B_N \qquad (3-20)$

式中　K_1——变压器铁芯过励磁倍数。

很显然，通过式（3-19）、（3-20）可以看到：

1）当 $U/f = U_N/f_N$ 时，$K_1 = 1$，$B = B_N$，不会产生过励磁。

2）当 U 升高或 f 下降时，$U/f > U_N/f_N$，$K_1 > 1$，$B > B_N$，将

产生过励磁。

3）当 U 降低或 f 升高时，$U/f < U_N/f_N$，$K_1 < 1$，$B < B_N$，不会产生过励磁。

（3）变压器过励磁产生的原因。产生过励磁的一般原因是：

1）发电机启动中，原动机低速运转（$n < n_N$，$f < f_N$），值班人员进行升压时，错误加大励磁电流，致使发电机定子电压 U 超过了允许值 U_G。

2）发电机运行中虽然频率 $f = f_N$，由于系统出现各种过电压，如操作过电压、铁磁谐振过电压及强行励磁误动作等，致使 $U > U_N$。

3）发电机解列停机时，未先将自动励磁调整装置断开，解列后随着原动机转数 n 下降，f 下降，U 下降，自动励磁装置不断加大励磁电流，力图保持发电机电压 $U = U_N$。

4）发电机运行工况发生变化，甩负荷或跳闸后，使 U、f 变化的速度不一致。

（4）防止过励磁的措施。

1）防止误操作、误升压。运行中，值班人员应按规程规定的要求进行操作，避免误操作、误升压。在各种运行工况下，尽可能使 U/f 变化接近 U_N/f_N 值。

2）加装过励磁保护装置。变压器铁芯及其金属构件发热有一定时间，因此短时间的过励磁是允许的。国标 GB1094—1985《电力变压器》规定，在不同 K_1 下允许运行的时间 t 见表 3-4。同时，发电机甩负荷后，要求变压器应能承受 $1.4U_N$ 过电压 5s。为了防止过励磁超过规定时间，大型发电机变压器组均加装过励磁保护，一般整定 $K_1 \leqslant 1.25$ 发信号，$K_1 > 1.3$ 动作跳闸。

表 3-4　　　110～500kV 变压器短时工频电压升高倍数的持续时间

工频电压升高倍数 K_1	U_L	1.1	1.25	1.50	1.58
	U_P	1.1	1.25	1.90	2.0
持续时间 t		<20min	<20s	<1s	<0.1s

3）如变压器结构特殊，可按厂家的要求整定过励磁保护。

493. 发电机的转数（频率）低于额定值时，定子电压允许升到多少？

答：对于单元连接的发电机变压器组，为了避免变压器产生过励磁，在任何情况下必须使 $U/f = U_N/f_N$，使 $K_1 = 1$。为此，当发电机转数 $n < n_N$ 或 $f < f_N$ 时，必须使 $U < U_N$。此时，对应发电机定子电压的允许值为

$$U_G \leqslant \frac{f}{f_N} U_N \quad \text{或} \quad U_G \leqslant \frac{n}{n_N} U_N \qquad (3-21)$$

例如，发电机 $f_N = 50\text{Hz}$，$n_{N_0} = 3000\text{r/min}$，启动过程中原动机转数 $n = 1800\text{r/min}$ 时，想进行试升压，问发电机电压允许升到多少？将有关数据代入式（3-21），$U_G = 1800/3000 \times U_N = 0.6U_N$，即发电机定子电压允许升到 $60\% U_N$。

494. 发电机升压时，励磁电流为何不能超过空载额定值？

答：原动机保持额定转数 n_N，在 n_N 下产生额定电压 U_N 的转子励磁电流叫做发电机空载额定励磁电流。该电流一般都载入现场运行规程中，供值班人员掌握。每当发电机升压并列前都应进行核对，不许超过。

事实上，发电机并列前，有时转子励磁电流已升到空载额定电流，但由于定子电压表有毛病，或电压互感器回路断线（熔断器熔断或接触不良，隔离开关二次辅助触点接触不良或一相不通），定子电压表的指示值可能比发电机一次回路电压的实际值要低。在这种情况下，若不停止操作、冷静分析、查找原因，而是盲目继续加大转子励磁电流，这是非常危险的。往往因此发生过电压，给发电机（发电机变压器组）带来不应有的损害。

为了保证发电机的安全，发电机并列前升压操作时，决不允许将转子励磁电流升到空载额定励磁电流以上。

495. 发电机非同期并列的后果是什么？一般在什么情况下发生？

答：发电机并列的条件是：电压相等、频率相同、相序及相

位一致（相位差 $\delta = 0$）。满足上述条件发电机并列，断路器合闸接通的瞬间，电压差为零、发电机定子电流为零、电磁力矩为零，为准同期并列的理想状态。如果前两个条件满足，而后一个条件不满足，就会发生程度不同的非同期并列，其后果视相位差 δ 的大小而定。

（1）发电机非同期并列的冲击电流及其电磁力矩。非同期并列引起的冲击电流的大小与系统电压、发电机电动势、参数以及合闸时的相位差有关，可按下式计算

$$I_R = \frac{E + U}{X''_d + X_T + \Sigma X_S} \sin \frac{\delta}{2} \qquad (3-22)$$

式中　I_R——非同期并列的冲击电流，A；

　　　E——发电机电动势，V；

　　　U——系统电压，V；

　　　X''_d——发电机超次瞬间电抗，Ω；

　　　X_T——发电机变压器组主变压器电抗，Ω；

　　ΣX_S——系统电源的综合电抗，Ω；

　　　δ——待并发电机电动势与系统电压的相位差，(°)。

发电机结构，一般是以能够承受出口三相短路电流为依据设计的；大容量直接冷却的发电机，是以发电机变压器组高压侧三相短路为依据设计的。故 I_R 较小时发电机是允许的。

1）当系统容量很大时 $\Sigma X_S \approx 0$，如果 δ 不加以限制，I_R 就可能超过出口短路电流，其电磁力矩超过短路的电磁力矩数倍。为了保证设备安全，发电机非同期并列冲击电流产生的电磁力矩为电动力，要求小于出口短路时产生的电磁力矩为电动力的 50%。此时，对于汽轮发电机、水轮发电机非同期并列产生的冲击电流 I_R/I_N 的允许值以及相应的相位差 δ 列于表 3–5 中。

2）发电机并列时，轻微的非同期因 δ 小，所产生的冲击电流及其电磁力矩小，对发电机组实际不会产生什么危害，并列后很快就拉入同期；即使在 $\delta = 30°$ 并列，也不会产生严重的影响，

均在表 3 - 5 的允许范围之内。

表 3 - 5   发电机非同期并列冲击电流 I_R/I_N 及 δ 允许值

允许值\电机类型	允许出口短路的发电机			允许主变压器高压短路的发电机			
	I_R/I_N	ΣX_S	δ	I_R/I_N	ΣX_S	X_T	δ
汽轮发电机	$\leqslant \dfrac{0.65}{X''_d}$	0	38°	$\leqslant \dfrac{0.39}{X''_d}$	0	$0.7X''_d$	38.7°
水轮发电机*	$\leqslant \dfrac{0.6}{X''_d}$	0	35°	$\leqslant \dfrac{0.36}{X''_d}$	0	$0.7X''_d$	35.6°

* 有阻尼回路的发电机。

（2）发电机非同期并列的后果。严重的非同期并列将造成重大损失，甚至毁坏整个发电机组。其后果具体表现在以下几个方面：

1）将使原动机、发电机大轴产生危险的机械应力和疲劳损失，危及设备寿命。分析表明，在 $\delta = 120° \sim 145°$ 并列，冲击电磁力矩达到最大值，并超出发电机出口短路时的电磁力矩好几倍，可能毁坏设备。短路事故及非同期并列发电机组转矩对比分析见表 3 - 6；每次事故转轴疲劳寿命损失分析见表 3 - 7。

表 3 - 6   短路事故及非同期并列发电机组转矩对比分析

故障类型		发电机气隙电磁转矩 T_E	大轴机械转矩				相对值（对 T_1）
			T_4	T_3	T_2	T_1	
满载机端三相短路		4.91	0.7	1.61	2.63	2.77	1.00
非同期并列	$\delta = 120°$	6.45	0.67	1.73	4.05	5.06	1.83
	$\delta = 180°$	4.95	0.53	1.40	2.8	3.46	1.25
	$\delta = 240°$	5.30	0.45	1.20	3.05	3.45	1.25

注　T_1 为发电机与汽轮机低压转子间转矩；T_2 为汽轮机低压转子间的转矩；
　　T_3 为汽轮机低中压转子间的转矩；T_4 为汽轮机中高压转子间的转矩。

表 3 - 7   每次事故转轴疲劳寿命损失

转轴疲劳损失	三相突然短路		非同期并列
	发电机侧	变压器侧	
数值范围	0.1 ~ 0.5	0.03 ~ 0.08	1.6 ~ 4.5
平　均	0.3	0.043	2.7

2）引起发电机定子绕组端部变形、严重过热或烧坏，造成短路事故。因电动力、绕组发热与 I_R^2 成正比。在 $\delta = 180°$ 并列，$I_R = 2I_K^{(3)}$（系统 $\Sigma X_S = 0$），在这种极端情况并列，I_R 的破坏作用将达到发电机设计标准的 4 倍。发电机绕组最终经受不了这么大的电动力和严重的发热，造成短路或烧毁；原动机连轴器的螺栓也可能被剪断。

3）在发电机发生非同期并列的同时，冲击电流有时还使对应的主变压器发生短路，扩大为输配电设备损坏事故。

4）冲击电流引起系统电压下降，甩负荷，造成大量用户停电。

（3）发电机非同期并列发生的原因。

1）发电机电压互感器或同期回路接线错误。其主要原因是设备新投入或检修后投入，没有进行定相检查。结果在发电机并列时，同期表所指示的相位差，并不是并列点（断路器）两侧一次电压的实际相位差。在同期表不能真实反映并列系统电压的相位关系时进行并列操作，就一定会发生非同期并列。

2）同期表接线错误，或自动准同期装置工作不正常造成导前时间变大，有时造成在频差 Δf 急剧变化时合闸。

3）手动并列时，发生误操作。通常的失误表现在以下几方面：①盲目将同期开关短接，解除了同期继电器触点对手动并列操作的闭锁，致使发电机断路器在任意 δ 下合闸。②并列操作过程中，发电机断路器发现不能合闸，查找原因时未拉开母线隔离开关，进行拉合闸试验或活动合闸接触器 KM 时，造成断路器误合闸，使带电压的发电机在任意 δ 下并入电网。③操作人员经验不足，提前合闸的时间及角度掌握不好。④并列断路器两侧一次系统不同期，因同期电压回路不正常，同期表（不转）指在"同期"位置，就盲目合闸。⑤同期表发卡，旋转时快慢不均，不能真实反映一次系统并列点两侧的相位变化，手动并列合闸失去判断依据。

496. 防止发电机非同期并列的运行措施是什么？

答：除执行本章第一节 479 题的一般要求外，再补充以下几点安全措施：

（1）手动并列发电机，一定要经过同期继电器 KS 的闭锁。一般闭锁角整定值 $\delta_{SE} = 10° \sim 20°$，系统电源综合电抗取 $\Sigma X_S = 0.2 X''_d$，$X''_d = 14.5\%$，代入式（3-22），则并列后发电机回路可能出现的冲击电流 $I_R = （1 \sim 2）I_N$，故经闭锁并列才是安全的。

（2）同期装置投入后，同期表出现以下情况，禁止合闸：

1）明知接入的是不同期（$f \neq f'$）的电源电压，但同期表不旋转或指向"同期"位置不动。

2）同期表指针旋转时转速不均匀，指针卡住或跳动。

3）频率差太大，同期表旋转太快。

（3）掌握好提前合闸角度 δ_C。值班人员手动并列操作，应根据断路器不同合闸时间 t_{QC}，预测提前合闸角度，保证合闸后刚好并在同期点上。当并列的两系统频率差 Δf 比较稳定时，同期表旋转一周的时间 $T = 1/\Delta f$（相当电角为 360°），于是有 $\delta_C/360° = t_{QC}/T$，提前合闸角度为

$$\delta_C = 360° \frac{t_{QC}}{T} \qquad (3-23)$$

式中 t_{QC}——断路器的合闸时间，s；

$\quad\quad T$——同期表旋转一周的时间，s。

如果 $t_{QC} = 0.6s$，$\Delta f = 0.1Hz$，$T = 10s$，代入式（3-23）则 $\delta_C = 21.6°$，即应提前在离同期点 20° 左右合闸。

（4）原动机转速不稳定，应将自动准同期装置的自动测速停用改为手动调速，并避免作连续调整（要考虑原动机调速系统动作迟缓率）。以免同期装置在相角急剧变化时合闸。

（5）检查待并断路器的传动机构、操作控制回路或试拉合待并断路器时，应将发电机的母线隔离开关拉开、定子电压降为零，以防止误合闸并列。

497. 发电机在什么情况下要定相？

答：凡是可能使发电机一、二次系统电压相序发生变化的情

况，都要进行定相。定相的操作方法根据一次系统实际接线而定。

（1）发电机定相。遇有下列情况之一时，应进行定相：

1）发电机新投入或检修后投入，或易地安装。

2）发电机内外接线变更或改动一次回路。

3）发电机电压互感器新投入或检修后投入、同期装置电压回路有变动、更换二次电缆、拆动过电压线头等。

（2）发电机定相的内容包括以下三项试验：

1）检查发电机的相序。在发电机电压互感器二次侧进行，电压的相序应为正相序。

2）检查发电机电压互感器的接线。设法给发电机的电压互感器及母线的电压互感器加上同一电源电压，以母线电压互感器为标准接线组别，检查发电机电压互感器的接线组别，两者应一致。

3）检查发电机同期回路接线。当发电机的电压互感器及母线的电压互感器为同一电源时，投入发电机的同期开关，接入手动同期装置。此时，若同期表指示"同期"、同期继电器的触点闭合，则说明同期回路接线正确。

498. 发电机定相的目的是什么？相序不一致并列有何危害？

答：发电机定相的目的，就是通过实测，检查发电机的相序与系统的电压相序是否一致。发电机绕组哪一相叫 A 相都是可以的，但必须依次按正相序 ABC 连接，并保证电压互感器及同期回路的接线与一次系统的相序连接相互对应。

相序不一致时，待并电压与系统电压肯定存在相位差。并列发电机将发生以下危险：首先，产生相当大的冲击电流，其值可能超过发电机出口三相短路电流，使发电机定子绕组严重发热或损坏；其次，冲击电流产生与原动机旋转方向相反的电磁力矩，不仅损坏发电机，而且损坏原动机，使大轴产生不允许的机械应力，缩短设备寿命。

499. 为什么假同期试验不能代替发电机定相？

答：假同期试验时，发电机的母线隔离开关不合，但其辅助触点人为接通。其目的是用以检验自动准同期装置的各种特性。试验本身发现不了发电机一、二次系统电压相序、相位的连接错误。若不经定相，在存在上述错误的情况下，同期装置照样可以发出并列合闸命令，到真并列时将会发生非同期合闸。因此，假同期试验不能代替发电机定相。

每当新机投入或检修后并网前，一定要按照：①发电机定相；②检查电压互感器及同期回路接线；③进行假同期试验，这样三个步骤进行试验检查。若一切正常，同期装置反映的相角差和待并断路器两侧电源的实际相角差才会一致，并列时才能确保合闸后并在同期点。

500. 发电机并列前为什么要将强励投入？而解列前要将强励断开？

答：发电机并列前投入强行励磁装置（简称强励），如果万一发生非同期并列，可以迅速加大励磁电流，有助于发电机尽快拉入同步。

发电机解列前将强励断开，为的是防止误动。解列操作时，如无功调整不当（进相）或无功功率表指针卡住，发电机已从电网吸取无功电流，值班人员却看不出来，一旦断路器拉开后，发电机定子电压将大幅度下降，往往引起强励动作，使发电机空载过电压。因此，凡是强励与发电机断路器之间未装闭锁的，发电机解列前必须先将强励手动断开，以防误动。

501. 并列操作时为什么发电机频率应稍高于电网频率？

答：只要频率差 Δf 在允许范围，待并机组频率 f 稍高或稍低于电网频率 f'，并列都可获得成功。但考虑对电网的影响，故希望 f 稍高于 f'。

（1）当 $f > f'$ 时，发电机的电压 U 将超前于系统电压 U'，在相位差 δ 时合闸，冲击电流 I_R 与 U 的夹角 $\varphi < 90°$，该电流的有功分量 I_R/r 和 U 同方向〔见图 3−5（a）〕，并列后发电机立即向电网送出有功功率，并使机组产生制动力矩，转子减速，既

利于转子拉入同步，也不加重系统负担，对电网也有利。因此并列操作时应使待并机组频率略高于系统频率，即同期表应"快"，顺时针转动。

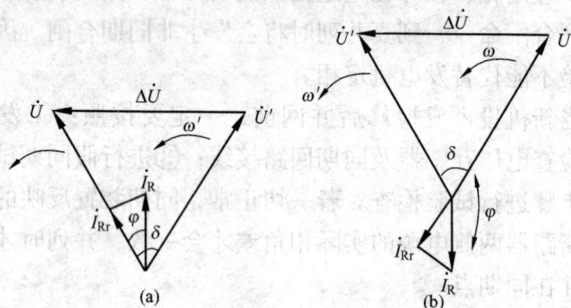

图 3-5　频差对发电机并列的影响

(a) $f > f'$；(b) $f < f'$

（2）当 $f < f'$ 时，发电机的电压 U 将迟后系统电压 U'，在同样相位差 δ 时合闸，I_R 与 U 的夹角 $\varphi > 90°$，I_{Rf} 和 U 反方向 [见图 3-5 (b)]，并列后发电机从电网吸收有功功率，以产生加速力矩，求得与系统同步。并列时从电网吸收有功功率，加重了系统负担，特别是在系统事故时电网频率已降低，对系统稳定不利，故并列操作时应尽量避免使 $f < f'$。

502. 备用励磁装置代替工作励磁装置运行后，在监盘、调整及事故预想上应采取哪些安全措施？

答：备用励磁机运行期间，值班人员要加强对发电机监视，调整时要有措施，并做好事故预想，才能确保机组安全运行。具体的安全措施有：

（1）要加强监视，注意调整，防止备用励磁装置所带发电机无功进相或过负荷。

1）备用励磁装置所带的发电机，因自动励磁调整装置停用，所以定子电势为恒定值。每当母线上其他并列运行的发电机自动调整励磁、维持电压时，势必造成备用励磁装置所带发电机的无功功率大幅度波动。

2）当并列运行的发电机增励磁、增电压、增加无功功率时，备用励磁装置所带发电机的无功功率就要自动下降或被抢光，甚至进相运行；反之，并列运行的发电机减励磁、减电压、减少无功功率时，备用励磁装置所带发电机的无功功率就要自动升高，甚至造成发电机过负荷。

3）值班人员监视和调整的重点应放在备用励磁装置所带的发电机上。特别是在负荷高峰、低谷期间，无功、电压波动大的时候，更应加强监视，做到及时调整，使发电机无功功率的波动在许可范围之内。

（2）要防止备用励磁装置磁场电阻连续调整。大多数备用励磁装置的磁场电阻都是远方电动操作。有的发电厂，曾因备用励磁装置"增"、"减"调整按钮不复位，使备用励磁装置磁场电阻减到最小或增到最大，造成无功大量波动（发电机过负荷或进相），最后只好解列发电机。因此，当备用励磁装置调整励磁电流时，值班人员要有防止磁场电阻连续调整的措施，以及万一出现连续调整时，要有迅速切断调整回路操作电源的准备，以免事故扩大。

（3）备用励磁装置代替某台发电机的工作励磁装置之后，连接其他发电机的备用励磁开关都可能是带电的，为防止误并列，应在这些开关操作把手上悬挂"禁止合闸"的标示牌。另外，备用励磁装置的交流电动机，其事故按钮应加保护罩，防止误动。

（4）备用励磁装置的交流电动机跳闸或所接厂用电源故障停电时，备用励磁装置将停运；同时，所带发电机组也将失磁停运，要尽快进行处理和恢复。

503. 变压器新投入或大修后投入，操作送电前应考虑哪些问题？

答：除应遵守倒闸操作的基本要求外，还应注意以下问题：

（1）摇测绝缘电阻。若绝缘电阻下降到前次（新投入或大修后）测量结果的 $1/3 \sim 1/5$，或吸收比 $R_{60}/R_{15} < 1.3$，应查明原

因并加以消除。

（2）对变压器外部进行检查。

1）顶盖朝储油柜方向应有 1% ~1.5% 坡度，气体继电器油管对顶盖应有 2% ~4% 坡度，气体继电器外壳上的箭头应指向储油柜。

2）呼吸器、散热器、热虹吸装置以及储油柜与本体之间的阀门，均应打开，套管、储油柜油位正常。

3）分接开关位置符合有关规定，且三相一致。防爆门完整；压力释放阀不漏油；外壳接地良好；导体连接紧固。

（3）对冷却系统进行检查及试验。

1）两路通风冷却电源定相正确，联动试验正常。

2）启动风扇及潜油泵，检查电动机转动方向正确，无剧烈振动。

3）油系统、水系统运行方式符合要求，阀门在正确位置；导向水冷的变压器，冷却绕组及铁芯的油量分配符合厂家规定。

4）启动一定数量的潜油泵运行，使油路维持循环。①在气体继电器、套管、升高座等处放气，直到排尽为止。②模拟工作冷却电源跳闸使备用冷却电源联动投入，检查潜油泵电动机在自启动，油流发生冲击时，重瓦斯保护装置是否动作。

5）变压器冷却系统断水、断电、断油后，动作跳闸或停机。其保护整定值应正确，并在现场进行核对。

（4）对有载调压装置进行传动。先手动将分接头放在中间位置上，然后电动增、减分接头，动作应灵活、切换可靠，无连续调整的现象；分接头位置指示正确，符合实际；调压装置的重瓦斯保护连接片应接跳闸。

（5）仪表应齐全。继电保护接线应正确，定值无误，传动良好，保护出口压板在规定位置。

（6）对变压器进行全电压冲击合闸 3~5 次，若无异常即可投入运行。

504. 简述变压器停送电操作时的一般要求。

答：变压器停送电操作时的一般要求是：

（1）强油循环冷却的变压器，不开潜油泵不准投入运行。变压器送电后，即使处在空载也应按厂家规定启动一定数量潜油泵，保持油路循环，使变压器得到冷却。

（2）变压器停电时的要求。

1）应将变压器的接地点及消弧线圈退出。必要时，拉空载变压器，中性点应接地。

2）备用的变压器投入运行后，根据表计证实该变压器已带负荷，方可停下运行的变压器。

3）虽然变压器停电，但重瓦斯保护装置动作仍能引起其他运行设备跳闸时，应将其压板由跳闸改为信号。

4）对水冷变压器，冬天停运后应将冷却水放尽，防止冷却水结冰冻坏设备。

（3）变压器送电时的要求。

1）送电前应将变压器中性点接地（按现场规程的要求执行）。

2）由电源侧充电，负荷侧并列；并尽可能用断路器接通电路。

3）工作厂用变压器投入运行后，备用厂用变压器应立即解列。不允许两台厂用变压器长期并列运行，确保厂用系统短路电流在断路器允许范围之内。

4）尽量避免使用隔离开关拉、合并列变压器高压系统的环路，以免拉不开，发生短路。但允许用带灭弧罩的刀开关拉、合并列变压器低压系统（380/220V）的环路。

5）工作厂用变压器及备用厂用变压器的电源，不属于一个同期系统时，严禁直接并列。

505. 变压器送电前为什么三相分接头必须保持一致？

答：大、中型变压器，分接开关是按相设置的，故三相必须在同一分接位置运行。否则，送电后将因各相绕组匝数不相等，引起变比、阻抗不相等，造成系统电压、电流不平衡，并使发电机负序电流增加，引起机组转子振动及发热。因此，变压器送电前，必须检查三相分接头位置是否保持一致。

506. 新投入或大修后的变压器，为什么要进行全电压冲击合闸？冲击几次？

答：对变压器进行全电压冲击合闸的目的是：

(1) 检查变压器及其回路的绝缘是否存在薄弱点或缺陷。切断空载变压器将产生截流过电压，其值为

$$u = i_0\sqrt{\frac{L}{C}} \qquad\qquad (3-24)$$

式中　i_0——被强迫切断的变压器空载电流的瞬时值，A；

　　　L——变压器绕组的电感，H；

　　　C——变压器绕组的对地电容，F。

电源相电压为 U_P 时，这种过电压一般为 $3\sim4U_P$。现代变压器使用冷轧硅钢片（i_0 小），绕组为纠结式（C 大），过电压不大于 $2U_P$。全电压冲击拉合闸时，若变压器及其回路有绝缘弱点，就会被操作过电压击穿而加以暴露。

(2) 检查变压器差动保护是否会误动。空载合闸时，变压器励磁涌流的大小，取决于接入电压的幅值、相位以及铁芯的剩磁等，其峰值可达空载电流的 $50\sim100$ 倍，为额定电流 I_N 的 $6\sim8$ 倍，其中 2 次谐波电流影响最大。涌流一般经 $0.5\sim1s$ 即可衰减到 $0.5I_N$ 以下。但全部衰减到零的时间较长，中小型变压器约几秒，大型变压器可达 $10\sim20s$。励磁涌流往往使差动保护装置误动，造成变压器不能投入。因此，冲击合闸时，在励磁涌流的作用下，可对差动保护的接线、特性、定值进行实际检验，并作出该保护可否投入的评价和结论。

(3) 考核变压器的机械强度，能否经受励磁涌流产生的电动力的作用。

全电压冲击合闸，一般对新变压器冲击 5 次，大修后的变压器 3 次。每次冲击间隔时间不少于 5min。操作前应派人到现场对变压器进行监视，如有异常立即停止操作。

507. 为什么要尽量用断路器接通或切断变压器回路？用隔离开关接通或切断变压器有何规定？

答：变压器的空载电流较大，且为纯感性电流。大容量变压器空载电流 $I_0 = （0.6\% \sim 4\%）I_N$，中小容量变压器更大，$I_0 = （5\% \sim 11\%）I_N$。

（1）用隔离开关切断变压器空载电流所产生的电弧，有时可能大大超过隔离开关的自然灭弧能力而拉不开，甚至引起弧光短路。因此，要尽量用断路器接通或切断变压器回路。

（2）当变压器回路无断路器时，允许用隔离开关拉、合空载电流不超过 2A 的变压器。切断 20kV 及以上的变压器空载电流，必须用带有消弧角和机械传动装置并装在室外的三联隔离开关。

508. 变压器送电时，为什么要从电源侧充电，负荷侧并列？

答：因为变压器的保护和电流表均装在电源侧，故当变压器送电时，从电源侧充电，负荷侧并列。这种方式具有以下优点：

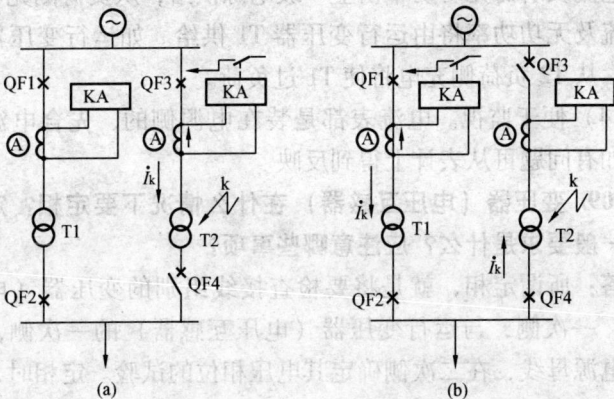

图 3－6　变压器 T2 的充电方式
（a）电源侧充电；（b）负荷侧充电

（1）送电的变压器如有故障，对系统运行影响小。

1）变压器 T2 送电，如从电源侧合 QF3 充电，如图 3 - 6（a）所示，此时 T2 有故障可通过自身的保护装置动作跳开 QF3，切除故障，对其他设备的运行无影响。但如从负荷侧合 QF4 充电如图 3 - 6（b）所示，若 T2 有故障将由运行变压器 T1 的保护装置动作跳开 QF1，切除故障，T1 所带的负荷也同时停电，扩大了事故范围。

2）大容量变压器均装有差动保护，无论从哪一侧充电，回路故障均在主保护范围之内，但为了取得后备保护，仍然按照电源侧充电、负荷侧并列的操作原则执行较好。

（2）便于事故判断和处理。例如，事故后恢复送电时，合变压器电源侧断路器，若保护动作跳闸，说明故障在变压器上；合变压器负荷侧断路器，若保护动作跳闸，说明故障在母线上；合出线断路器，若保护动作跳闸，说明故障在线路上。虽然都是保护动作跳闸，但故障范围的层次清楚，判断、处理事故比较方便。

（3）可以避免运行变压器过负荷。变压器从电源侧充电，空载电流及所需无功功率由上一级电源供给；从负荷侧充电，空载电流及无功功率将由运行变压器 T1 供给。如运行变压器已满负荷，从 T2 负荷侧充电将使 T1 过负荷。

（4）便于监视。电流表都是装在电源侧的，先合电源侧充电，如有问题可从表计上得到反映。

509. 变压器（电压互感器）在什么情况下要定相？定相试验的一般要求是什么？应注意哪些事项？

答：所谓定相，就是将要检查接线组别的变压器（电压互感器）一次侧，与运行变压器（电压互感器）的一次侧，接于同一电源母线，在二次侧确定其电压相位的试验。定相时，如果测量待并列两台变压器（电压互感器）的同名相端子电压差为零，说明接线组别一致，相位相同，可以并列。否则，应查明原因，待正确后才能并列。

（1）变压器（电压互感器）遇有下列情况之一者，必须进行定相。

1）新安装或大修后投入，易地安装。

2）变动过内外连接线或接线组别。

3）电源线路或电缆接线改动，架空线走向发生变化。

（2）变压器定相的一般要求：

1）对电源的要求。①定相接入电源的相电压 U_P、线电压 U_L 三相应平衡，变压器二次输出电压也应平衡。否则，不得进行定相。②定相的两系统，电压差不大于 10%。如条件允许，应调整定相变压器二次电压尽量与运行变压器的电压相等。③变压器通过线路定相，它所带线路的长度与运行变压器所带线路长度尽可能接近。

2）对定相系统的要求。定相的两变压器系统，在电气上必须有公共点，并具有相同的接地方式。为此，①大电流接地系统的变压器定相，其中性点应接地。②小电流接地系统（或中性点不接地系统）的变压器利用临时单相 TV 定相，应将两系统的一相用导线临时连接。利用电阻杆定相，符合下列条件之一时，可直接定相，不必将两系统的一相连接：两系统的变压器均经消弧线圈接地；两系统的变压器所在母线 TV 中性点已接地；两系统的变压器均带有一定长度的架空线或电缆，线路的对地电容已起到了连接两系统的作用，并使定相的两系统电气回路能够沟通。③利用母线电压互感 TV 定相，TV 二次接地方式必须相同，或均为 b 相接地，或均为中性点接地。否则，即使定相的变压器接线组别与运行的变压器接线组别相同，也会因定相电压互感器接地方式不相同，造成参考点对地电位不同出现很大的电压差 [见图 3 - 7]，以致引起误判断。当电压互感器二次侧两种接地方式共存的情况下，电压差 ΔU 最

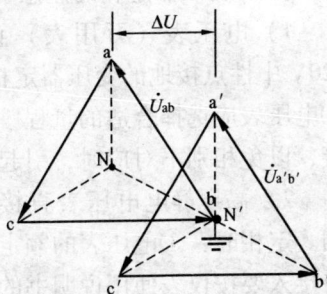

图 3 - 7   TV2 定相示意图
TV 接地方式不同出现的 ΔU

大值可达相电压。

3）对定相测量器具的要求。变压器接线组别有误时，定相可能出现的最大电压差为：在大电流接地系统为 $2U_P$；在小电流接地系统（或中性点不接地系统）为 $2U_L$。不管采用哪种方式定相，测量仪表、测量电压互感器及绝缘导线，必须满足上述电压差的要求。

4）对定相方法的要求。①定相操作应尽量简单易行，并优先采用不改变方式、不倒闸操作就可以进行定相的方法。例如电阻定相杆法、高压静电电压表法、低压回路的电压表法等。②尽量少用或不用临时接入单相电压互感器定相。③利用同期表定相，应使用三相接线的同期表，禁止使用单相分相式的同期表。因后者不能测出三相全部相拉，可能发生错误。④低压变压器的380/220V 系统定相，一般情况应禁止使用220V 灯泡代替万用表来定相，以免相序错误时灯泡承受电压过高，引起灯泡爆炸、短路或伤人。

5）对定相操作安全的要求。①操作人员在高压系统作业，应戴绝缘手套，穿绝缘靴，并设专人监护。②人员与带电设备（包括临时 TV）保持安全距离。③使用的绝缘导线，耐压水平应符合要求，且连接牢固，中间不得有接头。④接拆临时线应在停电后进行。⑤统一进行指挥。

（3）变压器定相的注意事项：

1）电压表（万用表）直接定相，适用于低压侧为 380/220V 中性点接地的变压器定相或电压互感器二次定相。定相时：①电压表应选择合适的量程。②严禁将并列点的一相用临时线连接，以免相别不对应时，引起短路。

2）高压静电电压表直接定相，适用于一切高压变压器定相。定相时：①电压表的额定电压要选择适当。②电压表的使用与接入要按仪表使用说明书的要求进行，并制定安全措施。

3）高压电阻定相杆直接定相，适用于一切高压变压器定相。目前广泛使用的 FRD 型电阻定相杆，额定电压在 3～110kV

之间。定相时：①选用适合该系统额定电压等级的定相杆。②两根测量杆应分别可靠接地。③测量表计应放在交流挡，并有足够的电压量程。④定相杆接入时应有监护，严防引起带电部分接地或短路。

4）母线电压互感器间接定相，适用于一切高压变压器定相。采用压差法定相，同期表复查。定相时：①在变压器定相前，首先对有关母线电压互感器先定相，并检查母联断路器的同期回路、同期表，以保证接线正确无误。②选择电压表合适的量程。③监测定相变压器所在母线的 U_P 及 U_L，如有异常，立即停电。定相结束后，接入母联断路器的同期回路，同期表应指示同期。

5）临时单相电压互感器直接定相，理论上说，适用于一切高压变压器定相。实际上一般大多用于 10kV 及以下的变压器定相，注意事项与定相杆定相相同。

510. 切换变压器中性点接地刀闸如何操作？

答：大电流接地系统，变压器中性点接地刀闸的切换原则是保证电网不失去接地点，即采用先合后拉的操作方法：

（1）合上备用接地点接地刀闸。

（2）拉开工作接地点接地刀闸。

（3）将零序保护切换到中性点接地的变压器上去。

511. 三绕组升压变压器高压侧断路器停电如何操作？

答：三绕组升压变压器高压侧断路器停电后，要注意变压器高、中、低压绕组还在运行，具体操作步骤：

（1）合上该变压器高压侧中性点接地刀闸，以保证拉开高压侧断路器后，当变压器在该侧发生单相短路时，差动保护、零序电流保护能够动作。

（2）断开高压侧断路器。

（3）断开零序过电流保护跳其他主变压器的跳闸连接片。

（4）断开高压侧低电压闭锁压板（因主变压器过电流保护一般采用高、低两侧电压闭锁），以避免主变压器过负荷时过电流保护误动。

512. 拉合空载变压器的高压侧断路器或解并列系统，变压器中性点为什么要接地？倒闸操作有何具体规定？

答： 变压器中性点接地，主要是为了避免产生某些操作过电压。在 110～220kV 大电流接地系统中，为了限制单相短路电流，部分变压器的中性点是不接地的。拉合空载变压器或解并列电源系统，若将变压器中性点接地，操作时断路器发生三相不同期动作或出现非对称开断，可以避免发生电容传递过电压或失步工频过电压所造成的事故。

为了防止操作过电压，对于运行中中性点经常断开的变压器，在倒闸操作中，应注意以下要求。

1）变压器送电时。送电前，先将变压器中性点接地；送电后，再将中性点接地刀闸拉开。

2）变压器停电时。①变压器低压侧没有电源的，先将高压侧中性点接地后，再断开高压侧断路器，切空载变压器。②低压侧有电源的（指高压侧拉开后，仍是同一电网电源），先断开高压侧断路器，再断开低压侧断路器切空载变压器，其高压侧中性点可不临时接地。

3）对于发电机变压器组，以及断开断路器后即为两个不同期系统（$f_1 \neq f_2$）的联络变压器，解列前，本侧变压器中性点必须先接地。

4）装有连锁自投的备用变压器，备用期间中性点接地刀闸应合上。当装置动作，备用变压器自投接入运行后，再将中性点接地刀闸拉开（允许继续接地运行的除外）。

513. 用隔离开关拉并列变压器的环路为什么会引起短路？进行这种操作有哪些注意事项？

答： 隔离开关拉合阻抗为零的并列环路，环路断点的电压差为零，不产生电弧，属于等电位操作，是安全可靠的。但是隔离开关拉合并列变压器的环路时，因环路阻抗很大，所以压降引起的电压差较大，因而环路断开点产生的电弧往往难以熄灭。不认识到这一点，或在操作中不采取措施，将会因环路拉不开，造成弧光短路、烧毁隔离开关。

拉变压器环路的一般考虑。如果的确需要用隔离开关拉并列变压器环路，必须慎重，主要要点是：

1）必须限制在 10kV 及以下环路系统，所拉环路电流在 70A 以下；如环路电流超过 70A，但小于 320A，环路断开点的电压差不得大于 $2\% U_N$。

2）按"等弧长"原则进行并列变压器的环路操作，事先必须通过计算环路断口电压差 ΔU，只有 ΔU 小于允许电压差 ΔU_G，方可进行操作。

3）装有灭弧罩的低压刀开关，在 U_N 下可安全开断额定电流 I_N，故拉合变压器低压侧 380/220V 环路系统是安全可靠的。在 $\Delta U = （10\% \sim 15\%）U_N$ 下并解列变压器环路，实践证明是成功的。

514. 有载调压变压器在改分接头时一般会发生哪些异常？如何处理？

答：有载调压变压器在改分接头时，一般可能发生以下异常情况：

（1）发生连续调整。本来每按一次按钮只调节一个分接头，如果电气制动回路失效，操作回路失灵，或电动机电源接触器铁芯发卡，就可能发生连续调整，直到将分接头加到最大或减到最小的极限位置，并使母线电压大幅度波动。因此，值班人员在调分接头前要做好事故预想。一旦发现连续调整，要迅速断开操作电源，防止过调。

（2）调整机构失灵。对于电抗式限流的有载调压变压器，白灯持续亮，说明传动机构处在两个分接头之间，无法调节。变压器不允许在这种过渡情况下长期运行。应尽快进行处理：

1）立即将调节分接头的操作电源停电，以免烧坏调节分接头的电动机。

2）去现场手动调整分接头，完成切换任务。

3）查明原因。

（3）快速机构动作时间变长或切换到中途不动作，烧毁限流电阻。电阻式限流的有载调压变压器，限流电阻一般采用铁铬铝合金电阻丝，其允许电流密度按下式计算

$$j_G = \sqrt{K \frac{\Delta \theta_G}{t}} \tag{3-25}$$

式中　　$\Delta \theta_G$——电阻丝容许温升，当使用温度按600℃考虑，变压器上层油温取90℃时，$\Delta \theta_G = 600 - 90 = 510℃$；

　　　　t——快速机构切换时间，$t \leqslant 0.04s$；

　　　　K——与铁铬铝合金电阻丝特性有关的常数，$K = 2.113$。

将有关数据代入上式，铁铬铝合金电阻丝容许电流密度约为 $j_G = 164A/mm^2$。在此电流密度下，如快速机构动作时间变长，由原来 0.04s 增加到 0.12s（即为原设计值的 3 倍），铁铬铝合金电阻丝温度就将超过 1450℃ 熔化。因此，当遇到快速机构出现主弹簧疲劳或断裂不能工作或传动系统损坏、机械卡死、限位失灵等故障时，将造成调压开关动作时间变长，甚至不能进行切换或切换到中途不动作，这时就要烧毁限流电阻。为此，调压开关的重瓦斯保护在调节分接头时，必须将其投至跳闸位置，如切换失败，可及时使断路器跳开，将变压器停运。

515. 有载调压变压器在过负荷或短路时改分接头有何危险？如何防止？

答：（1）有载调压变压器在严重过负荷或发生短路时改变分接头位置是不安全的，应注意避免。对于电阻限流的有载调压开关，此时通过电阻的电流密度 j 将大大超过允许电流密度 j_G。电阻的温升与电流密度平方成正比，在这种情况下改分接头，即使调压开关传动机构切换正常，切换时间 $t \leqslant 0.04s$，限流电阻也将严重过热，甚至达到熔化温度而烧毁。

（2）为了防止在过负荷或短路时调整分接头造成事故，需按有关规定在有载调压装置上加装电流闭锁，整定值不大于 $1.5I_N$。当变压器负荷电流超过整定电流，自动切断有载调压控制回路，对操作实行闭锁，以确保安全。

516. 强油水冷变压器潜油泵的启停，如何操作？

答： 强油水冷变压器潜油泵的启停操作，一定要遵循"油压大于水压"的原则。为此，启动潜油泵时须"先开泵、后送水"；停止潜油泵时则应"先关水、后停泵"，以免变压器的冷油器泄漏时，油中进水。

517. 导向水冷变压器油系统的操作，应注意什么？

答： 导向水冷变压器的油系统，由冷却铁芯及冷却绕组两部分组成，有的变压器外部装有阀门可调。在操作中应注意：

（1）油系统总的循环油量以及分配给冷却铁芯、冷却绕组的油量，均应满足厂家的规定及要求，并注意监视。

（2）油系统的有关阀门开度一经调好，不得随意变更。

（3）除基本油泵运行外，同时要根据变压器的负荷电流及上层油温，增开辅助油泵。

518. 强油循环变压器油泵入口为什么要保持微正压？产生负压的原因有哪些？操作时如何达到这一要求？

答： 如果潜油泵入口不能保持微正压而形成负压区，当回油系统入口法兰或连接的管路不严时，空气将吸入变压器油中。这样，不但造成轻瓦斯保护频繁动作，而且油中的气泡影响油的绝缘强度，对变压器的安全运行十分不利。

（1）油泵入口产生负压的原因。

1）油泵的入口门因振动自动关小，因而使回油系统的阻力增加。

2）油泵滤网堵塞，内部形成负压空间。

3）油泵的流量太大。

4）调整油量的方法不当，不能用泵的入口门调节。

（2）为了使变压器油泵入口达到或保持微正压运行，操作中，应通过试验来确定每台油泵的最佳出力，并按此分配冷却油量；油泵的入口门正常全开，用出口门调节油量。

519. 大型变压器的重瓦斯保护在什么情况下由跳闸改为信号？

答：大型变压器的特点是：电压高，容量大，并具有先进的冷却方式和有载调压等。这些特点给瓦斯保护的运行、操作及管理带来一些新要求。为了防止误动，重瓦斯保护一般在下列情况下应由跳闸改为信号：

（1）变压器虽停电或处于备用，但其重瓦斯保护动作后，仍可能使运行中的设备跳闸时。例如：①由单相变压器组成的三相变压器，当运行相转为备用时；②工作厂用变压器重瓦斯保护跳发电机变压器组，该厂用变压器停电时；③发电机变压器组停电后，重瓦斯动作可能使 $1\frac{1}{2}$ 断路器接线的运行断路器误跳时。

（2）变压器在运行中加油、滤油或换硅胶时，或潜油泵、冷油器（散热器）放油检修后投入时。

（3）需要打开呼吸系统的放气门或放油塞子，或清理吸湿器时。

（4）有载调压开关油路上有人工作时。

（5）气体继电器或其连接电缆有缺陷时，或保护回路有人工作时。

（6）根据抗震的需要，接到地震预报后临时退出运行时。

由于重瓦斯保护正确动作率只有 50% 左右，故在运行中应防止其误动作。

▤ 第三节　线路及母线的倒闸操作

520. 新线路送电应注意哪些问题？全电压冲击合闸的目的是什么？

答：新线路第一次送电，除应遵守倒闸操作的基本要求外，还应注意：

（1）线路送电前，有关设备验收应合格，有关保护应全部投入，但母线差动保护及失灵保护应停用。

（2）双电源线路或双回线送电后应做定相试验。同时，来自双母线电压互感器的二次电压回路也应做定相试验（一般在断开的母线隔离开关的二次辅助触点处进行）。

（3）配合专业人员，对线路的继电保护、自动装置进行检查和试验。

1）为了防止接线错误引起保护误动作，特别是高频保护、阻抗保护、差动保护（母线差动、纵联差动、横联差动保护）及其他方向性保护，必须在线路送电后，带负荷电流检查其特性，完全符合要求，方可投入。

2）保护正式投入运行前，用高内阻电压表测量保护连接片及跳闸连接片两端应无电压，或检查保护动作的信号灯不亮，方可进行操作。

（4）对于可以同期并列的线路断路器，应对同期回路接线进行检查，即投入同期电源开关，启动同期装置后，同期表应指示同期。

线路第一次送电应进行全电压冲击合闸，其目的是利用操作过电压来检验线路的绝缘水平。空载线路操作过电压的大小与系统容量及参数、运行方式、断路器的开断性能、中性点接地方式及操作方式有关，以线路最高运行相电压 U_P 的倍数表示（见表3-8）。如果线路绝缘水平低（或有弱点），达不到设计要求，就会被操作过电压击穿而暴露。因此，全电压冲击合闸是新线路竣工投产的验收项目之一。一般冲击合闸3~5次正常，线路即可投入运行。

表3-8　　　　　　空载线路操作过电压及绝缘水平

线路额定电压（kV）		60* 及以下	110~220	330
空载线路操作过电压（以线路最高运行相电压 U_P 倍数表示）	拉　闸	3.5	2.2~2.8	2.0
	合　闸	1.7~2		
	设计绝缘水平	4	3	2.75

*中性点经消弧线圈接地。

521. 线路停送电的一般操作原则是什么？$1\frac{1}{2}$断路器接线的

线路在操作上有何特点?

答:线路停送电一般应遵守以下操作原则:

(1) 停电前,应先将线路的负荷(包括 T 接负荷)倒由备用电源带;对于联络线或双回线,调度要事先调整好潮流再断开断路器,以免过负荷或引起电压异常波动。

(2) 停送电操作的规定。

1) 单回线停电:先停用重合闸,后断开断路器;先拉线路侧隔离开关,后拉母线侧隔离开关。单回线送电操作顺序与停电时相反。

2) 双回线停电:停用重合闸,先断开发电厂侧断路器,后断开变电所侧断路器;先拉线路侧隔离开关,后拉母线侧隔离开关;将横联差动保护跳运行线路的跳闸压板断开。双回线送电操作顺序与停电时相反;送电后,待两条线路电流相等,再将线路重合闸及横联差动保护的跳闸压板投入。

3) 超高压带有并联电抗器的线路停电,应先断开线路断路器,后断开电抗器断路器。送电操作顺序与停电时相反。

4) 更改消弧线圈分接头,应在线路停电后进行,送电前改回。

(3) 只有停电线路两端的断路器、隔离开关均拉开后,并经验电确无电压,方可在线路上挂地线(或合接地刀闸),做安全措施。送电前,所有单位(发电厂、变电所、线路、用户)均报完工后,调度方可下令拆地线(或拉接地刀闸),拆除安全措施,准备送电。

(4) $1\frac{1}{2}$ 断路器接线(见图 3 – 8)的线路停送电的特点。除执行停送电的一般要求外,还应注意以下几点。

1) 线路停电时,断线路断路器 QF2、QF3 前,应先检查本"串"上的 QF1 在合入,以免线路停电引起发电机组解列。

2) 线路的保护及测量回路,是由两组电流互感器并联接入的。线路停电隔离开关 QS 拉开后,如 QF2、QF3 仍合入运行,

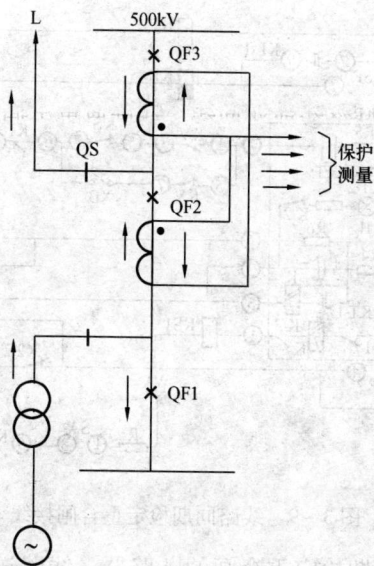

图 3 - 8　$1\frac{1}{2}$ 断路器接线线路示意图

在二次回路工作，必须采取相应措施，防止二次电流回路开路；线路送电时，上述回路接线必须正确。

3）线路断路器 QF2、QF3 是一台投入重合闸，还是两台同时投入重合闸；是投单相重合闸，还是投三相重合闸；采用何种检定方式，这些均由调度决定。

522. 线路停电前为什么要先停用重合闸？而线路送电后为什么又要再投入？

答：电气重合闸一般都是按照"不对应"方式来启动的。如图 3 -9 所示，即使重合闸开关 SR 不断开，手拉线路断路器控制开关 SA，重合闸也不会动作合闸。因拉 SA 时，SA 的触点 21 -23 已切断了中间继电器 K1，K1 的触点 6—8 就断开了重合闸启动回路。线路停电前断开 SR 的原因为：

（1）为线路恢复送电提前进行的准备操作。如果 SR 不断

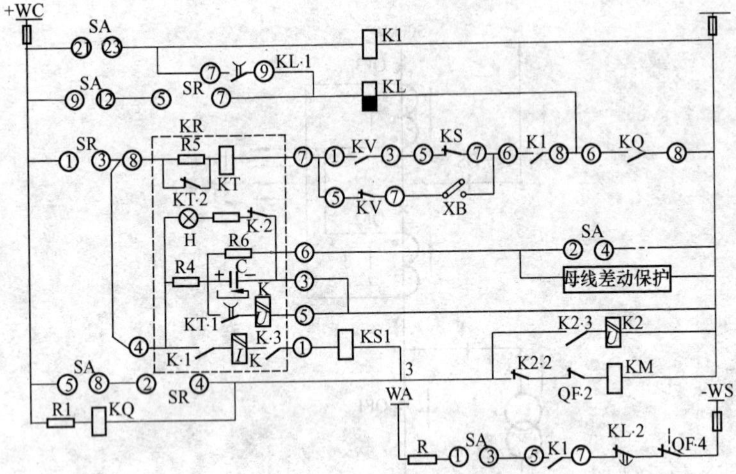

图 3 - 9   线路同期检定重合闸接线

开，对于装有同期检定重合闸的断路器，线路送电时，因 SR 的触点 2—4 未接通，虽 SA 的触点 5—8 接通，却不能合闸。

（2）如果重合闸的放电回路有故障（R6 断线，或 SA 的触点 2—4 接触不良），停电时拉 SA，重合闸电容器 C 将不能放电，线路带重合闸送电，如断路器跳闸（多为接地线未拆的人为故障），将造成不必要的重合。

考虑以上两点，线路停电时就把 SR 断开，以免出现问题。线路送电后，一切正常后，再将 SR 投入，使重合闸投入运行。

523. 线路停电为什么先拉线路侧隔离开关，后拉母线侧隔离开关？为什么送电时的操作顺序与停电相反？

答： 只要断路器可靠地断开，操作人员保证不走错间隔，无论先操作哪一组隔离开关都是安全的。规定先后操作顺序，主要考虑万一断路器未断开，发生隔离开关带负荷拉闸后的影响及事故处理问题，同时兼顾人们长期在倒闸操作中形成的习惯：停电，先从负荷侧开始操作；送电，先从电源侧开始操作。现以图 3 - 10 所示，说明其优缺点。

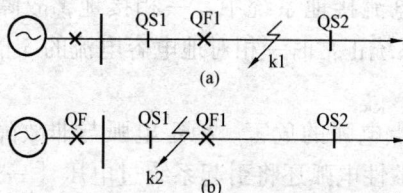

图 3-10　带负荷拉隔离开关故障示意图

(a) 先拉线路隔离开关；(b) 先拉母线隔离开关

（1）停电先拉线路侧隔离开关 QS2 的优点：

1）如断路器 QF1 未断开，带负荷拉开 QS2，则故障点 k1 在线路上［见图 3-10（a）］，可以利用本线路的保护跳开 QF1，切除故障点。此时，不影响其他设备运行。

2）如果线路保护或 QF1 拒动不能切除故障点，虽引起越级使电源侧断路器 QF 跳闸，造成母线全停（双母线，装有线路断路器失灵保护的，只影响一条母线的运行）。但只要拉开母线隔离开关 QS1 即可隔离故障点，恢复送电时不需要倒母线。操作少，恢复时间短，事故处理快。

（2）停电先拉母线侧隔离开关 QS1 的缺点：

1）如断路器 QF1 未断开，带负荷拉开隔离开关 QS1，则故障点 K2 在母线上［见图 3-10（b）］，母线差动保护可以切除故障点。

2）恢复母线送电时，对于单母线，只有甩开 QS1 的引线，才能隔离故障恢复送电；对于双母线，倒母线后，才能给故障母线上的其他停电设备送电。操作多，停电时间长，事故处理麻烦。

同理，线路送电如断路器在合上位置，发生隔离开关带负荷合闸，先合 QS1，后合 QS2，故障点也在线路上，对事故处理及恢复送电也都比较有利。

524. 线路停送电时改变消弧线圈分接头的依据是什么？如何操作？

答： 在小电流接地系统中，一相接地，故障点有接地电流 i_C，其值等于系统正常时一相对地电容电流的 3 倍。i_C 通过接地点并产生电弧。

（1）接地点电弧的危害。稳定电弧与非故障相相连将造成弧光短路；间歇性电弧还将引起系统过电压 [一般为（2.5~3）U_P（相电压有效值）]，并使设备绝缘薄弱处击穿，酿成事故。限制接地点的电流，可以降低接地故障的危害。

（2）减小接地点电流的措施。按有关规定，在 3~10kV 系统 $I_C > 30A$ 和 20kV 以上系统 $I_C > 10A$，均要加装消弧线圈。接地时，利用消弧线圈的电流 i_L（感性）与接地电流 i_C（容性）同时流过接地点，且相位相差 180° 相互抵消，从而使接地点的电流减少，实现补偿。补偿后流过接地点的电流等于 $i_L - i_C$，其有效值较未补偿前的 I_C 大为降低，从而可使接地点自动熄弧，并降低过电压的数值，减少事故。

（3）补偿方式。补偿方式可分为：

1）完全补偿：$I_L = I_C$。

2）欠补偿：$I_L < I_C$。

3）过补偿：$I_L > I_C$。

过补偿是通常采用的补偿方式。补偿后的电流，要求在 60kV 以下系统，补偿电流的有效值不大于 10A。在有发电机的 6~10kV 系统里，补偿电流的有效值约为 5A 比较适宜。因为有些发电机定子接地保护一次动作电流整定为 5A，补偿电流过小，发电机内一相接地时，定子接地保护将拒动。

（4）改变补偿度的操作方法及依据。事实上，发电机、变压器、母线对地电容电流很小，且为固定值。当系统电源电压、频率及运行方式不变时，系统接地电流有效值 I_C 正比于运行线路的长度，可用下列公式估算。

对于架空线

$$I_C = \frac{U_L L}{350} \tag{3-26}$$

对于电缆

$$I_C = \frac{U_L L}{10} \qquad (3-27)$$

上二式中 U_L——系统电源线电压有效值，kV；

  L——运行线路的长度，km；

  I_C——接地点的电容电流，A。

因此，当某线路停电后，运行线路长度 L 的减少便引起 I_C 减小，为使补偿电流的有效值不大于10A，I_L 必须相应减小；当线路送电时，则情况正好相反。因 $I_L = U_P / X_L$，改变消弧线圈电流 I_L 的方法是改变消弧线圈的感抗 X_L，即通过调整分接头来改变线圈的匝数（X_L 与线匝平方成正比）。当 I_L 需要减小，则增加线圈的匝数，增大 X_L，减分接头数；当 I_L 需要增加时，则减少线圈的匝数，减小 X_L，增加分接头数。以上就是伴随线路停送电，为保证合理的补偿度，需要改变消弧线圈分接头的依据和理由。

按过补偿原则改变消弧线圈分接头，一般应在线路停电后进行，送电前改回，操作方法如下：

1）检查消弧线圈的电压，应接近于零，以确认系统无接地故障。

2）拉开消弧线圈的隔离开关。

3）松开消弧线圈固定分头位置的螺栓。

4）将分接头调到要求的位置上，并将固定分接头的螺栓拧紧。

5）合上消弧线圈的隔离开关。

6）检查系统二相对地电压应正常，消弧线圈中性点位移电压不应超过 $15\% U_P$。

525. 线路断路器不能分闸有什么现象？跳闸线圈为什么有时烧毁？

答：断路器防跳装置不同，不能分闸的现象也不同。跳闸线圈烧毁主要发生在装有电气防跳而拒绝分闸的断路器上。电气防跳是通过防跳闭锁继电器来实现的。

（1）断路器不能分闸的现象。

1）机械防跳的断路器不能分闸的现象：①红灯闪，没有闪光接线的红灯仍亮；②电流表仍有指示。此时，应到现场手动操作使其跳闸。

2）电气防跳的断路器不能分闸的现象：①分闸前红灯亮；②分闸后红灯灭，绿灯也不亮；③电流表仍有指示。这时有的运行值班员看到红灯灭了，往往以为断路器已断开，没有注意绿灯及电流表，以至到现场才发现跳闸线圈已冒烟烧了，而断路器还未跳闸。

（2）断路器未分闸，为什么红灯灭？又烧坏跳闸线圈呢？这可从图 3 – 11 得到解释。

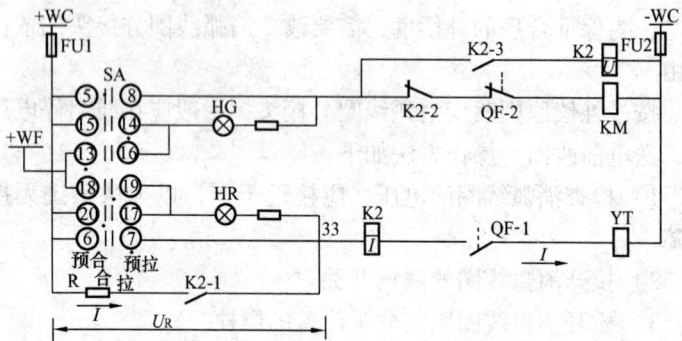

图 3 – 11　电气"防跳"断路器操作回路

SA—控制开关；K2—防跳继电器；YT—跳闸回路

1）红灯灭的原因。分闸前，SA 的触点 20—17 接通，红灯 HR 亮；预分闸时，SA 的触点 20—17 断开、18 – 19 接通，HR 闪光。分闸时，SA 的触点 18—19 断开、6—7 接通，于是跳闸回路接通（＋WC→SA 的触点 6—7→端子 33→K2 的电流线圈 K2—1→QF—1→YT→－WC）；分闸后，SA 的触点 6—7 断开，跳闸回路由 K2—1 励磁后自保持（＋WC→R→K2—1→端子 33），SA 的触点 18—19 接通 HR。如果断路器跳闸机构有故障或跳闸铁芯发卡不能跳闸，电阻 R 上的电压降 U_R 就是加在红灯 HR 上的电压。已知 $R = 1\Omega$，$I = 5A$，$U_R = IR = 5 \times 1 = 5V$。HR 的额定电压 $U_N = 110V$，可见 5V 电压当然不能使其发亮。

2）跳闸线圈烧坏的原因。跳闸线圈 YT 是按短时工作制设计的。当 K2—1 通过 K2—1 自保持跳闸回路，断路器 QF 的拒跳，将使 YT 长时间通电（因 QF—1 断不开）。从已发生的故障实例来看，只要连续通电几分钟，YT 就会严重发热、冒烟而烧毁，有时电阻器 R 也被烧断。

（3）对于装有电气防跳的断路器，发现不能分闸，要赶快把直流控制熔断器 FU1（或 FU2）瞬间断开一下，使 K2—1 自保持复归，以免烧毁跳闸线圈。然后，尽快去现场手动操作使 QF 跳闸。

526. 双回线送电时，为什么先由变电所向线路充电好？

答： 双回线送电时先由变电所侧向线路充电比先由发电厂侧向线路充电好。这是因为：万一线路有故障（或地线未拆送电），当保护或断路器拒动时，事故停电的范围小。同时，因系统阻抗大，短路电流小，母线残压高，对非故障部分影响小。

双回线两端都是电源向线路充电的情况，当其中一回线送电时，究竟先由哪一侧充电好，应综合考虑：被充电线路万一有故障对运行线路稳定的影响，在哪种情况小；哪一侧变电所重要性相对低，断路器拒动损失小；哪一侧充电对系统冲击、影响小；需要同期并列时，哪一侧操作简单易行。

527. 超高压线路送电，为什么必须先投入并联电抗器后再合线路断路器？

答： 超高压电网的特点是电压高、线路长、普遍使用分裂导线。采用分裂导线后，线路空载充电时，电容效应显著增加、充电功率很可观，并使线路电压升高。

（1）电容效应引起空载线路工频电压的升高。图 3—12 中，长线可以看成是由无穷多个混联的"$L-C$"回路组成，由于总的对地容抗一般远远大于导线的感抗，所以充电电流 i_C 为容性。i_C 在导线电感上的压降为 $\dot{U}_L$，因电源电压 $\dot{U}_1 = \dot{U}_L + \dot{U}_C$，线路对地电压 $\dot{U}_C = \dot{U}_1 + (-\dot{U}_L)$，故 $\dot{U}_L$ 的存在将造成沿线电压的升高，并可能大大超过电源电压 $\dot{U}_1$。如果 $\dot{U}_C$ 大大超过设备的最大允许工作电压，将会损坏设备，造成事故。

超高压线路的电容效应，常使末端电压的升高达到不能允许的程度。在无限大容量的电力系统中，线路末端电压有效值 U_2 可按下式计算

$$U_2 = \frac{U_1}{\cos\lambda} \qquad (3-28)$$

式中　U_1——线路首端电压有效值，kV；

　　　λ——导线的波长（°），当电网频率 $f = 50\text{Hz}$，$\lambda = 0.06L$，其中 0.06 为系数 [（°）/km]；

　　　L——线路长度，km。

线路末端电压升高的倍数 $U_2/U_1 = 1/\cos\lambda$，即从线路终端起按余弦规律分布。现将不同线长下的计算结果列表 3-9，并做曲线见图 3-12。220kV 以下线路，因距离短，U_2/U_1 较小；330kV 以上的线路，因距离长，U_2/U_1 较高，不容忽视。

表 3-9　　　　　　电容效应引起线路末端电压升高倍数

L（km）	100	200	300	400	600	1000	1500
λ（°）	6	12	18	24	36	60	90
U_2/U_1	1.006	1.021	1.05	1.095	1.24	2.0	∞

（2）超高压线路的补偿。在超高压线路上安装并联电抗器，如参数及补偿度选择得当，则通过电抗器感性电流的补偿，可大大降低空载线路的充电功率，并使电容效应的作用得到控制。同时，可改变沿线电压的分布，从而使工频电压的升高限制到许可

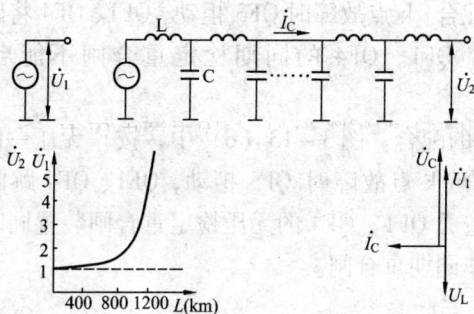

图 3 - 12　长线电容效应示意图

程度。即母线对地电压不超过 $1.3U_P$；330kV 线路对地电压不超过 $1.4U_P$；500kV 线路对地电压不超过 $1.5U_P$。

（3）超高压线路的送电操作。为了防止空载长线充电时线路末端电压升高，要求超高压线路送电时应先合电抗器断路器，后合线路断路器，不允许不带电抗器充电。

528. 线路重合闸投入运行前，应注意哪些配合？

答：为了保证安全运行，线路重合闸投入前，值班人员必须注意重合闸与设备、检定方式及继电保护等方面的配合。

（1）断路器遮断容量（电流）必须配合。在电网实际的运行方式下，断路器的遮断容量（电流）必须满足切断故障后再进行一次重合的要求。

（2）线路重合闸之间检定方式必须配合。对于单电源线路或电流检定的双回线，其重合闸无需配合；对于双电源采用无压检定或同期检定的重合闸，其检定方式要正确配合，以免发生拒动或非同期重合。现分以下三种情况加以说明。

1）正确的配合。图 3 - 13（a）中，按"无压—同期—无压—同期"或"同期—无压—同期—无压"配合。不管在什么情况下都不会发生错误动作，且总是投无压检定的断路器先重合，投同期检定的断路器后重合，故前者跳闸次数多。

2）错误的配合。图 3 - 13（b）中，按"同期—无压—无压—同期"配合。k点故障时 QF3 拒动，QF1、QF4 将跳闸，因线路上无电压，QF1、QF4 的同期检定重合闸不能启动，产生拒动。

3）错误的配合。图 3-13（c）中，按"无压—同期—同期—无压"配合。k 点故障时 QF3 拒动，QF1、QF4 跳闸，因线路上无电压，造成 QF1、QF4 的无压检定重合闸装置同时启动，使两系统发生非同期重合闸。

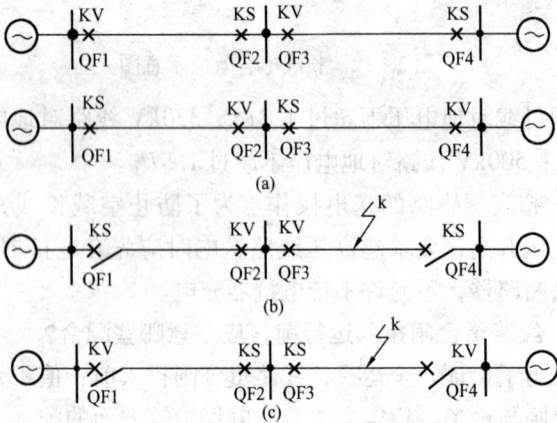

图 3-13　重合闸检定方式的配合（KV 为无压，KS 为同期）
（a）正确配合；（b）错误配合（拒动）；（c）错误配合（非同期重合）

（3）重合闸装置的动作与继电保护装置的加速必须配合。一般情况，线路的重合闸装置投入的同时，其继电保护装置的后加速压板均应投入，一旦重合于永久性故障上，后备保护可加速动作，跳开断路器，以减少事故的影响。对于重合闸装置已投同期检定方式的线路，其阻抗保护后加速压板可不投入，以免重合后系统出现冲击或振荡，使阻抗保护第三段（即启动元件）经后加速回路动作于跳闸，失去重合的意义。

（4）重合闸的重合方式必须配合。联络线两侧的重合闸装置必须具备相同的重合方式。例如：都投单相重合或都投三相

302

重合。

（5）与主设备的运行要求相配合。三相快速重合闸装置对大机组轴系寿命的潜在危险很大。因此，与发电厂相连的线路，禁止使用三相快速重合闸装置。单相快速重合闸装置对机组寿命影响较小，允许投入使用。

329. 线路重合闸在什么情况下断开停用？

答：运行中，如果重合闸装置继续投入，可能危及设备安全或产生错误重合时，则必须将其停用。一般包括以下各种情况。

（1）断路器的开断能力不足时。

1）系统短路容量（电流）增加，断路器的开断能力满足不了一次重合的要求时。

2）气体断路器或少油断路器的气压或油压降低到不允许重合的数值时（设计上应考虑自动闭锁重合闸）。

（2）断路器事故跳闸次数已接近厂家规定的允许值，继续投入重合闸装置，重合失败将超过规定值时。

（3）设备异常或检修影响重合闸装置正确动作时。

1）重合闸装置检定回路断线时。无压检定或同期检定的电压抽取装置（电压互感器）二次电压不正常，为防止误重合，应停用重合闸装置。

2）断路器的合闸动力电源系统或空气断路器的供气系统进行检修时。

3）断路器发生异常、禁止跳闸，机构卡死时。

（4）运行方式发生变化重合闸装置不能正常工作时。例如，双母线母联断路器断开分母线运行，双回线各占一条母线，此时线路跳闸后电流检定已不能证明两线路同期，故重合闸装置应停用。

（5）断路器进行合闸或试发时。

（6）当重合闸装置的继电器有缺陷时，如不断开重合闸装置，断路器也不能合闸。正常情况下，线路断路器跳闸后，重合闸装置完成合闸即应复归。

530. 旁路断路器带路如何操作？

答：以旁路断路器 QP 带双回线为例，以图 3 – 14 来说明如何操作。

（1）操作前应考虑的问题。

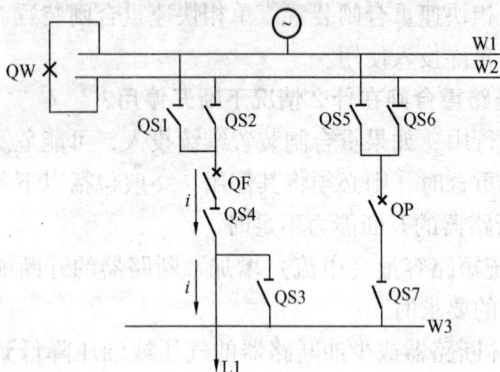

图 3 – 14　旁路断路器带双回线 L1 示意图

1）确定旁路断路器 QP 应接到哪条母线。为了保持双母线的标准运行方式，被带线路原来在哪条母线运行，旁路断路器 QP 就应放在哪条母线上。同时，使旁路断路器的母线差动保护交直流回路及跳闸连接片与该母线相对应。例如，线路 L1 的断路器 QF 原来接在母线 W1 上运行，那么旁路断路器就应该合母线隔离开关 QS5，使 QP 也接到 W1 上运行，并由 W1 的母线差动保护出口中间继电器动作跳闸。

2）母联兼旁路接线方式，应把母线倒成单母线，并正确连接母差电流互感器极性及保护压板。

3）检查旁路断路器的保护，应按被带线路的保护定值整定，并切换相关保护的交直流回路及保护连接片。另外，重合闸装置是否投入，采取何种检定方式，这些均由调度决定。

（2）被带线路负荷的切换。一般有两种方法：

1）转移法。用 QP 经旁路母线 W3 与 L1 并列，断开 QF 转移负荷。具体做法是：合隔离开关 QS5、QS7、QS3，合上 QP 与

QF 并列；断开 QF，负荷电流全部转移到 QP 上；断开 QS4、QS1。

2）等电位法。用线路旁路隔离开关 QS3 经 W3 与 L1 并列，断开 QF 转移负荷。具体做法是：合隔离开关 QS5、QS7，合上 QP；合上 QS3 与 QF 并列；断开 QF，负荷电流全部转移到 QP 上；断开 QS4、QS1。

一般多采用转移法。因等电位法虽避免了用线路旁路隔离开关 QS3 向 W3 充电，但是如果合 QS3 并列时 QF 跳闸，将造成带 L1 负荷合隔离开关。倒闸时，不管用哪种方法，事先都必须用 QP 先对 W3 充电加压。

（3）旁路断路器 QP 带路的具体操作步骤。

1）加用 QP 的保护装置及其连接片。

2）合上 QS5、QS7。

3）合上 QP，W3 充电应良好；断开 QP。

4）合上 QS3，给 W3 充电。

5）停用双回线的横联差动保护装置。

6）合上 QP，查已有电流，投入重合闸装置。

7）断开双回线的重合闸装置，断开 QF。

8）断开 QS4、QS1。

531. 母联断路器带路如何操作？

答：母联断路器 QW 带路的操作，以图 3－15 来说明。

（1）操作前应考虑的问题。

1）母联断路器带路前，应将双母线倒成单母线，腾出备用母线 W2，为带路做准备。

2）如果被带断路器要甩开检修，必须先临时搭好弓子线（见图 3－15 的虚线），并采取隔离措施，保证送电后检修人员与弓子线（带电）保持安全距离。

3）母联断路器的保护应按被带线路的保护定值整定。若母联断路器的保护必须带方向时，则其应与被带线路短路电流的正方向（由母线流向线路）一致。另外，母联断路器的重合闸是

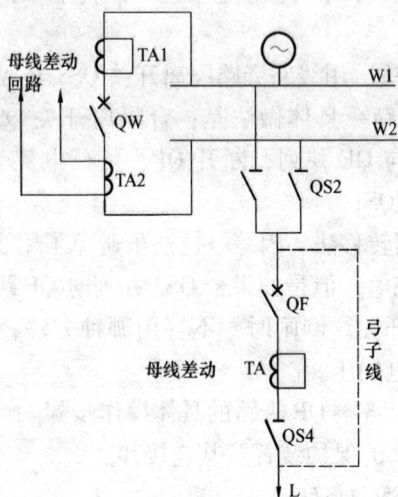

图 3 – 15　母联断路器带路示意图

否投入，采取何种检定方式，这些均由调度决定。

4）接母联断路器的带路要求，操作母联断路器的母线差动保护电流回路的电流试验盒，并将被带线路的母线差动保护电流回路的电流互感器 TA 从运行的回路上甩开、短接。

（2）母联断路器 QW 带路的具体操作步骤。

1）加用 QW 的保护装置及其连接片。

2）合上 QS2、QS4。

3）停用母线差动保护，按带路要求的规定操作母联断路器的母线差动保护电流回路的试验盒。

4）合上 QW，投入重合闸。

5）合上 QF，给线路送电。

6）取下 QF 的直流控制回路熔断器（保险）。

7）当被带线路有负荷电流后，检查母线差动保护电流回路差电流正常，证实母联断路器的母线差动保护电流回路的试验盒操作无误，投入母线差动保护。

如果被带线路断路器 QF 已搭弓子线，上述操作中的合 QS4，QF 可不执行；被带线路为 6～10kV 电抗器出线，可不执行 3）。

532. 线路横联差动保护在倒闸操作中应如何使用？

答： 双回线横联差动保护在倒闸操作中有以下四种用法。

（1）双回线之一停电，应断开横联差动保护跳运行线路的跳闸连接片。图 3 - 16（a）中，A 端为电源，断路器 QF3、QF4 断开一回线，停电检修；QF1、QF2 并入运行。当下一级线路 k 点发生故障，短路电流 i_K 通过运行线路，A、B 两端的横联差动回路均有差电流 $i_D = i'_K = i_K/n$（n 为 TA 变比），i_D 将使 A 端横联差动保护电流继电器 KA、功率继电器 KP1 动作。如果正赶上 QF3 在检修时合上（或机构调整），辅助触点 QF3—1 接通，[见图 3 - 16（b）]，出口中间继电器 KO1 动作，使运行线路的断路器 QF1 跳闸。为了防止误动，应断开横联差动保护跳运行线路的连接片 XB1。B 端横联差动保护因功率反向，且 QF4 在断开位置，横联差动保护直流电源被切断，故不会动作。

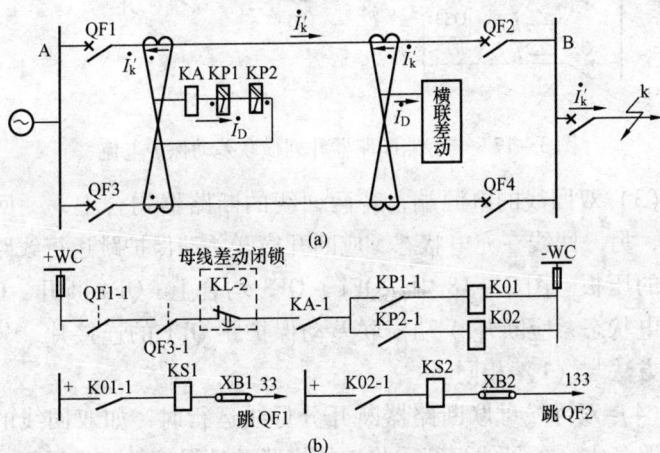

图 3 - 16　双回线横联差动保护示意图
（a）停一回线外部故障；（b）A 端横联差动保护直流回路

同理，若双回线两端都是电源，QF3、QF4 均有检修工作，A、B 两端横联差动保护跳运行线路的连接片均应断开，以避免 QF3、QF4 检修后合上，穿越性故障时保护误动。

（2）双回线之一经旁路断路器 QP 并列时，合 QP 前应将横联差动保护停用。图 3-17 中，QP 通过旁路母线 W3 与 QF3 并列，当下一级线路 k 点发生故障时，A 端横联差动保护回路有差电流 $i_D = i'_K - i'_K / 2 = (i_K - i_K / 2) / n$，KA、KP1 将动作使 QF1 跳闸；B 端横联差动保护回路中 $i_D = 0$。为了防止在 QP 与双回线之一并列时，发生穿越性故障时横联差动保护误动，合 QP 前应将 A 端横联差动保护停用，断开横联差动保护跳 QF1、QF3 的连接片。B 端横联差动保护仍可投入。

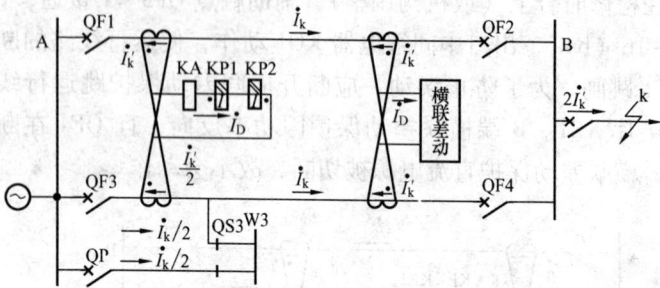

图 3-17　与旁路断路器并列横联差动保护电流

（3）双回线的电源端，若两回线的断路器均合上，一回线送电，另一回线在充电状态，应断开横联差动保护跳运行线路断路器的压板。图 3-18 中，QF1～QF3 均合上，QF4 断开，QF3 在充电状态，应断开 A 端横联差动保护跳 QF1 的连接片，分析使用方法与（1）相同。

（4）双母线母联断路器断开分母线运行时，如双回线的两条线路各占一条母线运行，将破坏横联差动保护的工作原理。正常时，两条线路送电电流不相等，横联差动保护回路差电流 $i_D \neq 0$；穿越性故障时，横联差动保护回路差电流 i_D 为短路电流，并将引起横联差动保护误动。此时，A、B两端横联差动保护均应停用。

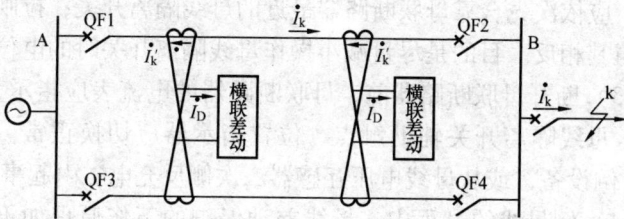

图 3-18　双回线一回送电一回充电示意图

533. 母线运行方式应如何考虑？母线元件应如何分配？

答：为了保证母线供电的可靠性，提高安全运行水平，凡是双母线接线基本上都采用母联断路器合上、两条母线同时运行的连接方式，其母线元件分配时应考虑以下几点：

（1）发电机、主变压器、电网联络线等，接在每条母线上的数量要相当；负荷安排要合理，力求正常通过母联断路器的交换功率基本平衡或比较小。

（2）大电流接地系统的母线，电源变压器的接地点要分配合理。条件允许，每条母线各设置一个接地点。

（3）双回线应各占一条母线，以提高供电的可靠性。

（4）工作厂用变压器与备用厂用变压器，不宜放在同一条母线上，以免母线故障时失去厂用电源。

（5）全厂（所）不同电压等级的母线，元件的分配方法（包括设备编号及所在母线的位置）要有一定的规律，便于掌握和记忆。

534. 母线倒闸操作的一般原则要求是什么？

答：母线倒闸操作的一般原则要求是：

（1）倒母线必须先合母联断路器，并取下控制回路熔断器

（保险），以保证母线隔离开关在并、解列时满足等电位操作的要求。

（2）在母线隔离开关的合、拉过程中，如可能发生较大火花时，应依次先合靠母联断路器最近的母线隔离开关；拉闸的顺序则与其相反。目的是尽量减小操作母线隔离开关时的电位差。

（3）断开母联断路器前，母联断路器的电流表应指示为零；同时，母线隔离开关辅助触点、位置指示器应切换正常。以防"漏"倒设备，或从母线电压互感器二次侧反充电，引起事故。

（4）倒母线的过程中，母线差动保护的工作原理如不遭到破坏，一般均应投入运行。同时，应考虑母线差动保护非选择性开关的拉、合及低电压闭锁母线差动保护连接片的切换。

（5）母联断路器因故不能使用，必须用母线隔离开关拉、合空载母线时，应先将该母线电压互感器二次侧断开（取下熔断器或断开自动开关），防止运行母线的电压互感器熔断器熔断或自动开关跳闸。

（6）其他注意事项：

1）严禁将检修中的设备或未正式投运设备的母线隔离开关合入。

2）禁止用分段断路器（串有电抗器）代替母联断路器进行充电或倒母线。

3）当拉开工作母线隔离开关后，若发现合入的备用母线隔离开关接触不好、放弧，应立即将拉开的隔离开关再合入，查明原因。

4）停电母线的电压互感器所带的保护（如低电压、低频、阻抗保护等），如不能提前切换到运行母线的电压互感器上供电，则事先应将这些保护停用，并断开跳闸连接片。

535. 母线倒闸操作时母线差动保护投入好，还是停用好？

答：母线倒闸操作时母线差动保护投入好。根据历年统计资料看，因误操作引起的母线短路事故，几率较高。

（1）误操作引起母线事故的原因。

1）母线上的地线未拆除或接地刀闸未拉开，母联断路器送电，带地线合闸。

2）倒母线时，走错间隔带负荷拉开母线隔离开关。

3）双母线分母线运行，用母线隔离开关并、解列母线。

4）误将检修设备的母线隔离开关合入，接通检修回路的地线（接地刀闸）。

5）往带电的母线上挂地线或误合母线上的接地刀闸。

6）母线故障后恢复时，倒母线仍采用常规方法操作，将双母线的两组母线隔离开关同时合上，造成运行正常的母线发生人为短路。

（2）倒母线，投入母线差动保护的好处。母线倒闸操作时，因误操作比较多，故投入母线差动保护，有极其重要的现实意义。投入母线差动保护倒母线，万一发生误操作造成母线短路，母线差动保护装置能够快速（0.2s 以内）动作切除故障，可以避免事故的扩大，从而防止设备严重损坏、系统失去稳定或发生人身伤亡事故。

536. 倒母线时，母线差动保护的非选择性开关怎样操作比较合理？

答：合理的操作顺序是：①双母线改为单母线运行前，先合母线差动保护的非选择开关，后取母联断路器直流控制回路熔断器；②单母线改为双母线运行后，先投入母联断路器直流控制回路熔断器，后拉母线差动保护的非选择开关。这样操作，在任何情况下、不管遇到哪条母线故障，均可保证由母线差动保护装置动作切除故障。

537. 为什么不允许带负荷拉合隔离开关，而倒母线则允许用母线隔离开关拉合转移电流？

答：带负荷拉合隔离开关，如果负荷电流超过隔离开关的允许值，往往引起弧光短路。倒母线时，如果预先合入母联断路器，因两母线电压 $\dot{U}_{W1} = \dot{U}_{W2}$，电压差 $\Delta\dot{U} = \dot{U}_{W1} - \dot{U}_{W2} = 0$，合拉母线隔离开关属于等电位操作，理论上讲不产生电弧，故拉合转移电流的操作是安全的。

实际上，母线隔离开关触头上承受着很小的电压差，其值等于电流通过母线导体时产生的电压降。负荷潮流按图 3-19 的方向分布时，最远一组母线隔离开关 QS2 两端承受的电压差有效值为

$$U_A - U_B = \Delta U = IZ_0L \qquad (3-29)$$

式中　I——负荷电流有效值，A；

　　L——母线的总长度，km；

　　Z_0——母线单位长度的阻抗，Ω/km，$Z_0 \approx X_L$，10kV 及以下硬铝母线 $Z_0 = 0.22\Omega/km$，35kV 以上 LGJ 型母线 $Z_0 = 0.4\Omega/km$。

对 10kV 母线，如取 $I = 2000A$，$L = 0.05km$，则 $\Delta U = 2000 \times 0.22 \times 0.05 = 22V$；对 35kV 母线，如取 $I = 1000A$，$L = 0.15km$，则 $\Delta U = 1000 \times 0.4 \times 0.15 = 60V$。几十伏压降，对于高压回路，可以忽略不计，即使产生小火花，也决不会构成危险。

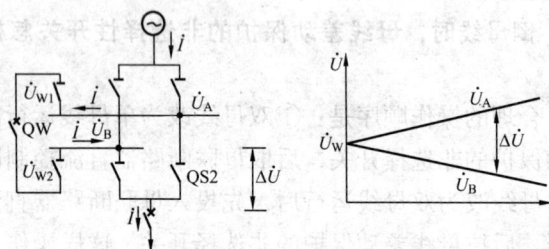

图 3-19　拉合母线隔离开关的电压差 ΔU

538. 在母线倒闸操作时，为什么合上母联断路器还要取下直流控制回路熔断器？

答：主要为了防止母联断路器在倒母线过程中误跳开。如果不将母联断路器直流控制回路熔断器取下，由于各种原因（误操作、保护动作或直流两点接地），使母联断路器断开，两条母

线的电压 $\dot{U}_{w1} \neq \dot{U}_{w2}$。此时合第一组母线隔离开关或拉最后一组母线隔离开关，实质上就是用母线隔离开关对两母线系统环路并列或解列。环路电压差 $\Delta\dot{U} = \dot{U}_{w1} - \dot{U}_{w2}$，其有效值等于两条母线电源电压的实际之差，可达数百伏或数千伏（视当时系统电压及潮流而定）。在母联断路器断开的情况下，母线隔离开关往往因合拉环路电流较大，开断环路电压差 ΔU 较高，拉不开，引起母线短路。因此，合母联断路器；取下母联断路器直流控制回路熔断器；检查母联断路器是否合好，这三条是倒母线实现等电位操作必备的重要安全技术措施。

539. 在母线倒闸操作时，为什么母联开关的拉合顺序要有明确的规定？

答：倒母线操作要考虑母线隔离开关的拉合顺序，大多主要是针对 6～10kV 母线系统而言。在母线的电源容量相同的情况下，额定电压低的工作电流大，故母线压降也大。离母联断路器愈近，电压差愈小，反之愈大。如果操作人员忽略了电压差这个概念，先操作离母联断路器远的母线隔离开关，那么在首先合入的第一组母线隔离开关或最后拉开的一组母线隔离开关触头上，因电压差大将冒小火花。这种小火花虽然能自行熄灭，也不会引起短路，但容易将母线隔离开关的触头和工作面烧伤。特别是室内由蜗母轮传动的母线隔离开关，其触头分合速度慢，火花作用的时间长，尤其要注意这一点。

为了减小倒母线时的电压差，设计母线时已采取多种均压措施：将母联断路器布置在母线的中间位置或大电源的旁边；将母线封闭成环状；室内备用母线增加均压带等等。但对于已经安装投入运行的母线来说，如发现母线隔离开关触头有烧痕，值班人员在倒母线时就要考虑采取最佳操作顺序，以减少电压差的影响。即合闸时，依次先合靠母联断路器最近的母线隔离开关；分闸时，操作顺序则相反。

540. 倒母线时拉母联断路器应注意什么？

答：在倒母线结束前，拉母联断路器时应注意：

（1）对要停电的母线再检查一次，确认设备已全部倒至运行母线上，防止因"漏"倒引启停电事故。

（2）断开母联断路器前，检查母联断路器电流表应指示为零；断开母联断路器后，检查停电母线的电压表应指示零。

（3）当母联断路器的断口（均压）电容 C 与母线电压互感器 TV 的电感 L，可能形成串联铁磁谐振时，要特别注意拉母联断路器的操作顺序：先拉电压互感器的隔离开关，切断电感 L，后断母联断路器，破坏构成 $L-C$ 谐振的条件。

541. 母线电压互感器检修后或新投入，为什么只有经过定相才允许倒母线？

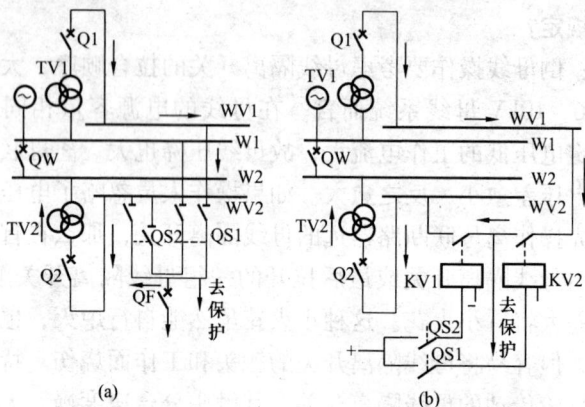

图 3-20　母线隔离开关辅助触点同时接通

（a）TV1、TV2 经辅助触点并列；（b）TV1、TV2 经电压中间继电器触点并列

答：从图 3-20 中看出，倒母线时，当一次系统两母线的母线隔离开关 QS1 及 QS2 同时合上并列运行时，其二次辅助触点同时也接通将使母线电压互感器 TV1、TV2 在二次并列。母线电压互感器检修后或新投入，必须定相才允许倒母线。否则，万一接线有误，二次电压相序、相位不一致，TV1 及 TV2 并列后必将引起短路。

此外，在 110kV 及以上电压系统中，除 TV 的基本二次绕组需要定相外，辅助二次绕组（即开口三角绕组）也要定相，以免极性错误引起线路零序方向继电器拒动或误动。

542. 设备一次回路作短路（或通电）试验，母线差动保护如何使用？

答：某发电厂，在做发电机短路特性试验［见图 3 – 21 (a)］时，事前未采取措施，造成短路电流进入母线差动保护回路，短路电流升到该机额定电流的 1/2，引起保护装置误跳闸。另外，在做母线差动保护回路的电流互感器 TA 的一次通电试验［见图 3 – 21（b）］时，造成试验电流进入母线差保护回路，引起母线差动保护装置误动跳闸。

为了避免上述误动作，工作前应将母线差动保护停用，将与试验回路有关的母线差动保护的电流互感器 TA 从运行的母线差动保护电流回路上甩开、短接好。

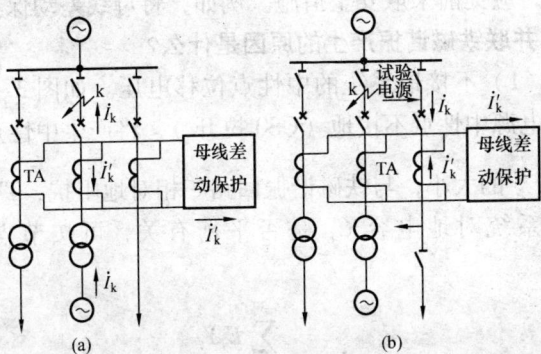

图 3 – 21　设备短路（通电）试验示意图

(a) 发电机短路特性试验；(b) TA 一次通电试验

543. 向空母线送电或升压，应注意哪些问题？

答：双母线系统，当发电机或主变压器利用母线电压互感器定相，或对故障母线故障点隔离之后的试升压，都需要用单独电源向空母线送电。这种运行方式与通过母联断路器向母线送电，有许多不同之处，值班人员应注意以下一些问题：

（1）母线为大电流接地系统，电源中性点必须接地，否则将造成严重事故。因此，向空母线送电或升压前，电源变压器的中性点接地刀闸必须合上，使母线系统有一个稳定的、可靠的接地点，保证电源相电压平衡。

（2）如有可能，尽量采用对空母线由零起升压。当升压的过程中母线出现接地信号或电源发电机电压表没有指示、定子两相或三相出现电流，说明母线可能有短路，应立即停止升压并降低电压到零，查明原因。

（3）采用发电机做独立电源时，特别是通过发电机变压器组给母线充电或升压，除应注意监视发电机的电压、频率有无变化外，还应注意母线电压有无变化，以免原动机转速不稳、主变压器分接头的电压抬升过高，超出其正常允许的变化范围。

（4）被送电或升压的空母线，万一发生故障，可能波及运行母线时，应提前采取安全措施。例如，将母线差动保护停用。

544. 并联铁磁谐振产生的原因是什么？

答：（1）不接地系统的中性点位移电压。如图 3 – 22 （a）中，由于电源中性点不接地（QS0 拉开），将产生中性点位移电压 $\dot{U}_N$。$\dot{U}_N$ 的大小，与铁磁谐振回路三相对地阻抗，TV 非线性电感 L、系统对地电容 C_E 是否平衡有关，可按节点电压法求得

$$\dot{U}_N = \frac{\sum_{i=1}^{3} E_i Y_i}{\sum_{i=1}^{3} Y_i} \qquad (3-29)$$

对于工频电压

$$\dot{U}_N = \frac{\dot{E}_A Y_A + \dot{E}_B Y_B + \dot{E}_C Y_C}{Y_A + Y_B + Y_C + Y_0} \qquad (3-30)$$

式中 $\dot{E}_A$、$\dot{E}_B$、$\dot{E}_C$——电源电压的工频分量，kV；

Y_A、Y_B、Y_C——相对地导纳，s;

Y_0——中性点之间的导纳，s。

（2）不接地系统的相对地电压。相对地电压的大小决定中性点位移的程度（即 $\dot{U}_N$ 的大小），其值为

$$\dot{U}_A = \dot{E}_A - \dot{U}_N \qquad (3-31)$$

$$\dot{U}_B = \dot{E}_B - \dot{U}_N \qquad (3-32)$$

$$\dot{U}_C = \dot{E}_C - \dot{U}_N \qquad (3-33)$$

$\dot{U}_N$ 的出现，将使相对地电压的大小、相位变得不对称。

（3）并联铁磁谐振产生的条件及原因。

1）正常情况下，TV 工作于励磁特性曲线的线性部分，即 "$L-C$" 并联电路的工作点在图 3-22（b）曲线的 a 点，电感 L 三相相等，故每相对地总阻抗相等，对地导纳 $Y_A = Y_B = Y_C$，又因 $\dot{E}_A + \dot{E}_B + \dot{E}_C = 0$，$Y_N = 0$，故 $\dot{U}_N = 0$，三相对地电压相等，

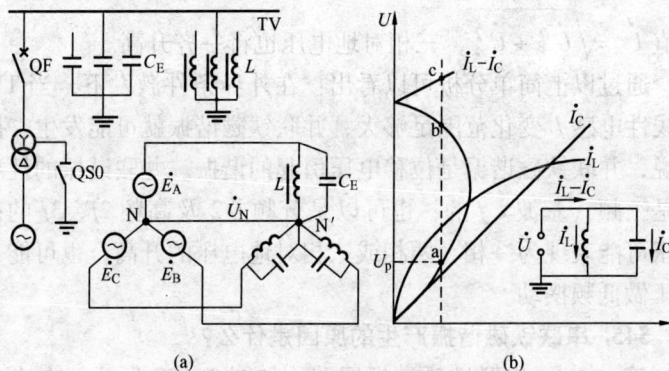

图 3-22　并联铁磁谐振回路

（a）一次接线；（b）一相支路的伏安特性

系统处在稳定工作状态。由于 $\dfrac{1}{\omega C_{\mathrm{E}}} < \omega L$，三相并联支路均呈容性。

2）在外部条件激发下合闸冲击，单相接地故障切除或弧光接地自动熄灭，线路断线，或系统参数变化，导致暂态过程中 TV 三相绕组因承受电压不同，铁芯饱合程度可能不同（电压高的铁芯愈饱合，电感 L 变小），于是三相电感 L 也不相等，将可能引起一系列的异常情况。假定某相 TV 承受电压高，铁芯饱合，L 下降变小，并联回路的工作点由 a 点上升到 b 点跳跃至 c 点，于是该相对地导纳呈感性，另两相 TV 电压低，呈容性，每相对地总阻抗就不相等，也即 $Y_{\mathrm{A}} \neq Y_{\mathrm{B}} \neq Y_{\mathrm{C}}$，$\dot{U}_{\mathrm{N}} \neq 0$，且三相对地阻抗不平衡程度愈大，$\dot{U}_{\mathrm{N}}$ 愈高。此时，可能出现两相对地电压升高，一相对地电压下降。如果三相对地导纳相互补偿，$Y_{\mathrm{A}} + Y_{\mathrm{B}} + Y_{\mathrm{C}} = 0$，将出现最严重的位移电压，并使系统三相对地电压一齐升高。

3）$\dot{U}_{\mathrm{N}}$ 如果为分次谐波或高次谐波，相对地电压 $\dot{U}$ 将由工频分量（电源相电压 $\dot{U}_{\mathrm{P}}$）及非工频分量（$\dot{U}_{\mathrm{N}}$）叠加而成，其值 $\dot{U} = \sqrt{\dot{U}_{\mathrm{P}}^{2} + \dot{U}_{\mathrm{N}}^{2}}$，三相对地电压也将一齐升高。

通过以上简单分析可以看出：在外界条件激发下，当 TV 的非线性电感 L 变化范围足够大，并联铁磁谐振就可能发生。换句话说，并联铁磁谐振是位移电压引起的谐振。并联谐振的性质可以是工频（基波）f 的；也可以是分频 $f/2$ 及高频 $2f$、$3f$ 的；过电压可能表现为一相、两相或三相对地电压的升高，也可能是相电压做低频摆动。

545. 串联铁磁谐振产生的原因是什么？

答：（1）串联铁磁谐振回路，如图 3 - 23 所示。在大电流接地系统中，电源中性点直接接地，当断路器 QF 断开后，其断口均压电容 C 与母线上的 TV 非线性电感 L，就组成了串联铁磁谐振回路，当电路受到外界的冲击激发，非线性电感 L 或电源频率 f 的变化达到一定条件，即 $X_L = X_C$ 时，铁磁谐振就会发生。

（2）串联铁磁谐振产生的条件及原因。

1）正常情况下，电源相电压为 U_P，"$L-C$"串联回路的工件点在图 3-23（c）曲线的 a 点，I_a 很小，I_a 在 L、C 上的压降很小，$\dot{U}_P = \dot{U}_L + \dot{U}_C$，电路呈感性。

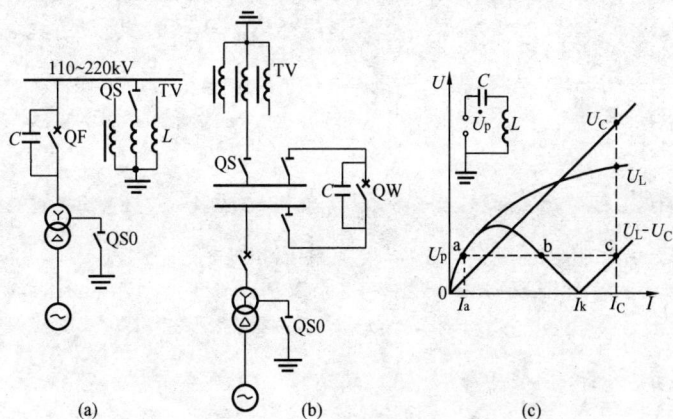

图 3-23 串联铁磁谐振回路

（a）、（b）一次接线；（c）一相伏安特性

2）在外部条件激发下分合闸时，TV 铁芯饱合，L 下降变小，串联电路的工作点由 a 点变至 b 点并跳跃至 c 点，此时电路呈容性，$I_C \gg I_a$，I_C 将使 TV 过电流数十倍，同时在 L、C 上的压降 $\dot{U}_L$、$\dot{U}_C$ 远高于电源电压，其有效值一般可达（1.6~3）U_P 的过电压。

通过以上简单分析可以看出，在外界条件激发下，当 TV 的非线性电感 L 变化范围足够大，串联铁磁谐振就可能发生。换句话说，串联铁磁谐振是 TV 电感的感抗 X_L 与断口电容容抗 X_C 相互抵消的结果。实践证明，当断路器有断口，电容 $C \leqslant 450\text{pF}$

时，基本不产生电磁谐振（U_C 与 U_L 曲线无交点）；当 $C \geqslant 900\text{pF}$ 就可能产生铁磁谐振。串联铁磁谐振的性质可以是工频（f）的，也可以是分频（$f/3$）的。过电压可能表现为一相、两相或三相电压的升高。串联铁磁谐振，用测量母线 TV 的相电压来判断快而准确，应尽量采用；否则，必须从线电压的对比中分析判断，且只测量一个线电压有时发现不了问题。

第四章 事故处理

第一节 系统及配电设备部分

546. 事故处理的一般原则是什么?

答:(1)迅速限制事故发展,解除人身及设备的危险。

(2)尽力保证厂用电。

(3)快速对已停电的用户恢复供电。

(4)调整电力系统的运行方式,使其恢复正常。

(5)事故发生后根据表计、保护信号及自动装置动作情况进行全面分析,作出处理方案。处理中特别注意防止非同期并列和系统事故扩大。

(6)事故发生后,主要操作时间应作好记录,及时将情况报告有关领导和调度。

(7)事故发生后要考虑对航运的影响。

547. 系统振荡是由哪些原因引起的?

答:引起系统振荡的原因有以下几点:

(1)线路送电量超过静稳定极限。

(2)系统事故引起动态稳定破坏。

(3)发电机欠励磁或失磁运行造成系统稳定破坏。

(4)电源间非同期合闸,未能拉入同步。

548. 系统异步振荡有哪些现象? 怎样处理?

答:(1)异步振荡现象:

1)发电机定子电流表、线路电流表指针剧烈摆动。

2）发电机电压表及母线电压表剧烈摆动。

3）发电机及线路有功功率表、无功功率表满刻度摆动。

4）转子电流表在正常值及以上摆动，强励可能动作。

5）机组发出有节奏的轰鸣声，且与表计摆动合拍。

6）照明灯随电压波动忽明忽暗，厂房剧烈振动。

7）水轮机的导叶开度及轮叶角度可能摆动，备用压油泵可能启动。

8）机组转速可能升高（处于送端时），也可能降低（处于受端时）。

（2）异步振荡处理：

1）首先根据机组转速表判明本厂机组的转速是升高还是降低。并检查失步检测装置指示、线路功率振荡的受、送端情况。

2）如机组转速比事故前升高，应以机组导叶开度限制机组有功出力，将机组转速降至 100% ～98.5%（即 50 ～49.2Hz），直至振荡消除。

3）如机组转速比事故前降低，应立即将机组导叶开度恢复至事故前运行位置。若线路送电条件允许可增加各机组导叶开度（如各机组导叶开度已在最大出力开度则保持原开度），尽快使转速升到 100% ～98.5%（即 50～49.2Hz）。

4）无论机组转速比事故前是升高或是降低，都应提高发电机电压，为恢复同步创造条件。若机组强励动作，应监视强励动作情况。

5）事故发生时，运行值班员应立即赶到水轮机旁。若调速器异常，应切手动运行并设专人监视，防止机组跳闸造成过速。

6）运行值班人员，应严密监视机组的转速、频率及清洁水泵、顶盖排水泵的运行情况，以防止清洁水中断引起烧瓦和水淹水导，注意机组的振动摆度。

7）振荡期间，运行值班人员应密切注意调速系统压油装置的运行情况，若油压低于自动启动油压，应手动启动压油泵。

8）运行值班人员应检查厂用电动力电源开关是否有脱扣跳闸，如有跳闸，应立即设法投入。

549. 单机失磁振荡有哪些现象？怎样处理？

答：单机失磁振荡有以下现象：

（1）失磁机组发生剧烈振荡，非失磁机组也有较强的振荡现象。

（2）失磁机组有功表、无功表、定子电流表满刻度摆动并过零，机组转速表指示可能上升。

（3）非失磁机组和线路的电流表、有功表、无功表有较大摆动，与失磁机组连接在同一主变压器下的机组的表计摆动更大，表计摆动方向与失磁机组相反。

（4）非失磁机组的转子电流比事故前增大，失磁机组的转子电流往零的方向摆动下降。

（5）失磁机组端电压大幅度摆动甚至过零，其他机组端电压及母线电压有较大摆动。

（6）失磁机组有励磁系统故障信号。

单机失磁振荡处理：

（1）注意失磁机组的表计变化与其他机组的不同点，正确区分失磁机组。

（2）判明失磁机组后，应立即将机组解列停机。

（3）在振荡过程中运行值班人员应密切监视机组顶盖排水泵的运行情况，以防止淹没水导。

（4）机组停机后，值班人员应对机组进行全面检查，并联系检修人员检查失磁原因和失磁保护拒动原因。

550. 系统异步振荡时，在出现哪些情况时可不待调度命令将机组解列？

答：系统异步振荡时，未经值班调度员允许不得将发电机从系统中解列，但在出现下列情况之一时，可不待调度命令将机组解列：

（1）异步振荡超过4min不能恢复时，可逐台解列机组。

（2）振荡过程中发现危及机组设备安全者。

（3）机组非同期并列未拉入同步，应立即将机组解列停机。

（4）单机失磁振荡的机组。

551. 系统振荡消除后应检查内容有哪些？

答：（1）主机设备应检查：

1）励磁系统风机电源运行情况。

2）油、水、风泵运行情况。

3）机组各部件是否有振松振脱现象。

4）推力瓦温是否异常。

5）水导密封是否有冒烟、冒水现象。

6）导水叶剪断销是否剪断、真空破坏伐是否复归。

7）机组各部轴承是否有漏油现象。

8）机组各部管道有无漏油、漏水现象。

9）测量机组各部轴承的摆度。

10）机组顶盖排水泵的运行情况。

（2）厂用电设备应检查：

1）直流充放电装置运行情况。

2）机旁动力盘、0.4kV配电盘电源开关运行情况。

（3）厂外设备应检查：

1）变压器、电抗器冷却装置运行情况。

2）高压开关系统运行情况。

552. 系统同步振荡有哪些现象？怎样处理？

答：（1）同步振荡现象：

1）机组和线路电流表、功率表周期性摆动，但摆动范围较小（发电机有功表、无功表均不过零），摆动方向一致。

2）发电机机端和母线电压表摆动较小。

3）系统及发电机频率变化不大，全系统频率未出现一局部升高、另一局部降低现象。

4）发电机鸣声较小，导叶开度和轮叶角度无明显变化。

（2）同步振荡处理：

1）判明系统是同步振荡后，保持各机组有功出力稳定，增加发电机的励磁，提高发电机电压。

2）如本厂出线跳闸后引起同步振荡，可降低机组有功出力至振荡消除。

3）如出线故障，系统发生同步振荡时，首先增加发电机励磁，而后联系调度降低发电机有功出力（50～100MW），若振荡仍然存在或加剧，再升发电机有功出力，观察其效果，直至振荡消除。

4）由于系统同步振荡幅值不大，所以处理步骤及检查项目不必按异步振荡那样执行。但若同步振荡时动稳定破坏产生异步振荡，则按异步振荡处理。

553. 系统切机切负荷装置动作时如何处理？

答：（1）切机动作后，应迅速将事故情况告调度和水库调度，并向有关领导汇报。

（2）首端切机动作，如果线路功率未超规定，经调度同意，可增加其他机组的出力，增加下泄流量。

（3）远方切机动作，应与调度联系增加其他机组的出力。

（4）切除的机组尽量维持空转，如已停机则按规定检查后迅速开机。

（5）查明切机动作原因，如属保护误动或切机装置误动应立即停用该装置。

（6）复归切机信号，停用被切机组的切机连片，将机组逐台并列，增加出力时应注意系统稳定方式。

554. 母线故障时如何处理？

答：（1）母线因系统其他设备事故越级跳闸而失压时，应不待调度命令，断开母线侧所有开关，并联系调度由线路对母线强送电一次。

（2）母线故障，母线保护动作停电，故障点不明显时由机组递升加压，正常后恢复运行；故障点明显，消除后由线路强送电。

（3）母线保护动作跳闸，如属其中一套保护误动，应将该保护停用后恢复送电，如果两套保护均动作且事故时有冲击，必须将故障点消除后，选择递升加压或线路强送电方式恢复送电。

（4）当母线由开关失灵保护动作跳闸停电时，应尽快将失灵开关两侧隔离开关拉开，停用该开关失灵保护，联系检修人员处理，母线可全电压送电。

（5）母线不论因何种原因事故停电，恢复送电前都必须对母线及所连接设备进行全面检查。

555. 线路强送电时有哪些注意事项？

答：线路强送电时注意事项如下：

（1）强送开关及其辅助设备状态良好。

（2）强送系统与主网联系紧密，电压正常。

（3）线路保护健全完善，重合闸装置停用。

（4）母线保护和开关失灵保护正常。

（5）强送系统应有变压器中性点直接接地点。

（6）强送时注意系统稳定的规定。

（7）单母线运行时，避免强送线路。

556. 充油充气设备遇有哪些情况时，应立即停电？

答：充油充气设备遇有下列情况之一者，应立即停电：

（1）外壳破裂、跑油（漏气）。

（2）套管破裂、跑油（漏气）。

（3）套管连接处发生较大的火花可能造成闪络接地时。

（4）接头严重发红、熔化或烧断。

（5）设备着火。

557. 开关遇有哪些情况时，应立即申请停电？

答：开关遇有下列情况之一者，应立即申请停电：

（1）气动操动机构大量跑气、跳合闸闭锁已动作，且气压无法恢复。

（2）液压操动机构油压下降无法恢复或已至闭锁压力。

（3）开关储气筒漏氮并经核实。

（4）弹簧储能机构脱钩或拉断。

（5）SF_6 气体压力下降到闭锁压力。

（6）少油开关漏油严重看不见油位。

（7）真空断路器出现真空破坏的嘶嘶声。

（8）少油断路器灭弧室冒烟或内部有异常声响。

558. 高压断路器故障的原因可能有哪些？

答：引起高压断路器故障的原因有：

（1）操动机构机械部分发生故障。常见的有 CD 型操动机构的三连板可调支柱变形或松动，使跳、合闸失灵；跳闸铁芯卡住或杠杆套的上动螺丝松动，铁芯掉下，使断路器拒动；合闸缓冲器偏移，滚轮及缓冲杆卡劲；连锁触点的杠杆从扇形轨道中滑出，使动合触点接触不良，跳闸回路不通；开口销折断或脱落等引起拒动和误动。

（2）绝缘不良引起。污秽和雷击可能引起断路器闪络及爆炸事故；充油或充胶电容套管受潮，能够引起内绝缘击穿，造成断路器或瓷套管爆炸事故；断路器本身进水也可能引起内绝缘破坏事故；绝缘材料和加工工艺缺陷也能引起绝缘击穿事故。

（3）灭弧事故。由于断路器密封不好或油标的有机玻璃开裂引起大量跑油等。

（4）断路器导电部分引起的事故。主要指软连线折断，铜钨触头脱落，动、静触头之间接触电阻增大等情况。

（5）操作电源引起的事故。这类事故多发生在系统短路故障时，硅整流器或蓄电池电压过低，致使断路器的分、合能力不足而引起的断路器爆炸事故。

559. 高压断路器误跳闸有哪些原因？

答：高压断路器在运行中突然跳闸，而该设备的保护装置未动作，且在跳闸时主控制室又未发现冲击现象，则说明断路器误跳闸，应迅速查明原因。

首先检查是否有人员误动、误碰，或继电保护回路上是否有人工作，致使断路器误动作。然后检查发电厂直流回路是否有接地现象，若有接地信号出现，应选择接地点，判断是否该跳闸断路器的操作回路有接地。因为直流回路中若发生两点接地，有可能造成断路器自动跳闸。此外，还应检查断路器的操动机构是否有故障，如断路器的跳闸脱扣机构有缺陷，使断路器脱扣，也会引起误跳闸。

有些变压器的电流速断保护躲不开合闸时的励磁涌流，也会使断路器合上后立即跳闸。遇有这种情况，可适当加大动作电流整定值，或使电流速断保护加 0.5s 的延时。

送电线路的高压断路器跳开后，可以立即再行合上，强送电一次。如果合不上，再检查原因。

560. 油断路器在运行中缺油如何处理？

答：运行中油断路器缺油的处理：

（1）首先取下该断路器的操作熔断器，并在机械跳闸装置上悬挂"禁止合闸、有人工作"的警告牌。

（2）若双母线上的某一油断路器（如发电机、变压器或送电线路侧等）缺油，应进行倒换母线的操作，用母联断路器替代缺油断路器工作，并将母联断路器的保护定值改为所代缺油断路器的整定值。此后，带电加油或停电处理。

（3）母联断路器缺油则应迅速将双母线运行倒换为单母线运行，然后停用缺油的母联断路器。

（4）若厂用电某一负荷断路器缺油而带电加油实在困难或不可能，此时，应转移负荷，然后将缺油断路器所在母线瞬间停电，拉出该断路器，再恢复上一级断路器的运行。

（5）若为发电机—变压器组接线中，发电机出口断路器缺油，则将发电机的负荷减到零，断开变压器高、中压侧断路器，并对发电机进行灭磁，再断开发电机出口断路器。

561. 空气断路器因漏气导致气压降低如何处理？

答：空气断路器气压降低时，应迅速查明原因，及时调整，使其恢复正常。如果气压降低是由于漏气引起，则：

（1）当气压降至允许投入自动重合闸的最低压力以下时，应停用自动重合闸装置。

（2）当气压降至该断路器断路容量所需的最低压力时，应取下断路器的操作熔断器。

（3）若气压还在继续下降，应将进气阀关闭，并注意维持断路器内部的正常通风，然后倒换母线，用母联断路器或分路断路器来代替该断路器运行。

562. 开关拒绝合闸、分闸操作时应如何处理？

答：（1）发现开关拒绝分合闸操作时，应判明：

1）操作回路电源是否正常。

2）操作回路是否被低油压、低气压闭锁。

3）操作能源（电源、气源）是否投入正常。

4）操动机构是否良好。

5）保护出口跳闸触点是否粘住。

（2）拒绝合闸处理方法：

1）判明原因后，根据不同情况进行处理。

2）拉开串联隔离开关，做开关分、合试验，良好后即可投入运行。

3）如果开关一相或两相拒合，应先断开已合闸的相，再作处理。

4）如因开关操动机构卡住，应短时切除操作直流电源，以免烧坏合闸线圈。

5）经以上处理仍不能投入运行者，联系检修人员检查处理。

（3）拒绝分闸处理方法：

1）判明原因后，根据不同情况进行处理，并及时通知检修人员协助检查。

2）当开关操作回路无闭锁信号，且现场检查气压、油压、储能机构正常时，可在现场手动跳闸。

3）缺陷处理完后，拉开串联隔离开关，作分合闸试验正常后，即可再次送电。

4）如系断路器一相或两相拒绝分闸，应设法将已分闸的相检查同期合上，再作处理。

5）处理时，注意短时切除操作直流电源，以免烧坏跳闸线圈。

6）当断路器确因操作闭锁动作无法复归或操动机构故障不能分闸时，应按断路器操作失灵处理。

563. GIS 设备中 SF₆ 气体压力降低发出报警信号如何处理？

答：若 SF_6 气体压力较正常值降低 0.05MPa 则应：

（1）检查压力表确定漏气区，并判明是否误发信号。

（2）用检漏仪确定漏气点。

（3）按补气规定进行充气。

（4）非断路器气室气压降至 0.3MPa 时，应停电处理。

564. GIS 设备中的断路器气室 SF₆ 气压降低闭锁动作时应如何处理？

答：因 SF_6 气压降低闭锁动作时，则：

（1）若断路器未自行分闸，则迅速断开其操作电源，投入机械锁定。

（2）判明故障点。

（3）转移或降低负荷后，将故障断路器停电。

（4）若断路器已自行分闸，则检查设备动作情况做好安全措施，并报告值长。

565. GIS 配电室"防爆膜"破裂后如何处理？

答：防爆膜破裂后，应遵循下列程序处理：

（1）GIS 本体故障致使防爆膜破裂后，SF_6 气体大量外逸，人员应迅速撤离，并投入全部通风装置。事故后的 15min 内，除抢救人员外，其他人员不得入内，事故后清扫人员进入室内应戴防毒面具。

（2）设备未停电时，应立即将故障设备停电。

（3）根据运行方式和相应保护动作情况，查明故障范围，判断其性质。

（4）布置安全措施，将故障气室隔离。

（5）恢复设备运行。

566. 隔离开关误操作时如何处理？

答：（1）隔离开关带负荷拉开：

1）手动操作刀闸时，如发现已拉错，在弧光未中断前迅速将其推上，如弧光已中断则不允许再合上。

2）电动操作刀闸时，如发现误拉，在没有起弧时来得及停止应尽快停止。如已经起弧，则应将操作进行到底。

3）如果可能，用串联开关切断隔离开关电弧流。

（2）隔离刀闸带负荷误合上：

1）没有起弧时应停止操作，将误合隔离开关拉开，如已起弧则应合上该刀闸。

2）不允许把误合上的隔离开关再拉开。

3）设法用断路器切断误合上的隔离开关。

567. 电压互感器、电流互感器、消弧线圈遇有哪些情况时应立即停电处理？

答：电压互感器、电流互感器、消弧线圈遇有下列情况之一时应立即停电处理：

（1）严重的火花放电及过热冒烟、焦味。

（2）内部或引线出口有严重的漏油或流胶现象。

（3）外壳破裂漏油、流胶。

（4）高压保险更换后又熔断。

568. 电流互感器二次侧开路时有哪些现象？应如何处理？

答：（1）电流互感器二次开路时现象有：

1）有关电流表指示为零，有功、无功负荷指示下降或自动回路、保护回路异常。

2）开路处可能出现火花，电流互感器本体有电磁声。

（2）电流互感器二次开路处理：

1）设法减小电流互感器一次电流。

2）联系检修人员设法将开路处接好，此时要注意人身安全，并考虑保护误动的可能性。

3）不能恢复时，则须停电处理。

569. 电压互感器二次断线有哪些现象？如何处理？

答：（1）电压互感器二次断线时现象有：

1）发出有关光字信号。

2）选测电压指示三相不平衡。

3）有关的有功、无功负荷指示偏低。

4）频率指示不正常。

5）电能表转速比正常时慢。

6）有关的保护和自动装置可能发信号。

（2）电压互感器二次断线处理：

1）查明是哪一回路保险熔断（或二次开关跳闸）。

2）无明显故障时，更换同规格保险（或合上二次开关），如更换后又熔断不应再更换。

3）将有可能误动的保护退出运行。

4）联系检修处理。

570. 遇有电缆着火时应如何处理?

答：（1）断开有关电源。

（2）将电缆廊道（或电缆沟）隔火门关闭或将两端堵死，采用窒息方法进行灭火。

（3）用干粉灭火器、"1211灭火器"或二氧化碳灭火器进行灭火。也可使用黄土和干沙进行覆盖。

（4）在灭火过程中，禁止用手触及电缆钢甲，也不准移动电缆，注意跨步电压和毒气伤人。

（5）灭火时必须带好防毒面具。

第二节　水轮机、发电机及变压器事故处理部分

571. 水轮机导轴承的常见故障是什么? 怎样处理?

答：常见故障是瓦温升高，甚至超过规定而引起烧瓦事故。

对于橡胶轴承由于供水管路系统中水生物或其他杂物，造成

供水系统堵塞，使润滑水压下降，进水量减小甚至中断，或因自流供水阀误关，而备用水自动装置又发生故障不能投入引起烧瓦事故。

事故停机后，做好安全措施，进行导轴瓦更新检修；在检修装配过程中，避免杂质混入；检修中应使轴承间隙、圆度、同心度、垂直度符合检修质量标准。同时，对供水系统进行全面检查、清扫，消除缺陷以确保润滑水的可靠。

对于使用稀油润滑的导轴承，常因检修质量差，如油盆渗漏或毕托管安装位置不对等，使润滑油减少，冷却系统有缺陷，冷却水量不足或中断等，使轴瓦温度升高，甚至超过规定值而引起烧瓦。一旦发生烧瓦事故，应进行全面检查，查明烧瓦的原因，更换新瓦或重新研刮，并消除产生烧瓦的因素。

572. 水轮发电机为什么会甩油？如何处理？

答：轴承甩油有内甩油、外甩油两种情况。

（1）内甩油的原因和处理方法：

1）当油质通过旋转件内壁与挡油圈之间甩向发电机内部，称为内甩油。产生此现象的原因是：①机组运行时，由于转子旋转鼓风，使推力头或导轴颈内下侧至油面之间，容易形成局部负压，把油面吸高、涌溢，甩溅到电机内部；②挡油筒与推力头或导轴颈内圆壁之间，常因制造或安装的原因，产生不同程度的偏心，使设备之间的油环很不均匀，当推力头或导轴颈内壁带动其间静油旋转时，起着近似于偏心油泵的作用，使油环产生较大的压力脉动，并向上窜油，甩溅到电机内部。

2）处理方法有：①在推力头内壁加装风扇，当推力头旋转时，使风扇产生风压，既防止了油面的吸高，又可阻挡油液的上窜；②在旋转件内壁车阻尼沟槽，沟槽是斜面式的，且外面向下，使上涌油流在沟槽中起阻尼作用，沿斜面下流；③在挡油筒上加装梳齿迷宫挡油筒，以此来加长阻挡甩油的通道，增大甩油的阻力，部分通过第一、二梳齿的油流，也将被聚集在梳齿油筒中，从筒底连通小孔流回油槽；④加大旋转件与挡油筒之间的间隙，使相对偏心率减小，由此降低油环的压力脉动值，保持油面的平稳，防止油液的飞溅上窜；⑤在旋转件上钻稳压孔，使里外通气等压，防止内部负压而使油面吸高、甩油。

（2）外甩油的原因和处理方法：

1）当油质通过旋转件与盖板缝隙甩向盖板外部，称外甩油。产生的原因是：机组运行中，由于推力头和镜板外壁将带动黏滞的静油运动，使油面因离心力作用向油槽外壁涌高，飞溅或搅动，易使油珠或油雾从油槽盖板缝隙处逸出，形成外甩油。还会随着轴承温度的升高，使油槽内的油和空气体积膨胀产生内压，在它的作用下，油槽内的油雾随气体从盖板缝隙处逸出。

2）处理方法有：①加强密封性能，在旋转件与盖板之间设迷宫槽，并装多层密封圈；②在旋转部件的外侧加装挡油圈，以削弱油流离心力的能量，使油面趋于平稳；③在油槽盖板上加装呼吸器，使油槽液面与大气连通，以平衡内压力；④合理地选择油位，不要将油面加得过高。对内循环推力轴承而言，其正常静止油面不应高于镜板上平面，导轴承正常静止油面不应高于导轴瓦的中心，若推力瓦与导轴瓦处于同一油槽时，其油位应符合两者中高油位的要求，超过上述油位时，既对降低轴瓦温度无效，而对轴承甩油却有害处。

573. 简述处理机组摆度大问题的一般方法。

答：水力机组的摆度大，说明轴线偏离机组中心线的允许范围，产生发电机磁拉力不平衡，处理的原则就是将机组轴线调至机组中心线的允许范围。

一般处理方法分述：

（1）因机组在非协联工况运行引起的摆度大，只需调整运行工况，使其在协联工况运行。

（2）因磁拉力不平衡和水力不平衡等引起的摆度大，可根据具体情况进行处理（蜗壳形状不正确；导叶开度 a_0 不匀；流道有异物、涡带）。

（3）因导轴承间隙大引起的摆度大，具体的处理程序如下：

1）停机，做好机组防止转动的安全措施。

2）排导轴承内的油，并拆除上盖。

3）在导轴承 X、Y 方向分别设百分表，用顶丝顶瓦 4 轴，百分表应无位移。

4）用内进、径千分尺测量轴向与瓦架距离，用塞尺测量瓦背间隙，同时测量发电机空气间隙。

5）以原安装中心或扩修中心为依据，用顶丝将大轴顶至安装中心。

6）按图纸规定的间隙调整每块瓦的间隙，并拧紧抗重螺栓备帽。

7）全面检查空气间隙，导轴承间隙、止漏环间隙（混流式）、合格后，松顶丝，清扫油槽，盖上盖，充油至运行油位。

574. 在哪些情况下可对机组实行紧急停机？

答：（1）确认发电机、永磁机或主变压器着火。

（2）机组过速超过 $115\% n_e$，导叶未关回时。

（3）发电机内发出特大持续异响时。

（4）机组振动、摆度超过允许值，并继续恶化时。

（5）清洁水中断，瓦温达报警温度值，且还有上升趋势时。

（6）机组各部轴瓦温度迅速上升超过报警温度时。

（7）调速器主操作油压降至低于 2.8MPa，且无法恢复时。

（8）上导大量进水跑油时。

（9）其他危及人身、设备安全的情况。

575. 机组甩负荷过速停机后应重点检查哪些项目？

答：机组甩负荷过速停机后应重点检查：

（1）永磁机花键轴及万向接头有无损坏。

（2）发电机励磁滑环及碳刷有无损坏。

（3）发电机上机架千斤顶有无明显变形。

（4）发电机转子有无明显变形或焊缝裂开。

（5）各轴承油箱油位及油管接头有无漏油。

（6）水封装置有无损坏。

（7）真空破坏阀有无漏水或阀杆拉断。

（8）剪断销有无剪断。

576. 机组出现飞车事故时如何处理？

答：机组出现飞车事故的处理方法为：

（1）首先检查导叶是否关闭，如果未关闭，应检查有关保护装置是否起作用，如不动作，则应手动操作关闭导叶。

（2）检查事故配压阀是否动作，若未动作，则应手动操作。

（3）当经上述两项操作无效时，应立即操作进水口的快速闸门使其下落或使主阀关闭，切断水流。

（4）在机组停机过程中，当机组转速下降至额定转速的35%～40%时，监视制动装置是否自动加闸，若不能，应以手动操作加闸停机。

577. 机组运行中调速系统油压过低如何处理？

答：（1）若系油泵未启动应立即查明原因，恢复油压。

（2）若系受油器漏油过大应立即将轮叶限制运行，调整开、关腔压差，减小甩油量。若无效则联系停机处理。

（3）若系调速系统大量跑油、漏气应按紧急停机按钮停机。若关不了则用备用油源关机。机组停机后，立即关主供油阀，并做好相应的措施。

578. 发电机轴承冷却水中断如何处理？

答：（1）检查总水压，判断供水阀门是否误关，若是则恢复之，并采取防止再动的措施，同时通知检修处理。

（2）检查是否因水头降低或滤水器堵塞而引起总水压降低，若是则采用加压或倒换冲洗滤水器。

（3）检查示流器是否误动。

（4）检查冷却器进出温度，进口水压及出水示流，判断是否设备堵塞，若是则采用正反向供水倒换冲洗，若无效应联系停机处理。

579. 导叶剪断销剪断有哪些原因？如何处理？

答：（1）剪断销被剪断的原因为：

1）导叶间有杂物（如木块、石头）卡住。

2）导叶连杆安装时倾斜度较大，造成别劲。

3）导叶上、下端面间隙不合格及上、中、下轴套安装不当，产生别劲或被卡。

4）对使用尼龙轴承套的导叶，在运行中因尼龙轴套吸水膨胀与导叶轴颈"抱死"等。

（2）剪断销剪断处理：

1）检查剪断销情况，若系元件误动则联系处理。

2）缓慢调整导叶开度，尽量减小振动。同时通知检修更换。

3）如果通过调整负荷，机组振动、摆度仍很大超过允许值时，有危及设备安全趋势剪断销破断较多（三个以上）无法维持运行时，则申请停机。停机后保持制动气压。

4）如果停机时间长或停不下来，应迅速通知关闭主阀或快速闸门停机（没有主阀或快速闸门的应落进水工作门）。

5）对剪断销更换后，而又连续被剪断，此时应联系停机排水检查。

6）若剪断销剪断且该活动导叶危及其他活动导叶开关时，则应做好导叶防动措施，调整机组工况，尽量减小振动，联系检修采取动水落进口门停机方式停机。

580. 低水头电厂，在哪些情况下可采用动水关闭机组进口工作闸门的措施停机？

答： 动水关闭机组进口工作闸门是在无法采取其他方法使机组停止运行的情况下而采取的措施。

（1）遇有下列情况时，应采取动水关闭机组进口工作闸门停机：

1）机组在运行中发生剪断销剪断，且失控导叶已超过100%开度，在运行中无法使失控导叶复位及更换剪断销，同时又无法用关闭导叶停机时，或者采用关闭导叶停机可能引起更多的导叶剪断销剪断时。

2）在机组发生飞逸事故时。

（2）在遇有上述情况时，应注意以下事项：

1）机组运行中发生剪断销剪断，应尽量保持机组负荷不变。严禁快速增减负荷，或紧急甩负荷，及时通知检修人员处理。

2）若机组在剪断销剪断后，且失控导叶开度在 0～100% 范围内，振动较大，应缓慢少量调整导叶的轮叶开度（双调），减小振动。如果在机组运行中不能使失控导叶复位及更换剪断销，应缓慢关闭导水叶，减负荷停机处理。在失控导叶开度超过100%时，若其他导叶开度在 42% 以下，可直接缓慢关导叶停机。若其他导叶开度在 60% 以上时，可将导叶开度缓慢关至60%，通知检修人员处理。

3）若不能用关闭导叶停机时，应采取动水关闭机组进口工作闸门停机。

4）若机组发生飞逸事故，应立即通知检修人员动水关闭机组进口闸门。同时采取开大轮叶开度（双调）的办法使机组脱离飞逸或降低飞逸转速。此时应密切注意机组、厂房的振动情况。

5）动水关闭机组进口工作闸门的顺序是先关右孔闸门，后关左孔闸门，最后关闭中孔闸门（面向下游方向）。

6）在动水关闭机组进口工作闸门时，运行人员应将调速器切手动，并做好防止机组突然甩负荷及导叶误关的措施（机组或系统事故除外）。闸门关闭中应密切监视机组负荷情况。当机组负荷减至零，处于空载时，应立即手动将发电机解列、灭磁，使机组停机，以防发生抬机事故。在此过程中应注意机组振动和轴承温度情况，调整机组工况，尽量减小机组振动。若在动水关闭机组进口工作闸门时，由于门机发生故障，或闸门发生卡阻等其他原因不能关闭闸门时，就要采取关闭导叶使机组停机的办法，而不必顾及导叶剪断销损坏情况。

7）动水落门停机后，应联系检修人员对机组进行全面检查并作出交待，下次开机时，应对瓦温、摆度、转子滑环等进行监测。

581. 机组顶盖水位过高如何处理？

答：（1）检查备用水泵是否启动，若未运行则手动启动。

（2）检查自动泵（或备用泵）未启动的原因，并作出相应处理。

（3）若水泵运行正常，水位确已升高，则检查漏水增大的原因（主轴密封水过大，真空破坏阀未复归），及时处理。

（4）若水位有升不降可能淹没水导时，应减负荷至空载，必要时联系停机处理。

（5）若水导已进水，联系停机处理。

（6）若系浮子继电器或水位传感器故障，及时联系检修人员处理。

582. 机组电气事故自动跳闸有何现象？如何处理？

答：（1）机组电气事故自动跳闸现象：

1）发电机有冲击声，机组表计大幅度摆动，出口开关跳闸或同时出现灭磁、停机。

2）蜂鸣器响，出现发电机相应事故光字。

3）有时会出现系统周波、电压下降。

（2）机组电气事故自动跳闸处理：

1）立即增加非故障机组的负荷，根据情况将备用机组投入运行。

2）检查保护动作情况，检查相应设备，判断故障类别及原因进行处理。

3）联系水库调度，考虑上下游水位。

4）向网调及有关领导汇报，并做好记录。

583. 发电机内部绝缘事故，会发生什么现象？事故的原因是什么？怎样处理？采取哪些预防措施？

答：（1）事故现象表现在：

1）发电机出口断路器和励磁开关自动跳闸。

2）发电机的表计都指示零值。

3）差动保护动作。

4）发电机层有绝缘的焦臭味。

5）发电机内部冒烟或起火。

（2）产生事故的原因可能是：

1）单相接地短路。

2）由于匝间短路而引两相或三相短路。

形成短路事故的因素多由于定子绕组或铁芯的局部过热引起绝缘迅速老化；定子绕组端部接头的焊接不良或受机械损伤；发电机在运行中，受大气过电压的冲击或因操作不善造成内部过电压使发电机定子绕组绝缘的薄弱点被击穿。

（3）处理事故的方法：

1）将发电机出口端的断路器及励磁开关断开。

2）若发电机着火，立即进行防火处理。

3）停机检查，找出故障点。

（4）预防事故的措施：

1）定期进行发电机定子绝缘老化的鉴定和耐压试验。

2）检修时，测量定子绕组的直流电阻，确定端部接头的焊接状况。

3）检查有无零件及工具遗留在发电机内部。

4）防止发电机的出线遭受直接雷击，增添防雷保护措施，对防过电压的措施定期检查和试验。

584. 发电机差动保护动作如何处理？

答：发电机差动保护动作后应：

（1）对差动保护范围内的一次设备进行全面检查（包括发电机内部），如发现发电机着火，急速进行灭火。

（2）做好安全措施，测定发电机定子线圈绝缘电阻。

（3）通知保护人员检查差动保护装置是否正常，发现问题立即处理。

（4）如未发现任何异常现象，请示总工程师后可启动机组进行递升加压试验，升压中发现不正常现象，立即停机处理。如升压试验正常，可并入系统。

585. 发电机匝间保护动作如何处理？

答：（1）处理方法同差动保护动作。

（2）重点检查发电机内部故障情况。

586. 励磁系统出现故障、事故时怎样处理？

答：（1）励磁回路绝缘不良，出现转子一点接地信号，其处理方法是：

1）测量正、负极对地电压及转子绝缘电阻。

2）检查并清扫整流子、滑环及励磁盘。

3）如转子回路中有人工作，应立即通知停止工作。

4）如系转子回路接地，应立即报告调度，尽快转移负荷，解列停机。

（2）转子绕组两点接地时，将出现转子接地信号，励磁电流上升至最大，也可能为零；励磁电压下降，无功下降或进相甚至失步；机组可能出现剧烈振动，机组失磁、转子过流保护可能动作。处理措施是：若出现机组剧烈振动或母线电压严重下降时，立即停机。

（3）转子回路断线时，其表现为：转子电流表指示到零，转子电压升高；发电机母线电压表指示降低；有功功率表指示较正常值低；定子电流表指示升高，发电机进相运行或失步；无功功率表指示在零以下；如系引线或磁极断线，则风洞冒烟，有焦味和很响的嗤嗤声。若保护动作，按保护动作规定处理，如果保护未动作，应立即将机组解列停机。

587. 发电机定子一点接地时有何现象？如何处理？

答：（1）发电机定子一点接地现象有：

1）机组发出定子一点接地信号或主变压器发出绝缘监视信号。

2）选测发电机出口三相电压不平衡。

（2）发电机定子一点接地处理：

1）测量发电机零序电压值，初步判断故障区域。

2）试拉合主变压器、发电机的电压互感器高压侧隔离开关，检查电压互感器高低压保险是否正常，能否复归信号。

3）对发电机系统的设备进行检查，检查时应穿绝缘靴。

4）监视消弧线圈的油色、油温、油位和响声。

5）经上述检查未发现接地点，应进行分割选择。

6）经选择后，根据接地信号的指示范围，进一步查找接地点。

7）在进行以上检查和操作时，必须遵守安全规程的有关规定。

8）接地期间可以适当降低电压运行。

9）找出接地点后应迅速消除，若一时不能消除，运行时间不得超过 2h，同时用备用机组更换"一点接地"的机组。

588. 发电机温度过高是由哪些原因引起的？怎样处理和预防？

答：（1）发电机的定子绕组、铁芯各部温度过高，主要是由于下列情况引起的：

1）发电机过负荷运行，超过允许的时间范围。

2）三相电流严重的不平衡。

3）发电机的通风冷却系统发生故障。

4）定子绕组部分短路或接地。

5）定子铁芯的绝缘可能部分损坏、短路、形成涡流。

6）测温装置及测量仪表故障。

值班人员必须查明发生异常情况的原因，加以处理。首先检查冷却系统和测温仪表的运行状况。如果冷却系统和测温元件没有异常现象，须降低发电机的有功功率和无功功率。

（2）预防故障的措施：

1）加强对冷却系统的维护检查。

2）检修发电机时，测量定子绕组端部接头的焊接电阻。

3）检修时检查定子铁芯的状况并进行定子铁芯试验。

589. 什么原因可能引起水轮发电机着火？发电机着火后应怎样处理？

答：引起水轮发电机着火的原因很多，例如短路（定子绕组匝间或相间短路）、绝缘击穿（雷击和过电压引起绝缘损坏）、绝缘表面脏污、接头过热、接头或并头套开焊、局部铁芯过热、杂散电流引起火花、绕组被掉入电机内的异物擦伤、定子绕组层间绝缘损坏、转子磁极连接处开焊、发电机过负荷时间太长（定子电流和励磁电流都超过额定值）以及外部的原因，都会引起发电机冒烟或着火。

发电机着火可能从其附近闻到焦味或从端盖接缝及其他不严密处看到冒烟等现象来判断。通常发电机故障着火，在电气仪表、继电保护方面都有反映。运行值班人员发现发电机着火后，应立即采取以下措施：

（1）发电机内部着火后，应迅速检查发电机是否已解列，并立即操作紧急停机。

（2）确认机组已解列停机不带电压后，立即进行灭火。

（3）对于密闭式冷却的发电机，如果在热空气道的出口处有事故风门时，值班人员立即关闭风门，保持密封。

（4）发电机有外部通风机时，应停止其运行。

（5）启动机组消防系统，去水车室检查是否有漏水，确定给水情况；如果水灭火装置发生故障不能使用，应采取其他措施灭火，但严禁使用泡沫灭水器和沙子进行灭火，因为有些泡沫灭火器的化学物品是导电的，会使电机绝缘性能大大降低，沙子灭火会给检修造成很大困难。灭火不准破坏发电机的密封。

（6）给水 5min 后，戴上防毒面具进入风洞检查灭火情况，若未完全熄灭，则继续给水。

（7）火被完全扑灭后，停止给水，并作好检修安全措施。

590. 引起发电机非同期并列的原因是什么？有何危害？应如何处理？

答：（1）引起发电机非同期并列的原因大致有以下几个方面：

1）发电机用准同期并列时，不满足电压、频率及相位相同这三个条件。

2）发电机出口断路器的触头动作不同期。

3）同期回路失灵或同期装置故障。

4）由于人为误操作、误接线及手动准同期操作方法不当。

（2）非同期的危害：当发电机出现非同期并列时，合闸瞬间将发生巨大的电流冲击，使机组发生强烈振动，发出鸣音。最严重时可产生 20～30 倍额定电流冲击。在此冲击下会造成定子绕组变形、扭变、绝缘崩裂，定子绕组并头套熔化，甚至将定子绕组烧毁等严重后果。一台大型发电机发生此类事故，除本身损坏外，该发电机和系统之间产生的功率振荡，将危及电力系统的稳定运行。

（3）发电机非同期并列处理：

1）若机组已拉入同步，在系统负荷允许时，应将机组立即解列停机检查。如系统负荷不允许解列，应严密监视机组各部温度、声响、异味，加强风洞检查，并尽快设法停机检查。若机组未能拉入同步，保护也未动作跳闸，则应立即解列进行检查。

2）通知检修人员对机组进行详细检查。

3）检查项目主要有：定子端部绕组、端部紧固件、转子绕组连线、转动部分，各紧固螺丝和连接件及各汇流排短路环是否正常，定子绕组和转子绕组是否正常。

4）找出发电机非同期并列的原因，并消除。

5）检查处理后对机组零起升压。

591. 发电机出口断路器跳闸的主要原因有哪些？值班人员应如何操作？事故如何处理？

答：（1）引起发电机出口断路器自动跳闸的原因较多，大致归纳为：

1）发电机内部故障，如定子绕组短路或接地、转子绕组的短路等。

2）发电机外部故障，如发电机母线及电力线路的短路等，其相应保护或断路器拒动，事故扩大，引起发电机出口断路器跳闸。

3）继电保护装置误动作，发电机出口断路器的操作机构失灵等。

4）运行值班人员误操作，或误碰断路器的操动机构，引起跳闸。

5）大型发电机失磁保护动作等。

（2）当发电机的出口断路器自动跳闸时，值班人员应立即进行下列工作：

1）切除励磁自动调整装置，将励磁电阻放在最大的位置。

2）检查自动灭磁开关是否跳开，如没有跳开，应立即进行远方操作使其断开，以防止发电机内部故障扩大。

3）根据信号查明何种保护装置动作。

4）查明是否由于值班人员误操作。

（3）在进行上述工作后，值班人员必须根据事故的性质和原因，立即进行事故处理，使发电机尽快恢复运行。事故处理的步骤有以下几个方面：

1）若是由于发电机的纵差、横差或事先投入的转子两点接地保护动作跳闸，则在查自动励磁装置已切除，自动灭磁开关已断开和磁场变阻器的电阻已调到最大位置后，还需检查厂用备用电源自动投入情况。

2）若发电机是由于后备保护或母线等公用保护动作而跳闸，只要外面故障点明显，则无须检查发电机内部，待发电机与外部故障点隔绝，即可将发电机并入电网运行。

3）若是发电机失磁保护动作跳闸，检查励磁开关确断开的情况下，通知维修人员检查励磁系统的设备，消除故障后，才能恢复发电机正常工作。

4）若是由于误操作或保护误动等引发发电机跳闸，只要故障原因明确且已消除，应尽快恢复发电机并列运行。

592. 发电机运行时发生失磁应如何处理？

答：发电机发生失磁后的处理方法，应遵循下列原则：

（1）对于不允许无励磁运行的发电机应立即从电网上解列，以避免损坏设备或造成系统事故。

（2）对于允许无励磁运行的发电机应按无励磁运行规定执

行，一般要进行以下操作：

1）迅速降低有功功率到允许值，此时定子电流将在额定电流左右摆动。

2）手动断开灭磁开关，退出自动电压调节装置和发电机强行励磁装置。

3）注意其他正常运行的发电机定子电流和无功功率值是否超出规定，必要时按发电机允许过负荷规定执行。

4）对于励磁系统进行迅速而细致的检查，在规定无励磁运行的时间内，仍不能使机组恢复励磁，则应该把发电机从系统解列。

大容量发电机的失磁对电力系统运行影响很大，所以，一般未经过试验确定前，发电机不允许无励磁运行。

593. 发电机出口开关出现三相不一致时如何处理？

答：发电机出口开关三相不一致的现象：机组三相定子电流不平衡；机组振动随负荷增大而增大；出口开关有关信号回路可能发信号。

处理：

（1）若机组后备保护未动作，立即减发电机有功、无功负荷至空载。

（2）若机组并网时一相或两相合不上，应立即将合上相断开，若不能断开，按开关操作失灵处理。

（3）若机组解列时一相或两相拒分，按开关操作失灵处理。

（4）联系检修人员查明原因并处理。

594. 发电机转子过流保护动作如何处理？

答：（1）检查可控硅励磁装置是否失控。

（2）对转子回路、励磁回路进行全面检查。

（3）若励磁调节装置故障，可退出主励，用备用励磁装置升压并网。

595. 运行中可控硅励磁装置误强励或全开放有何现象？如何处理？

答：（1）运行中可控硅励磁装置误强励或全开放现象：

1）发电机定子电流、转子电流、无功功率剧增。

2）各励磁功率柜输出电流指示最大。

3）励磁变压器声音异常。

4）可能出现"励磁回路故障"信号。

（2）运行中可控硅励磁装置误强励或全开放处理：

1）立即减励磁电流至正常值，将机组倒备用励磁运行，并通知检修人员检查主励。

2）减转子电流及无功功率无效时，立即按紧急停机按钮将机组紧急停机。

3）在强励动作无法消除的情况下，严禁切灭磁开关。

4）若转子电流保护动作跳闸，按机组保护动作处理。

596. 可控硅励磁装置失控全关闭有何现象？如何处理？

答：（1）可控硅励磁装置失控全关闭现象有：

1）机组无功负荷突然下降至负值。

2）定子电流上升，转子电流下降接近零。

3）定子电压降低。

（2）可控硅励磁装置失控全关闭处理：

1）若失磁保护动作跳闸，按机组保护动作处理。

2）若失磁保护未动作，机组已失步，应立即解列，用备励升压并网。

3）若机组未失步，立即减有功负荷至零，同时增励磁电流，若励磁电流调整无效，则倒至备励运行。

597. 机组在主、备励倒换时误强励有何现象？如何处理？

答：（1）在主、备励倒换时误强励现象：

1）机组无功、定子电流、转子电流异常增加。

2）主、备励输出均不稳定，主励输出剧增。

3）发电机电压略有升高。

（2）主、备励倒换时误强励处理：

1）在主励倒备励过程中，备励投入后产生强励，应立即减备励至最低，切除备励。

2）在备励倒至主励过程中，主励并入后产生强励，应立即减主励输出至零，切除主励。

3）在主备励倒换时，事先未退出主励积分单元而发生强励，立即将积分单元退出。

4）经上述处理，仍然强励，应立即减负荷解列机组，逆变灭磁，断开灭磁开关。

5）如手动灭磁无效，应按紧急停机按钮停机。

598. 励磁系统功率柜单柜掉相有何现象？如何处理？

答：（1）励磁系统功率柜单柜掉相现象：

1）故障柜输出电流大约为其他柜的一半或更低，切换阳极电流三相不平衡，且检漏电流较大。

2）续流电阻轻度发热。

3）转子电压轻微摆动。

（2）励磁系统功率柜单柜掉相处理：

1）退出故障功率柜。

2）通知检修人员处理。

599. 励磁系统功率柜多柜掉相有何现象？如何处理？

答：（1）励磁功率柜多柜掉相现象：

1）转子电流、定子电流、无功功率有摆动。

2）掉相瞬间无功功率突变。

3）转子电压摆动。

4）续流电阻严重发热，声响异常。

5）励磁变压器铁芯端部及外壳发热，声响异常。

6）调节控制电压较正常升高且摆动。

（2）励磁系统功率柜多柜掉相处理：

1）若励磁电流能调整，立即倒备励运行。

2）若励磁电流无法转移至备励，应联系调度先将机组解列，退出主励，然后用备励升压并网。

3）通知检修人员处理。

600. 发电机起励失败有何现象？如何处理？

答：（1）发电机起励失败现象：

1）机组发"励磁回路故障"信号。

2）机组手动开机转速正常后，手动起励电压建立不起来。

3）机组自动开机转速正常后不能升压。

（2）发电机起励失败处理：

1）检查励磁系统及转子回路开关、刀闸是否合上。

2）检查各功率柜脉冲电源开关是否投入。

3）检查逆变按钮是否复归。

4）检查起励直流电源是否正常。

5）检查励磁操作电源是否正常，保险是否完好。

6）通过以上检查处理后可复归起励失败信号，再手动起励一次如不成功，可通知检修处理。

7）在紧急情况下可用备励升压（并网前倒至主励运行）。

601. 变压器遇有哪些情况应立即停电？

答：变压器遇有下列情况之一者，应立即停电：

（1）变压器外壳及分接开关油箱破裂并大量跑油。

（2）压力释放阀动作，安全膜破裂向外喷油、喷烟、喷火。

（3）有强烈而不均匀的声音，内部有放电声、炸裂声。

（4）套管发生连续闪络、炸裂、端头熔断等严重破坏。

（5）因大量漏油使油面降至油位计的最低极限。

（6）变压器着火。

602. 变压器遇有哪些情况，可申请停电处理？

答：变压器如有下列情况，允许汇报调度和有关领导，申请停电处理：

（1）内部声响异常且不均匀。

（2）套管有破损和闪络放电痕迹。

（3）油位急速下降且无法制止，油枕油面不正常，套管油面过低或油色变化过甚并化验不合格。

（4）压力释放阀漏油或安全膜破裂但未喷油喷烟。

（5）变压器上盖掉落杂物，危及安全运行。

（6）套管上接线头接触不良，发热、烧红变色。

（7）变压器轻瓦斯动作（根据具体情况）。

603. 变压器油温逐渐升高超过允许值时如何处理？

答：（1）检查变压器三相负荷是否平衡。

（2）检查温度计指示是否与实际温度相符。

（3）散热器与本体温度有无差异，判明散热器是否堵塞或进出口阀门是否打开。

（4）检查负荷及变压器周围的环境温度。

（5）如未发现异常，则应启动备用冷却器或降低负荷运行，观察其变化情况。

（6）如温度仍然继续上升，油面也不断上升，则认为变压器内部有故障，应联系调度将变压器退出运行，检查处理。

604. 变压器油位下降如何处理？

答：（1）如果油位缓慢下降，应全面检查是否漏油或气温低使油面下降，并通知检修人员处理或注油。

（2）如油位急速下降，禁止将重瓦斯保护停用，应立即设法制止漏油并通知检修人员处理或注油，如无法制止应联系调度停电处理。

605. 变压器重瓦斯保护动作应如何处理？

答：（1）对变压器外部检查是否有爆裂、变形、喷油、喷烟、喷火及严重漏油等明显故障。

（2）取瓦斯并判断瓦斯性质。

（3）测量变压器绝缘电阻，判断是否内部故障。

（4）通知化验班进行油质化验，分析故障性质。

（5）检查二次回路及气体继电器。

（6）以上如未发现任何问题，应请示总工程师同意后，对变压器递升加压，良好后投入运行。

（7）如判明为可燃性气体，未经检查不得送电。

（8）如确认为瓦斯保护误动，应停用该保护恢复送电，但变压器差动保护必须加用。

606. 变压器差动保护动作如何处理？

答：（1）对变压器差动保护范围内的一次设备进行检查是否有明显故障点。

（2）判明差动保护是否误动。

（3）测量变压器绝缘电阻。

（4）如未发现任何故障，汇报总工程师同意后，进行递升加压试验，良好后投入运行。

（5）如确系差动保护误动，经总工程师同意后退出该保护将变压器投入运行，但此时变压器必须有速断的主保护。

607. 电力变压器断路器自动跳闸时如何处理？

答：当变压器断路器自动跳闸后，处理程序为：

（1）恢复断路器的操作开关至断开位置。

（2）根据信号检查系何种保护动作及动作是否正确。

（3）了解电力系统有无故障及故障性质。

（4）若属以下情况，经值长同意，可不经外部检查试送电：人员误碰、保护明显误动、变压器仅低压过流或延时过流保护动作，同时跳闸变压器的下一级设备故障而其保护未动作，已将故障点切除时。但试送只允许一次。

（5）如属于差动、重瓦斯或电流速断等主保护动作，故障时又有冲击现象，则需对变压器及其系统进行详细检查，停电并测定绝缘等。在未查明原因前，禁止将变压器投入运行，绝对不准强送电。

608. 电力变压器着火如何处理？

答：（1）停电：如变压器未自动跳闸，应将变压器停电，断开各侧断路器、隔离开关，并切除冷却器电源，将有关的通风机停止运行。如危及邻近设备的安全运行，也应及时联系，停止邻近设备的运行。

（2）排油：若油溢在变压器顶部上盖着火，应打开变压器下部排油阀，将油排至事故油池，使变压器油面低于着火面；若是变压器内部故障引起着火时，则不能排油以防发生爆炸；如属变压器外壳破裂，有油溢出，应关闭主变压器油池排水电动阀，打开排油电动阀，将油排至主变压器事故油池。

（3）启动消防水泵，打开消防水阀门向变压器喷雾灭火。

（4）用干式灭火器、四氯化碳灭火器、1211 灭火器进行灭火，灭火人员应戴好防毒面具。

（5）灭火时必须有专人指挥，防止扩大事故或引起人员中毒、烧伤、触电等。

第三节　厂用电、直流系统及公用辅助设备部分

609. 6kV 母线事故及厂用高压变压器保护动作跳闸如何处理？

答：（1）如备用电源自动投入装置 BZT 动作，应将 BZT 装置退出。

（2）如 BZT 动作投入成功，则应重点检查厂用变及保护动作情况，并按变压器事故处理规程处理。

（3）如 BZT 动作不成功，则认为母线侧有故障，应立即：

1）检查 0.4kV 备用电源是否自动投入，未投入者应手动投入。

2）断开故障母线所有开关，检查保护动作情况，并对一次设备进行全面检查（包括 0.4kV 电源各变压器和 6kV 各馈线）。

3）检查发现明显故障点，待消除或隔离后，可重新投入变压器（变压器保护应投入）向母线充电，恢复正常供电方式。

4）如未发现明显故障点，应经摇测绝缘合格后，逐级恢复送电。如送电不成功不允许再送，并联系检修处理。

5）如 6kV BZT 未动作（或 BZT 未投入运行），应首先恢复

0.4kV 母线运行，再检查 6kV 设备情况，如未发现明显故障点，摇测绝缘合格后可用主电源试送一次，试送不成功不允许再送，联系检修处理。

6）当母线为联络线供电而电源消失时，经检查无故障后应联系送电，恢复正常运行方式。

7）如系 6kV 负荷线路故障越级跳闸引起母线停电，应对线路外观检查，必要时经摇测绝缘合格后以先厂内、后厂外的顺序逐一送电。

610. 0.4kV 母线故障及 6kV 厂用变压器保护动作如何处理？

答：（1）如 0.4kV BZT 动作自动投联络开关一次不成功，则可能是 0.4kV 母线侧有故障，应将 BZT 停用、将机旁动力盘联络运行、并注意倒换其他重要负荷。

（2）如系变压器速断保护动作，隔离故障点，将 0.4kV 母线联络运行。对变压器进行详细检查，并测量绝缘电阻。

（3）若为过流及零序保护动作：

1）如母线及其连接支线上发现明显故障点，应立即将机旁动力盘联络或将重要负荷切换。

2）如母线无明显故障点，则断开母线上所有断路器、隔离开关，检查变压器外部无明显故障，用变压器对母线充电一次，良好后恢复正常运行方式，充电不成功时，联络机旁动力盘或切换其他重要负荷，联系检修人员处理。

（4）检查变压器冷却装置、可控硅充放电装置、励磁风机、公用辅助设备以及机组油、水、风泵运行情况。

611. 厂用变压器差动、电流速断保护动作如何处理？

答：（1）对变压器及高、低压侧电缆、引线进行全面检查。

（2）作好安全措施，测量变压器绝缘。

（3）如未发现异常，可将变压器投入运行。

612. 厂用变压器过流保护动作如何处理？

答：（1）厂用变压器过流保护动作，对变压器全面检查无异常后，断开低压侧开关，从高压侧对变压器强送电一次。成功后逐级恢复送电。

（2）如果强送不成功，则应做好安全措施，测量变压器绝缘电阻，通知检修人员检查处理。

613. 6kV 系统接地故障如何处理？

答：（1）停用备用电源自动投入装置 BZT，切换 6kV 母线电压表，判明接地相别及故障性质。

（2）如该 YH 保险熔断，更换同容量保险，更换后又熔断，要查明原因。

（3）如判断为 6kV 系统接地，应按负荷的重要程度，依次断开各负荷开关进行分割选择，以判断接地部位。

（4）选出故障点后，将该负荷转移，做好安全措施，联系检修处理。

（5）6kV 系统接地时，如备用励磁变压器带机组运行，禁止选切备励磁变压器高压侧开关，如判明是备励磁变压器高压电缆有故障，应设法切换机组的励磁装置或解列机组，然后停备励磁变压器。

（6）6kV 系统接地运行时间不得超过 2h。查找接地点时应穿绝缘靴、戴绝缘手套。

614. 6kV 系统谐振如何处理？

答：6kV 系统谐振现象：6kVYH 绝缘监视继电器动作，电源变压器功率及电流表周期性摆动，线电压不变。

6kV 系统谐振处理：

（1）测量母线各相电压均有升高且摆动。

（2）试切长电缆负荷或投入大电机负荷。

（3）母线停电，待故障消除后，再恢复正常运行方式。

（4）联系检修人员检查 6kV YH 中性点消谐器是否正常。

615. 220V 直流可控硅整流装置跳闸有何现象？如何处理？

答：（1）220V 直流可控硅整流装置跳闸有以下现象：

1）电铃响，出现"直流系统故障"光字。

2）直流母线电压降低。

3）可控硅整流装置盘黄灯亮。

（2）220V直流可控硅整流装置跳闸处理：

1）检查可控硅整流装置电流表无指示，母线电压显著下降，断开可控硅整流装置直流输出开关。

2）检查电源电压，各保险是否正常。

3）如因电源消失而跳闸待电源恢复后可重新投入运行。

4）检查保护运行情况，若是过流保护动作，应查明直流系统及负荷是否正常，全面检查可控硅整流装置有无异常，复归掉牌，试投一次。

5）若为过电压保护动作，当自动稳压运行时可能是直流放大器有干扰信号或缺陷，全面检查无异常后，复归掉牌，可投入运行。

6）若为热继电器动作，经检查无异常后，复归掉牌，试投一次。

7）若各保护均未动作，无明显故障时，可能是可控硅元件损坏或触发回路有故障，应将直流母线联络，退出故障充电装置，通知检修处理。

616. 直流母线短路有何现象？如何处理？

答：（1）直流母线短路现象：

1）电铃响，"直流系统故障"光字亮。

2）蓄电池总保险熔断。

3）直流负荷电源中断，信号灯灭。

（2）直流母线短路处理：

1）检查直流母线故障点。

2）断开故障母线所有断路器、隔离开关。

3）将直流负荷倒至运行母线。

4）断开可控硅整流装置控制工作电源。

617. 220V直流系统接地如何处理？

答：（1）用绝缘监视装置判断直流接地性质和接地点。

（2）如不能判断出接地点，则按下列原则判定直流接地故障点：

1）分析判断直流回路是否有人工作，或因漏水等原因造成接地。

2）先选次要负荷，再选重要负荷。

3）先选支路熔断器，再选总负荷开关。

4）选完负荷后再选母线、电源，最后检查绝缘监视装置。

（3）选直流回路接地时，对需选择的开关或保险应采取断开一对（正负极）送上后，再断开另一对再送上的操作程序，一般不应同时拉开几路。

（4）选择调度管辖的继电保护、自动装置的直流回路接地时，必须征得调度同意后方可选择。为防止装置误动，选择系统稳定装置时，应将远方切机切负荷连片停用后再进行选择，选择完后再加用。

618. 空压机出现哪些情况时应手动停机？

答：空压机在出现下列情况之一时应手动停机并通知检修人员处理：

（1）空压机运行时间长，生产气量降低。

（2）电动机有异音或焦味，电流表指示异常。

（3）轴承连杆，十字头处发出撞击声。

（4）气缸内出现敲击声。

（5）气缸过热，但气压正常。

（6）排出的冷却水有气泡。

（7）排污伐漏气。

619. 深井泵运行中出现哪些情况时应立即停止运行？

答：深井泵运行中出现下列情况之一者应立即停止运行：

（1）深井泵及电机运行中有异音或剧烈振动。

（2）电机冒烟或有绝缘焦味。

（3）轴承或电机温度超过允许值。

（4）电动机运行电流超过允许值，或大幅度摆动时。

620. 水泵启动后不抽水有何现象？如何处理？

答：（1）水泵启动后不抽水现象：

1）电机运行电流很大或只是空载电流。

2）水泵运行声音正常，出口压力表指示为零，无变化。

（2）水泵启动后不抽水处理：

1）立即将水泵操作开关放"切"。

2）检查出口伐是否开启，逆止伐是否卡住。

3）盘车检查连轴器有无脱节或折断。

4）滤网有无堵塞。

5）根据检查情况，联系检修人员处理。

621. 集水井水位低，水泵不能停止如何处理？

答：（1）立即将操作开关放"切"，若水泵不能停止，应立即断开动力电源。

（2）检查阀门位置是否正确，盘芯是否脱节。

（3）检查管道是否堵塞。

（4）据检查情况，联系检修处理。

622. 检修集水井水位过高如何处理？

答：（1）检查水位确到报警水位，立即启动检修排水泵排水。

（2）检查水泵未启动抽水或抽不上水的原因，以及其他泵不能自动启动的原因，联系检修处理。

（3）检查有无盘形阀误开或关闭不严，若有立即关闭盘形阀。

（4）检查清淤泥浆泵出口阀是否误开，若是则应立即关闭。

（5）若水泵全部启动抽不上水，且水位还有上升，应立即汇报领导，派人封井口，并采取其他措施，防止水淹厂房。

623. 渗漏集水井水位过高如何处理？

答：（1）检查备用水泵是否启动，若未启动则手动启动备用泵。

（2）检查自动水泵不抽水的原因，联系检修处理。

（3）检查是否来水增大，查找来水增大的原因并限制来水量。

（4）若水泵均不能运行，或来水量太大时，应立即汇报有关领导，采取应急措施。

624. 电动机运行中遇到哪些情况，应立即断开电源？

答：电动机遇到下列情况，应立即断开电源：

（1）直接威胁人身安全。

（2）电动机冒烟或着火。

（3）强烈振动危及安全运行。

（4）发生碰撞或所带动的机械设备损坏。

（5）铁芯、绕组及轴承温度急剧上升，超过规定值。

（6）电动机转速急剧降低，出现剧烈鸣音，电流超过额定值。

（7）电动机缺相运行。

625. 电动机自动跳闸后，应如何处理？

答：自动跳闸的处理程序：

（1）断开电动机的电源，查明原因。

（2）检查电动机温度是否正常。

（3）熔断器是否熔断。

（4）热元件是否动作。

（5）电磁启动器是否短路，绕组是否烧毁或断线。

（6）是否电源故障所致。

（7）测量绝缘，判断是否电动机本身故障。

（8）所带机械设备是否卡死、损坏或不正常。

第五章 规程及法规部分

第一节 电业安全工作规程

626. 雷雨天气巡视电气设备时为什么要穿绝缘靴并不得靠近避雷装置？

答：雷雨天气，可能出现大气过电压。阴雨又使设备绝缘降低，绝缘脏污处容易发生对地闪络。雷电产生的过电压会使出线避雷器和母线避雷器放电，很大的接地电流流过接地点向周围呈半球形扩散，所产生的高电位亦是按照一定的规律降低的。这样，在该接地网引入线和接地点附近，人体步入一定的范围内，两腿之间就存在着电位差，通常称为跨步电压。为防止该跨步电压对运行人员造成伤害。雷雨天气巡视设备时应穿绝缘靴。

阀型避雷器放电时，若雷电流过大或不能切断工频续流就会爆炸。避雷针落雷时，泄雷通道周围存在扩散电压，强大的雷电磁场不仅会在周围设备上产生感应过电压。而且假如该接地体接地电阻不合格，它还可能使地表及设备外壳和架构的电位升得很高，反过来对设备放电形成反击。所以，巡视有关设备时，值班人员与避雷装置必须保持规定的安全距离。通常，避雷、接地装置与道路或建筑物的出入口等处的水平距离应大于3m。

627. 在保管、使用、检查绝缘手套时应注意哪些问题？

答：在保管、使用、检查绝缘手套时应注意以下问题：

（1）绝缘手套是特制的橡胶手套，应无孔隙和杂质，不发黏、不发脆，并按规定周期（6个月一次）做交流耐压试验并合格。绝缘手套可作为500V及以下电压设备的基本安全用具或1kV及以上设备的辅助安全用具。绝缘手套均应以"只"为单位进行编号。应该注意，医用手套、耐酸手套等不能当作绝缘手套使用。

（2）绝缘手套应存放在干燥清洁的专门的架柜上，不与碱、酸、油类和化学品接触，不受阳光直射和雨淋。

（3）绝缘手套在每次使用之前，对其外观应进行详细检查。手套宽度以能套进大衣袖口为宜。要求其质地柔软、胶质紧密。发现有严重的划痕、切割损伤，以及从袖口开始卷紧和挤压检查有漏气的，均不得使用。

（4）绝缘手套每次使用完后应及时用温水和肥皂清洗脏污，撒上滑石粉保管。

628. 绝缘靴在保管、使用、检查中应注意哪些问题？

答：绝缘靴在保管、使用、检查中应注意以下问题：

（1）绝缘靴应有专柜或在特制的木架上按号位存放，它们每只都应有管理编号，靴子上不能堆压任何其他物品，注意与碱、酸、油类和化学品隔离开。

（2）绝缘靴使用时应注意其电压等级。当它用于1kV及以上设备时，只作为辅助安全用具；当它用于1kV以下设备时，可以作为基本安全用具。而电气工作常穿的绝缘鞋，在任何情况下都只能作为500V以下设备上工作的辅助安全用具。特别是绝缘鞋穿旧以后，有的纯粹没有绝缘能力。值班工作中习惯于穿绝缘鞋的值班员，平时应经常检查其绝缘能力，遇有操作时和工作时应不嫌麻烦，必要时换穿绝缘靴。

（3）绝缘靴应妥善保管，不得乱用。不得当作雨靴和耐油、碱、酸的靴子穿，或者将雨靴等当绝缘靴穿。这些做法不符合安全要求，应当严格禁止。

629. 为什么操作票中应填写设备双重名称？

答：操作票填写设备名称和编号的作用有两个。一是使操作票简洁、明了，避免某些语句在书写和复诵上过于冗繁；二是通过使用双重名称，可以避免发令和受令时在听觉上出错，特别对同一变电所内同音或近音的设备尤其必要。应该注意的是，发电厂和变电所内的设备，编号要能明显地区分开来，不得重复编号。

630. 倒闸操作时监护复诵应怎样进行？

答：监护复诵实际上是对操作实施进行全过程安全监护的制度。模拟预演结束，因为监护人较之于操作人更熟悉设备，经验丰富，所以，操作人应由监护人带领前往操作现场。以油断路器单元设备为例，操作之前，监护人持票面向待操作设备，站于操作人附近身后，两人立准位置，首先核对设备名称、编号和位置正确，准备开始操作，监护人记录开始操作时间，发布操作命令，高声唱票。操作人听令，核对设备名称编号位置，无误后以手指示高声复诵一遍并做好操作准备。监护人审查操作人所诵所指行为正确无误，发出"执行"的命令。操作人接到命令即动手操作，用钥匙打开电气防误闭锁装置，操作完毕复位，听候监护人下一项命令，监护人监督操动后设备状态合乎要求，则在该项上按规定打勾，接着唱诵下一项操作指令，如此按顺序进行，直至全部项目完结后，再全部进行一次复查，证明设备状态良好，监护人记录操作结束时间，带领操作人离开操作现场。

631. 倒闸操作使用绝缘棒时为什么还要戴绝缘手套？

答：这是从全面周密的安全角度来着想的。首先，绝缘棒的绝缘并不绝对，当它保管不当受潮时，绝缘能力将会降低，表现为泄漏电流增大，假如使用这样的绝缘棒操作，绝缘棒上就会产生电压降，如果操作人不戴绝缘手套，则其两手之间的接触电压将对人身安全造成威胁；第二，如果操作中出现错误引起设备接地，那么，地电位升高，操作人两手之间同样要承受接触电压而被伤害。因此，倒闸操作必须使用安全用具。基本安全用具还须辅助安全用具配合，戴手套是必须的。

632. 绝缘棒加装防雨罩主要是为什么？

答：下雨天对倒闸操作来说是一种特殊气候，必须有针对性地采取措施。绝缘棒的绝缘部分加装的防雨罩是喇叭口型的。使用时注意，罩的上口必须和绝缘部分紧密接触，无渗漏。这样的话，它就可以把绝缘棒上顺流下来的雨水阻断，保持一定的耐压，而不致于形成对地闪络。增加了防雨罩，还可以保证绝缘棒上的一部分不被淋湿，提高它的湿闪电压。

633. 倒闸操作在哪些情况下应穿绝缘靴？

答： 穿绝缘靴是为了防止设备外壳带有较高电位时操作人员受到跨步电压的危害。《电业安全工作规程》在第 25 条中指出："雨天操作室外高压设备时，绝缘棒应有防雨罩，还应穿绝缘靴。接地网电阻不符合要求的，晴天也应穿绝缘靴。"在实际操作中应严格遵守上述规定，并注意在出现以下情况时穿好绝缘靴。

（1）电气设备出现异常的检查巡视中，包括小电流接地系统接地检查时。

（2）雨天、雷电活动中设备巡视和用绝缘棒进行操作时。

（3）发生人身触电，前往解救时。

（4）对接地网电阻不合格的配电装置进行倒闸操作和巡视时。

634. 为什么在有雷电活动时应禁止倒闸操作？

答： 因为有雷电活动时，雷电波会通过母线在线路之间馈散。雷电流是相当大的，而高压断路器的遮断容量是有限的，如果恰好在操作中遇上那一瞬间开断雷电流，就会发生严重后果。有雷电活动时，输电线路及其他电气设备发生故障的几率也高，操作条件恶劣，对人身和设备风险都大，工作无安全保障。所以，如果雷电活动正在上空或附近时，应禁止进行倒闸操作。

635. 第二种工作票注意事项栏内应填写哪些内容？

答： 由于填用第二种工作票的工作种类繁多，而且大多是在带电设备或部分停电的屏盘上进行的。注意事项栏应针对可能出现的不安全现象或现场周围环境中存在的危险因素，具体地填写出防范措施。其主要内容有：

（1）防止误动、误碰运行中的二次设备。对二次回路或设备上以及保护定检等工作，应填明：防止电压（互感器）回路短路，如将××（标号）线从×端子排上断开并绝缘包扎固定；防止电流回路开路，在×端子排处或设备接线柱处将××回路可靠短接；工作设备与运行保护有关连接的压板的投、退，有关部分是否使用封条、锁具，遮栏隔开的工作设备与相邻保护的情况。

（2）防止人员触电。低压电源干线、照明回路上的工作，应填明根据需要装设接地线的数量、处所，装设绝缘挡板数量、处所，电源回路开关和熔断器断开的处所。

（3）在发电厂或变电所室外架构上工作，室内顶部工作，应填明防止高处坠落的具体措施。例如：有邻近带电一次设备的工作，应保持的安全距离；使用遮栏网架、遮栏布罩的办法。

（4）带电作业应按相应的专业工作要求，详细填写安全注意事项，以及指明重合闸的投、退情况。

（5）在蓄电池室工作时，应提醒工作人员禁止吸烟和使用明火，以及防止产生火花的事项。在注油设备附近用火时，应遵守规定，填明防火禁忌事项。

（6）部分停电设备上的工作，有可能跑错间隔发生事故的，应正确、妥善地挂设标示牌。如为防止误合，在断开的直流电源、低压电源闸刀操作把手上挂"禁止合闸，有人工作"的标示牌，在工作地点则挂"在此工作"的标示牌。

（7）在变电所周围和所内地面上进行挖掘工作时，为防止损坏设备及设施，应依照图纸注明地下电缆的走向、深度及接地装置的设置情况。

为防止发生事故，上述填写内容都应确切。如某元件应怎么办，均指可操作的具体行为措施。不得笼统、模糊地填写。

636. 什么叫做一个电气连接部分？

答：一个电气连接部分指的是：配电装置的一个电气单元与其他电气部分之间装有能明显分段的隔离开关，在这些隔离开关之间进行部分停电检修时，只要在各隔离开关处断路器侧或待修侧施以安全措施，就可以保证作业安全。比如高压母线或送电线路，它们与系统各个方向各端都可以用隔离开关明显地隔开，可以称为一个电气连接部分。

637. 系统停电检修结束后，合闸送电必须遵守哪些规定？

答：为了防止向工作还未结束的设备送电以及防止带地线合闸等恶性事故发生，《电业安全工作规程》第 64 条中对工作结束后合闸送电做了严格规定。着重应强调三个条件：

（1）送电前，必须查实该停电系统的所有工作票全部结束并已回收，各部分检修结论正确经验收认定合格，全部具备带电条件。

（2）停电系统中所有接地线都已拆除，对号回归线架，并按照设备运行状况恢复常设遮栏，按规定挂设了标示牌。

（3）合闸送电必须按设备管辖调度或值班负责人的命令执行。

638. 为什么运行中的星型接线设备的中性点必须视为带电体？

答：这是因为，不论是中性点直接接地的系统还是中性点不接地的系统，正常运行中中性点都存在有位移电压。对中性点经消弧线圈接地或不接地的系统来说，它是因导线排列不对称、相对地电容不相等以及负荷不对称而产生的。即使中性点直接接地系统中的变压器的中性点也具有一定的电位，它们在系统发生故障时，电位会更高，其数值可达等级值额定电压的 10% 以上。如果我们在停电时不注意将其中性点与运用中设备的中性点断开，就有可能会使这些电压引到检修设备上去，那将是很危险的。所以，设备停电时，必须将检修设备各方面的电源断开，特别应注意将运用中设备的中性点和停电设备的星形中性点解开。

639. 为什么要禁止在只经断路器断开电源的设备上工作？

答：高压断路器的断路能力虽然很强，但它的开断行程很有限。断路器的动静触头在有机灭弧室内，断与不断，只有靠分合闸指示牌指示，外观上不够明显。更主要的是，断路器在停用状态操作能源是不断开的，如果它的控制回路出现问题或发生二次混线、误碰、误操作等，都会使断路器的操作机构动作而自动合闸使设备带电。另外，当断路器的分闸装置分闸时，如果其操动机构故障断路器实际上来分闸，而位置指示器仍可能被（机构）带转至分闸位置，出现断路器虚断，造成人的错觉。因此，《电业安全工作规程》中明令禁止在只经断路器断开电源的设备上工作。检修停电，必须将断路器退出运行，断开负荷侧隔离开关和母线侧隔离开关，造成直观明显的空气绝缘间隙，以满足工作安全的要求。

640. 进行现场验电时怎样判断有电或无电？

答： 验电时判断有电或无电主要应熟悉设备带电检验时的特征。

（1）当良好的验电器接近被检验设备金属部分至清晰发光距离时，若验电器已发光或有音响，随着该距离的缩短，靠的愈近，则亮度就愈强。这与设备的工作电压被试验证明时的情形是一样的。操作人只要用心观察，不难断出它所带的是设备的工作电压。

（2）与上述情况比较，如果验电器进入清晰发光距离乃至更近验电器都不发光，直到与导体接触后，短时间发光。经过短暂时间后所发光的亮度有所减弱甚至消失，说明导体上只带有静电。如劲风作用于高压线路产生的电，电气设备的感应电等，很多都可以显示出静电。

（3）如果按上述方法在试验过程中验电器直接接触设备导体后不发光或者有一点发光，且与验电器试验时间长短无关，这种电压大多是设备的感应电压。其电压数值虽不高，但对工作人员来说是很危险的。如与电气化铁路接近又平行过一段距离的高压线路、同杆架设的双回线路等，感应电压可以达千伏以上，足以致人触电或刺激作业人员，引起神经抽缩而导致事故。

（4）对于低压三相四线制线路验电，应用低压 500V 验电笔进行测试，现场作业只要按规定操作，一般都不存在危险。

641. 什么是专用验电器？为什么可以用绝缘棒代替验电器验电？

答：专用验电器是指为专业作业和超高压设备检验电压制造的专门用途的器具。专用验电器要按技术条件操作使用。

有的边远变电所受条件限制，35kV及以上电压等级的电气设备无专用验电器，规程介绍可以使用绝缘棒替代验电器验电。其原因是：设备达到35kV等级的电场强度，绝缘棒尖端部分接近时，必然会在小间隙之间产生空气被电离时的火花和"噼叭"放电声现象。实际的运行工作说明，用电压等级合格的绝缘棒验电是一种简便实用的验电办法，操作使用时要注意，不可勾住导线，这样就破坏了产生光声现象的条件。如果现场备有专用验电器，则应按规定使用验电器。验电时必须戴绝缘手套。

642. 装设接地线时应注意什么？

答：装设接地线时主要应防止麻电和触电烧伤，防高处摔伤，挂设正确合格，装设中应注意以下几个方面。

（1）装设之前，应先根据设备接地处所的位置选择合适的接地线，提前进行检查，保证接地线合格良好待用。

（2）准备好所使用的工器具和安全防护用具。如：阴雨天气，应备好雨具，登高时的梯子需在杆塔上挂设时，必须系好安全带等。

（3）现场应先理顺展放好地线。因挂地线是和验电一起进行的。验明确无电压后，操作人先将接地端装好，选择挂设时合适的站立位置。如：在平台、凳子上操作时应站稳，注意人身防护，保持好接地线与周围带电设备的安全距离，特别是部分停电地点，空间距离窄小时更应注意把持安全距离。在接通导体端的整个过程中，操作人员身体不得挨靠接地线金属部分。

（4）对同杆架设的双回线、双母线、旁路母线等电气设备，停一回而另一回运行及其他产生感应电压突出明显的设备，应尽量使用接地隔离开关接地。在无接地隔离开关的设备上所挂的地线，均应为带有长绝缘操作杆的地线，以减小操作人员的风险。

（5）挂设导体端时，应缓慢接近导电部分，待即将接触上的瞬间果断地将线夹挂入，并应检查接触良好。

643. 为什么装设接地线必须由两人进行？

答：装设接地线在实施安全技术措施停电、验电之后进行，很多情况下要在带电设备附近进行操作。不仅装设接地线，而且拆除接地线也应遵守高压设备上工作的规定，由两人配合进行，以防无人监护而发生误操作，以及带电挂地线发生人身伤害事故时无人救护的严重后果。为此，必须遵守《电业安全工作规程》的有关规定。对单人值班变电所布置安全技术措施时，只允许通过操动机构合接地隔离开关，或使用基本安全工具——绝缘棒合接地隔离开关。

644. 装设接地线为什么要先接接地端？拆除时后拆接地端？

答：先装接地端后接导体端完全是操作安全的需要，这是符合安全技术原理的。因为在装拆接地线的过程中可能会突然来电而发生事故，为了保证安全，一开始操作，操作人员就应戴上绝缘手套。使用绝缘杆接地线应注意选择好位置，避免与周围已停电设备或地线直接碰触。操作第一步即应将接地线的接地端可靠地与地极螺栓良好接触。这样在发生各种故障的情况下都能有效地限制地线上的电位。装设接地线还应注意使所装接地线与带电设备导体之间保持规定的安全距离。拆接地线时，只有在导体端与设备全部解开后，才可拆除接地端子上的接地线。否则，若先行拆除了接地端，则泄放感应电荷的通路即被隔断，操作人员再接触检修设备或地线，就有触电的危险。

645. 临时遮栏有哪些使用形式？

答：临时遮栏是根据检修工作需要而设立的临时安全措施。正确使用临时遮栏可以确保电气作业人员与带电设备保持足够的安全距离。特别对于部分停电的工作，使用它能够阻止工作人员走错间隔发生失误。临时遮栏是临时的，因而也是灵活的和实用的。临时遮栏由于使用场合不同，一般有以下三种形式。

（1）可以和电气设备直接接触的绝缘挡板。它只用于 35kV

及以下电压等级，用干燥木材、橡胶及其他坚韧绝缘材料制成。

（2）栅栏状遮栏。其特点是安装固定方便，移动也简便对其要求是界隔明显、标色醒目，高度可根据实际情况确定。

（3）绳索围栏。在围绕界隔场地时使用绳索围栏。它上面一般串有红色三角小旗，检修工作时可在其上朝向围栏里面（高压试验时应朝外）挂上适当数量的"止步，高压危险！"的标示牌。它可以使用专门的活动式铁栏杆架设，适用于室外高压设备或单元设备检修、高压试验时使用。

646. 什么是约时停送电？它有哪些危害？

答：约时停、送电是指线路作业单位由于与发电厂或变电所距离遥远、交通不便或联系上存在困难，因而违反安全工作制度，忽视工作许可制度和安全责任，提前预定线路停电时间或工作结束时间，检修单位据此开始工作或结束工作，设备管辖单位也按照约定时间进行停电操作或合闸送电的违章作业形式。约时停、送电全面违反了高压设备上进行工作的具体规定，不能履行工作票制度依照责任对各个环节进行把关，因而是一种危害很大的违章作业形式。

（1）约时停电，使许可工作的命令流于形式，失去了安全许可的严肃性，现场安全措施的设置及安全注意事项无法交底，这样会使工作许可人为该工作所进行的操作，失去工作负责人的确认和监督。如果工作许可人（或调度）忘记操作时间或忘记交接，操作时走错间隔，安全措施上的遗漏以及现场运行中出现的其他情况均无人得以验证，使安全得不到保证，很容易发生人身和设备事故。

（2）由于约时停电脱离了生产实际，所以，对现场运行方式随时可能发生的变化无从预料，更难实施具体的防范措施，作业安全带有很大的盲目性。如双电源线路的任一侧运行方式发生变化对作业产生的影响，距离较长的线路雷电波入侵时的防范等，这些不安全因素均不能象正常工作许可时一样，在开工前得以澄清和制止，这样就使现场的安全作业措施不能按要求得以实施。

（3）约时送电同样是违反工作票制度的。线路作业完毕，合闸送电只是机械地执行一种时间上的约定，对工作是否全部完毕，地线是否全部拆除、人员是否全部撤离线路等都不清楚，因此合闸送电没有准确根据。而工作班组方面，可能由于路途道远、气候影响、工作准备不够充分、检修中出现问题等原因，都会造成时间上的耽误，使得不能按计划时间完工，这种情况是经常出现的。因此在约时停、送电的时间概念下工作是很不可靠的，往往会由于在时间上的误差导致恶性事故的发生。

647. 什么是轴电压？为什么要测量轴电压？

答：由于发电机定子与转子之间的圆周气隙不匀，使得转子铁芯沿圆心方向上的磁阻不够对称，运行中将产生与轴交链的交变磁通，该磁通在转轴上会产生感应电压，这个电压就是轴电压。它的数值不高，一般只有几伏至十几伏。

轴电压虽然不高，但它能击穿轴瓦上的油膜，与轴承、机座、基础等处形成回路。由于该回路电阻很小，因而会产生危害性很大的轴电流，该电流在部件接触处发生放电，使润滑和冷却油质逐渐劣化，严重时可能损坏轴瓦和轴承。通常，制造和安装设备时，在发电机两侧轴瓦座下面垫以绝缘物，以阻断轴电流回路。运行中可以通过测量轴电压，从其本身量值大小，并结合以往运行的测试记录，来判断绝缘垫的性能，看其是否因油污、老化和损坏而失去作用。

648. SF_6 气体有什么特点？

答：SF_6 气体有以下特点和性质：

（1）物理性质。纯净的 SF_6 气体无色、无味、无毒、不燃烧，属惰性气体。在 0.098MPa 压力下，相对于空气的比重为 5.19，液化温度为 $-62℃$。

（2）化学性质。SF_6 气体不溶于水和变压器油，在温度低于 800℃时仍然为惰性气体，不燃烧，在炽热温度下也不与氢气、氧气、铝、铜以及其他许多物质发生作用，水、酸、碱也不会使它分解。

（3）SF_6 气体具有优良的绝缘性能，抗电强度是空气的2.5倍，灭弧性能是空气的100倍，在0.294MPa压力时的抗电强度就与变压器油相近，并且 SF_6 气体中不含氧气，不存在触头等部位的氧化问题；SF_6 设备的触头即使在大电流下遮断，其磨损也极少。SF_6 气体中也没有碳元素，使得设备结构在设计上比较自由。

（4）SF_6 电气设备检修周期长，维护方便，占用地面和空间体积都小。用 SF_6 气体作为绝缘介质制成的全封闭组合电器，可以包括断路器、隔离开关、接地开关、互感器、母线、避雷器等元件。并且高压带电部分全部密封于钢壳之中，无触电危险，提高了运行的安全性。同时，由于密闭组合，避免了外界环境（如工业污秽、高海拔、冰霜雨雪气候）的影响，适合于大城市、工业密集区、地势险峻的山区、严重污秽地区的变电所安装使用。

（5）SF_6 气体作为绝缘介质的缺点：

1）它本身虽无毒，但它的重度大，不易稀释和扩散，是一种窒息性物质，在故障泄漏时容易造成工作人员缺氧，中毒窒息。

2）SF_6 气体在电场中产生电晕放电时会分解出来 SOF_2（机化亚硫酸）、SO_2F_2（氧化硫酰）、S_2F_{10}（十氟化二硫）、SO_2（二氧化硫）、S_2F_2（氟化硫）、HF（氢氟酸）等近十种气体。这些氟、硫化物气体不但有毒，S_2F_{10} 有剧毒，而且很多还有腐蚀性。如对铝合金、瓷绝缘子、玻璃环氧树脂等绝缘材料，能损坏它们的结构；对人体及呼吸系统有强烈的刺激和毒害作用。SF_6 气体的这些缺点，构成了 SF_6 电气设备在安全防护方面的主要问题。

649. 进入 SF_6 配电室应遵守哪些规定？

答：电气工作人员进入 SF_6 配电装置室应注意遵守以下事项。

（1）进入之前，应将通风机定时器扭至15min位置，先进行强力通风。

（2）通风完毕，须用检漏仪在规定的检测地点测量 SF_6 气体的含量，确认室内空气新鲜无问题。

（3）严格执行现场运行规程的规定，坚持应有两人进入室内巡视，尽量避免 1 人单独进入，以便于突然发生危险情况时互相救助。

（4）为了保证人身和设备的运行安全，禁止 1 人进入 SF_6 配电装置室内从事检修工作。

650. SF_6 电气设备发生紧急事故时应怎么办？

答： SF_6 电气设备发生紧急事故是指：电气设备绝缘介质严重下降使内部出现接地、短路、防爆膜破裂或设备本体密封出现问题使气体严重泄漏的事故。当 SF_6 电气设备发生紧急事故时，泄漏报警装置发出光、声、音响信号，进行处理时在安全方面应注意以下内容：

（1）为防止 SF_6 气体漫延，必须将该系统所有通风设备全部开启，进行强力排换。电气值班人员应做好处理的组织准备，穿好安全防护服并佩戴隔离式防毒面具、手套和护目眼镜，采取充分的措施准备后，才能进入事故设备装置室进行检查。

（2）设备防爆膜破裂，说明内部出现了严重的绝缘问题，电弧使设备部件损坏，引起内部压力超过标准。因此，必须停电进行处理，查明事故原因，保障电气人员人身安全，这也是防止事故进一步扩大的必要措施。

（3）认真消除故障所造成的设备外部污染，应使用 SF_6 的熔剂汽油或丙酮将其擦洗干净。进行这项工作也应按现场运行规程的规定做好安全防护。

651. 继电保护装置做传动试验或一次通电时怎么办？

答： 传动试验是保护检验过程中最后一道工序，应通知值班人员并告知回路上工作的其他人员共同参与配合。这不仅是要让值班人员看到检验结果，对保护装置动作的正确性、动作定值、仪表指示、光声音响信号回路的完整性予以认定，而且试验工作本身也应取得他们的同意，这是因为对有关试验部分的安全措施和涉及其他相关回路上的检修工作，由值班人员做妥善处理，无问题后才可进行传动，试验保护设备。

对于一次通电，它是一种模拟实际故障电量的整体联动试验方式。不仅牵涉二次回路，而且也影响该一次设备单元的所有工作，需要通知值班人员给予必要的配合。工作负责人应全面协调指挥，对关键环节和步骤派人监护，保证试验安全。

652. 在带电的电流互感器二次回路上工作安全措施的主要内容是什么？

答：简单地说，在运行中的电流互感器二次回路上工作，安全措施的中心内容就是将电流互感器二次侧可靠地短接，以及工作时防止其开路，具体实施的措施规定如下：

（1）短接二次绕组应妥善可靠，遵守《电业安全工作规程》规定，使用专用的短路线和短路片，在端子排或接线柱上紧密连接，禁止用缠绕的方法去短接。

（2）实施短路措施时，要防止在装、拆电流互感器短路线过程中二次侧开路发生危险。操作时，必须有专人监护，站在绝缘垫上，使用绝缘工具进行。

（3）短路线做好之后，工作只能在短路点处以后的二次部分进行，严禁在短路线之前即电流互感器与短路点之间的回路上进行任何工作。

（4）在电流互感器上工作的安全措施整体性强，工作应认真谨慎地进行，注意不得将回路的永久接地点断开。

653. 在带电的电压互感器二次回路上工作安全措施的主要内容是什么？

答：电压互感器二次回路高阻抗的特点，决定了在其上进行工作时安全措施的主要内容，就是要严格防止二次回路短路和接地，工作时必须遵守以下规定。

（1）断接工作部分电压接线时的操作应戴绝缘手套，使用绝缘工具；操作压板应稳、准确，各位置上旋钮应旋紧。在端子排上拆线头要做好标记和绝缘包扎，并妥善固定。

（2）接用临时试验负载的二次电源线，应使用装有熔断器的刀闸，熔丝的熔断电流应和电压互感器各级熔断器的保护特性相配合。保证在该负载部分发生接地短路故障时，本级熔断器先熔断而不影响总路熔断器。

（3）断开某些二次设备的引线，如果可能引起保护元件误动的，应按规定向调度部门或生产主管人员申请对该元件采取措施，必要时将其退出运行。

654. 对二次回路通电或进行耐压试验时应注意哪些问题？

答：二次回路是高压设备的保护、控制、测量及光声信号以及连接线的总称。回路通电和耐压试验是二次设备的两种检验方式。由于二次回路接线错综复杂，进行试验应注意以下几个方面：

（1）试验之前，核对图纸和接线，确认所试回路与运行回路已无关联，不会发生串电，应该断开的各连线接点均已断开或已采取措施。

（2）试验之前，应通知值班负责人和有关人员，停止被试回路上的其他工作，并对可能进入试验范围的各侧门道派人现场看守，防止外部人员触电。

（3）进行二次回路试验若需拆除互感器的保安接地点、二次工作接地和其他连线时，应逐一记录清楚，以防工作完毕恢复时发生遗漏、错接而造成二次设备性能改变以及出现隐蔽性缺陷。

（4）电压互感器二次回路通电试验应先检查一、二次隔离开关和熔断器确已断开，避免反充电或使其他回路设备带电酿成事故。

655. 寄生回路有什么危害？

答：寄生回路往往不能被电气运行人员及时发现，时常是在改线结束后的运行中，或进行定期检验、运行方式变更、二次切换试验时，才从现象上得以发现。由于所寄生的回路不同，引发的故障也就不同，有的寄生回路串电现象只在保护元件动作状态短暂的时间里出现，保护元件状态复归，现象随同消失，是一种隐蔽性的二次缺陷。由于寄生回路和图纸不符，现场故障迹象收集不齐时，查找起来既费时又不方便，而如果不及时查处消除，它能造成保护装置和二次设备误动、拒动（回路被短连）、光声信号回路错误发信及多种不正常工作现象，导致运行人员在事故时发生误判断和误处理，甚至扩大事故。

656. 进入水轮机内工作时，应采取哪些措施？

答：进入水轮机内工作时，应采取下列措施：

（1）严密关闭进水闸门，排除输水钢管内积水，并保持钢管排水阀和蜗壳排水阀全开启，做好彻底隔离水源措施，防止突然来水。

（2）放下尾水门，做好堵漏工作。

（3）尾水管水位应保证在工作点以下。

（4）做好防止导水叶转动的措施。

（5）切断水导轴承润滑水源和调相充气气源。

657. 在转动着的电机上调整清扫滑环时应遵守哪些规定？

答：运行中的电机由于高速旋转带来了发热、振动、摩擦，容易引起电刷表面冒火、磨损松动、滑环表面油污等运行故障。由此，对它们进行经常性的维护检查是保证电机安全连续运行的重要方面之一。每一种故障的发生都有其原因，需要用经验才能进行判断。由于电机旋转的运行特征，在带电条件下维护检查时必须始终把安全放在首位。

（1）电气工作人员着装必须严格遵守《电业安全工作规程》和现场运行规程的规定。扣紧袖口，发辫应盘好藏在帽内，防止衣物、材料等被卷挂进去。

（2）维护人员操作只能由一人进行。应由经验丰富、操作技艺熟练的人员（值班负责人或正值班员）担任。不能两人同时进行工作。

（3）维护碳刷时应站在绝缘垫上，并根据现场具体条件在专人监护下进行，以防同时接触不同极导电部分，如一手接触导体、另一手接触接地部分，以及其他不当的工作行为，而造成接地、触电等事故。

第二节 法规、调规、事故调查规程

658. 新建和扩建的电力工程的设备和建筑物投入运行有什么要求？

答：凡有未完工作的工程不应验收投入运行。

新装的机组和附属设备，在完成设备分部检验试运（包括闭锁装置）和自动装置的调整试验，并解决了发现的问题后，启动验收委员会方能许可整套设备进行联合试运。整套设备必须在额定参数下进行 72h 满负荷连续试运行；经过 72h 试运行并消除试运行过程中发现的缺陷后，方可办理交接手续，投入运行。

送变电工程的试运时间为 24h。如因用电负荷较少或水头不能达到规定值，而不能达到满负荷时，试运行的最大负荷由启动验收委员会确定。

试运行不得按非设计所规定的临时系统进行。

659. 运行单位在新建和扩建的电力工程验收前应做好哪些准备工作？

答：运行单位在新建和扩建的电力工程启动验收前应做好下列准备工作：

（1）建立机组设备的管理和运行检修组织，配齐工作人员，完成培训工作；

（2）从制造、设计和施工单位提供的资料中整理出设备和建筑物的图纸和技术资料，建立技术资料的管理制度。

（3）编制现场运行规程和运行操作系统图。

（4）编制各种技术统计报表、设备运行日志和各种记录本等。

（5）备妥各种必需的维护材料和备品，对已有的备品加以清点和保管。

（6）火电厂应确定燃料的供应及运输计划，备妥必需的储备燃料。

（7）水电厂应备妥水文气象和水工建筑物的观测设施并有专人管理。

660. 对系统的电气接线、运行方式、继电保护和自动装置的整定有什么要求？

答：系统的电气接线、运行方式、继电保护和自动装置的整定应保证：

（1）能迅速消除正常运行的突然破坏，以保证系统的动态稳定。

（2）当系统内最大容量的发电机、变压器或输电线路被切断时，能保证事故后系统运行的静态稳定和不使负荷超过设备的允许能力。如果某一联络线过负荷会引起静态稳定的破坏，则在必要时应采用自动卸减联络线负荷的装置。

（3）短路容量不超过发电厂和变电所内设备所允许的数值。

（4）当系统发生振荡，应在适当地点把系统解列，振荡消除后恢复并列。

661. 电力系统内各发电厂的日负荷曲线应根据什么原则编制？

答：电力系统内各发电厂的日负荷曲线，应根据下列原则编制：

（1）在火电厂之间分配系统负荷时，与供热机组的热力负荷相适应的电力负荷，应担任系统的基本负荷。热电厂其余部分的电力负荷，应根据系统内火电厂总的运行经济性决定。

（2）应在保证整个电力系统最佳运行方式的条件下，确定水电厂的负荷曲线，并应遵守下列条件：

1）耗用规定水量（根据径流和水库利用条件而定）。

2）根据各部门间达成的协议，满足国民经济有关部门的各项要求（防洪、航运、灌溉等）。

3）承担系统的尖峰负荷。

662. 发电机和同步调相机的运行电压是怎样规定的？

答：发电机和同步调相机运行电压的变动范围应在额定值的±5%以内，而功率因数为额定值时，其额定容量不变。

发电机的电压低于额定值的95%时，其定子电流不得大于额定值的105%。

发电机的最低运行电压应根据稳定运行的要求确定，不应低于额定值的90%。

发电机的最高运行电压应遵守制造厂的规定，但最高不得高于额定值的110%。

663. 事故情况下，发电机和同步调相机允许的过负荷时间是多少？

答：事故情况下，发电机和同期调相机允许过负荷的时间和数值，应遵守制造厂的规定。如制造厂无规定，对表面冷却式发电机可参照表5－1。对内冷却式发电机，则应根据试验确定。

表5－1　　　表面冷却式发电机允许过负荷的时间和数值

过负荷电流/额定电流	1.10	1.12	1.15	1.25	1.50
过负荷持续时间（min）	60	30	15	5	2

664. 发电机和同步调相机允许的持续不平衡电流值是怎样规定的？

答：发电机和同步调相机允许的持续不平衡电流值，应遵守制造厂的规定，如无制造厂的规定时，一般按下列规定：

（1）在额定负荷下连续运行时，汽轮发电机三相电流之差不得超过额定值的10%，对于容量为100MW及以下的水轮发电机和凸极的调相机，三相电流之差，不得超过额定电流的20%；对于容量超过100MW的水轮发电机三相电流之差不得大于15%；同时任一相的电流不得大于额定值。

（2）在低于额定负荷连续运行时，各相电流之差可大于上述规定值，但应根据试验确定。

665. 电动机运行时轴承的允许温度是多少？

答：电动机轴承的允许温度，应遵守制造厂的规定。制造厂无规定时，按照下列规定：

（1）对于滑动轴承，不得超过80℃。

（2）对于滚动轴承，不得超过100℃（油脂质量差时，不超过85℃）。

电动机轴承用的润滑油、脂，应符合轴承运行温度及转速的要求。

666. 为防止水冷却变压器进水，应采取哪些措施？

答：为防止电力变压器进水，应执行以下措施：

（1）水冷却器中的油压必须大于水压，油泵应安装在水冷却器的进油侧，水冷却器冬天停用后应放去积水。

（2）变压器套管接线头处的垫衬必须严密。

（3）在整个运输与储存过程中，应检查油箱各部的垫衬是否严密，充气压力是否正常。主变压器到达现场后，若不立即安装，应及时注油并将储油柜装上。

667. 电力变压器的大修间隔是怎样确定的？

答：电力变压器的大修间隔，应根据变压器的构造特点和使用情况确定。

（1）发电厂、变电所的电力变压器，一般在正式投运后五年左右一次，以后十年一次。

（2）充氮与胶囊密封的电力变压器，可适当延长大修间隔。对全密封电力变压器，仅当预防性检查和试验结果表明确有必要时，才进行大修。

（3）在大容量电力系统中运行的主变压器，当承受出口短路后，应考虑提前大修。

（4）有载调压电力变压器的分接开关部分，当达到制造厂规定的操作次数后，应将切换开关取出检修。

668. 当回路未装断路器时，允许用隔离开关进行哪些操作？

答：当回路中未装断路器时，可使用隔离开关进行下列操作：

（1）开、合电压互感器和避雷器。

（2）开、合母线和直接连接在母线上设备的电容电流。

（3）开、合变压器中性点的接地线，但当中性点上接有消弧线圈时，只有在系统没有接地故障时才可进行。

（4）与断路器并联的旁路隔离开关，当断路器在合闸位置时，可开、合断路器的旁路电流。

（5）开、合励磁电流不超过2A的空载变压器和电容电流不超过5A的无负荷线路，但当电压在20kV及以上时，应使用屋外垂直分合式的三联隔离开关。

（6）用屋外三联隔离开关、合电压10kV及以下且电流在15A以下的负荷。

（7）开、合电压10kV及以下，电流在70A以下的环路均衡电流。

669. 发电厂蓄电池组容量和组数的选择应满足什么要求？

答：发电厂、变电所的蓄电池组容量和组数的选择，应满足以下要求：

（1）短时放电容量大于全厂停电事故状态下最大允许放电电流和放电时间的乘积。

（2）在全厂停电事故、厂用电全停，且蓄电池在放电1h末期的情况下，能满足恢复厂用电时具有最大冲击电流的断路器合闸的要求。

（3）在各种运行方式下出现最大可能冲击电流时，能保证断路器合闸的可靠性。

（4）在接上最大冲击负荷时的端电压应满足继电保护、自动装置和动力装置的要求。

（5）直流电源供电要可靠。

670. 新蓄电池组安装后，应进行哪些试验和检查？

答：新蓄电池组安装后，应进行下列交接试验和检查：

（1）试验蓄电池的容量及充放电效率。

（2）试验电解液是否符合标准。

（3）测量电解液在充满电和放完电以后的比重。

（4）测量蓄电池组的绝缘电阻。

（5）检查每一个蓄电池极板、隔板和端子连接有无不正常情况。

（6）检查通风设施。

（7）测量最大冲击放电电流下的端子压降。

671. 新建和大修后的电缆线路，验收时应进行哪些试验？

答：新建或大修后的电缆线路，在验收时应进行下列试验：

（1）直流耐压试验。

（2）缆芯的完整性（无断线情况）。

（3）电缆缆芯的定相。

（4）测定电缆线路的参数（60kV 及以上），如交直流电阻、电容、正序及零序阻抗。

（5）金属护套和保护器的接地电阻以及保护器的试验。

672. 对继电保护装置的整定值的管理有何规定？

答：电力系统各元件的继电保护装置的整定值必须有明确的分工管理制度，凡运行方式变更时，保护定值必须满足运行条件的要求，其运行定值的更改，应由管辖该设备的调度部门提出，交有关运行部门执行。

继电保护和自动装置中的继电器及其附属设备均应加封印，封印只能由继电保护工作人员加封和开启。因电力系统运行方式变更，而须由值班人员改变定值的继电器不需加封印，但应在现场继电保护运行规程中为值班人员作出相应的规定。

673. 发电厂、变电所的电气设备和电力线路应接地的部分有哪些？

答：发电厂、变电所的电气设备和电力线路应接地的部分如下：

（1）电机、变压器、断路器及其他电气设备的金属外壳或基座。

（2）电气设备的传动装置。

（3）互感器的二次线圈（继电保护另有规定者除外）。

（4）屋内、外配电装置的金属或钢筋混凝土构架。

（5）配电盘、保护盘及控制盘（台）的金属框架。

（6）交、直流电力及控制电缆的金属外皮、电力电缆接头的金属外壳及穿线的钢管等。

（7）居民区中性点非直接接地架空电力线路的金属杆塔和钢筋混凝土杆塔。

（8）避雷针、避雷线的引下线，装有避雷针、线的金属或钢筋混凝土杆塔或构架。

（9）带电设备的金属护网、遮栏。

（10）配电线路杆塔上的配电装置、电容器等金属外壳。

（11）易燃、易爆介质的容器，油区的铁路轨道。

674. 电气设备绝缘配合的原则是什么？

答：电气设备的绝缘水平，应保证在各种运行方式和气象条件下，能耐受运行电压、计算的内过电压和外过电压的作用，绝缘的配合原则如下：

（1）电力线路绝缘子的个数，应按污秽条件规定的泄漏比距和内过电压计算倍数选定，并按规定的耐雷水平校验。空气间隙（考虑风偏）的距离要满足运行电压和内过电压倍数的要求，其冲击强度应与耐雷水平要求的绝缘子串的冲击放电电压相适应。

（2）发电厂、变电所设备的绝缘（包括空气间隙）除满足运行电压和计算的内过电压要求外，其冲击强度还应与避雷器的残压相配合。屋外电气设备的外绝缘，尚应符合按污秽条件规定的泄漏比距的规定。

（3）在一般情况下不考虑变电所和线路绝缘间的配合。但绝缘水平超过标准很多的线路（如降压运行的线路），应验算变电所避雷器的电流是否超过额定配合电流，超过时应在线路段首端采取保护措施。

675. 电力系统内过电压的倍数根据哪些因素确定？怎样计算？

答： 电力系统内过电压的倍数，应根据系统接线、参数、断路器性能、中性点接地方式和操作方式等因素确定，在一般情况下，可取下列计算倍数：

(1) 对地内过电压：

35～60kV 及以下（非直接接地）系统	$4.0U_{xg}$❶
110～220kV（直接接地）系统	$3.0U_{xg}$
330kV（直接接地）系统	$2.75U_{xg}$

(2) 相间内过电压：

3～220kV 系统宜取对地内过电压的 $1.3～1.4$ 倍；

330kV 系统宜取对地内过电压的 $1.4～1.5$ 倍。

676. 运行值班负责人认为调度员发布的调度指令有误时应如何执行？

答： 运行值班负责人认为调度员发布的调度指令不正确时，应立即向发布调度指令的值班调度员报告，由发布指令的值班调度员决定该调度指令的执行或撤消。如上级值班调度员重复他的指令时，接令值班人员必须迅速执行，如执行该指令确将危及人身、设备或电网安全时，则值班人员应拒绝执行，同时将拒绝执行的理由及改正指令内容的建议报告发令的值班调度员和本单位直接领导人。

677. 发电厂及变电所的负责人对调度员的指令有不同意见时应怎么办？

答： 发电厂及变电所的负责人，对上级调度机构的值班调度员发布的调度指令有不同意见时，只能向上级电网管理部门或上级调度机构指出，不得要求所属调度系统值班人员拒绝或者拖延执行调度指令；在上级电网管理部门或上级调度机构对其所提意见未作出答复前，接令的值班人员仍然必须按照上级调度机构的

---

❶ U_{xg}：最高运行相电压。

值班调度员发布的该调度指令执行；上级电网管理部门或上级调度机构采纳或者部分采纳所提意见，由该调度机构的负责人将意见通知值班调度员，由值班调度员更改调度指令并由其发布。

678. 在遇哪些情况时可以不待调度令自行处理？

答：属于调度管辖范围内的任何设备，未获相应调度机构值班调度员的指令，发电厂、变电所的值班人员均不得自行操作或者自行命令操作，但在电网出现紧急情况时，或者对人身、设备以及电网安全有威胁时，发电厂、变电所的值班人员可不待调度命令按照有关规定处理，处理后应立即报告有关调度机构的值班调度员。

679. 对拒绝执行调度指令，破坏调度纪律的行为怎样处理？

答：对拒绝执行调度指令，破坏调度纪律，有以下行为之一的调度机构应立即组织调查，并将结果提交电网管理部门处理：

（1）未经上级调度机构许可，不按照上级调度机构下达的发电、供电调度计划执行的。

（2）不执行有关调度机构批准的检修计划的。

（3）不执行调度指令和调度机构下达的保证电网安全措施的。

（4）不如实反映执行调度指令执行情况的。

（5）不如实反映电网运行情况的。

（6）调度系统的值班人员玩忽职守、徇私舞弊、以权谋私，尚不构成犯罪的。

680. 调度员发布的操作指令有哪几种？

答：调度员发布的操作指令有以下几种：

（1）单项操作令——值班调度员向值班人员发布的单——项操作指令。

（2）逐项操作令——值班调度员向值班人员发布的操作指令是具体的逐步操作步骤和内容，要求值班人员按照指令的操作步骤和内容逐项进行操作。

（3）综合操作令——值班调度员向值班人员发布的操作指

令，是综合的操作任务。其具体的逐步操作步骤和内容，以及安全措施，均由值班人员自行按规程拟订。

681. 对系统合环与解环操作有哪些要求？

答：（1）合环前必须确认相位一致。

（2）合环前应将电压差调整到最小，220kV 线路一般不超过额定电压的 20%，最大不超过额定电压的 30%，500kV 一般不超过额定电压的 10%，最大不超过额定电压的 20%。

（3）合环时，一般应经同期装置检定，功角差不大于 30°。

（4）解环前，应先检查解环点的有功、无功潮流，确保解环后系统各部分电压在规定范围内，任一设备不超过动稳极限及继电保护等方面的规定。

682. 线路的停送电操作有哪些规定？

答：（1）220kV 及以上线路停、送电操作时，都应考虑电压和潮流变化，特别注意使非停电线路不过负荷，使线路输送功率不超过稳定极限，停送电线路末端电压不超过允许值。对充电投入长线路时，应防止发电机自励磁及线路末端电压超过允许值。

（2）220kV 及以上线路检修完毕送电操作时，应采取相应措施，防止送电线路投入时发生短路故障，引起系统稳定破坏。

（3）对线路进行充电时，充电线路的开关必须至少有一套完备的继电保护，充电端必须有变压器中性点接地。

（4）线路停电解备时，应在线路两侧断路器断开后，先拉开线路侧隔离开关，后拉开母线侧隔离开关，确认两侧线路隔离开关已拉开后，然合上线路接地隔离开关。对于一个半开关接线的厂站，应先断开中间断路器，后断开母线侧断路器。

（5）线路送电时，首先应拆除线路上的安全措施，核实线路保护按要求投入后，再合上母线侧隔离开关，后合上线路侧隔离开关，最后合上线路断路器。一个半开关接线的厂站应先合母线侧断路器，后合中间断路器。

（6）线路解备时线路可能受电的各侧都应停止运行，在隔离开关拉开后，才允许在线路上作安全措施；反之在未拆除线路上的安全措施之前，不允许线路任一侧恢复备用。

(7) 检修后的相位可能变动的线路必须校对相位正确后，方能送电。

683. 为防止事故扩大，事故单位可不待调度指令进行哪些操作？

答：为防止事故扩大，事故单位可不待调度指令进行以下紧急操作：

(1) 将直接威胁人身安全的设备停电。

(2) 将事故设备停电隔离。

(3) 解除对运行设备安全的威胁。

(4) 恢复全部或部分厂用电及重要用户的供电。

684. 事故调查"三不放过"的原则是什么？

答：事故调查"三不放过"的原则是：

(1) 事故原因不清楚不放过；

(2) 事故责任者和应受教育者没有受到教育不放过；

(3) 没有采取防范措施不放过。

685. 发生哪些情况定为电力生产人身伤亡事故？

答：发生以下情况之一者定为电力生产人身伤亡事故：

(1) 职工从事与电力生产有关工作过程中发生的人身伤亡；

(2) 本企业聘用人员、雇佣或借用的外企业职工、民工和代训工、实习生、短期参加劳动的其他人员，本企业的车间、班组及作业现场，从事电力生产有关的工作过程中发生的人身伤亡；

(3) 职工在电力生产区域内，由于企业的劳动条件或作业环境不良，企业管理不善，设备或设施不安全，发生设备爆炸、火灾、生产建筑物倒塌等造成的人身伤亡；

(4) 职工在电力生产区域内，由于他人从事电力生产工作中的不安全行为造成的人身伤亡；

(5) 职工从事与电力生产有关的工作时，发生由本企业负同等及以上责任的交通事故而造成的人身伤亡；

(6) 职工或非本企业的人员在事故抢修中发生的人身伤亡；

（7）两个及以上企业在同一生产区域从事与电力生产有关的工作时，发生由本企业负同等及以上责任的本企业或非本企业人员的伤亡；

（8）非本企业领导的具备法人资格企业（不论其经济形式如何）承包与电力生产有关的工作中，发生人身伤亡本企业负以下责任的：资质审查不严，承包方不符合要求、开工前未对承包方进行全面安全技术交底、对危险性生产区域内作业未事先进行专门安全交底，未对承包方的安全措施进行审核以及审核合格后未监督实施。

686. 发生哪些情况定为电力生产特大设备事故？

答：发生以下情况定为电力生产特大设备事故：

（1）电力设备（包括设施）损坏，直接经济损失达1000万元者。

（2）生产设备、厂区建筑发生火灾，直接经济损失达100万元者。

（3）其他经国家电网公司认定为特大事故者。

687. 发生哪些情况定为电力生产重大设备事故？

答：未构成特大设备事故，符合下列条件之一者定为重大设备事故：

（1）电力设备、施工机械损坏，直接经济损失达300万元者。

（2）50MW及以上水轮发电机组，40天内不能修复或修复后不能达到原铭牌出力；或虽然在40天内恢复运行，但自事故发生日起3个月内该设备非计划停运累计时间达40天。

（3）220kV以上主变压器、输电线路、电抗器、组合电器（GIS）、断路器损坏，30天内不能修复或修复后不能达到原铭牌出力；或虽然在30天内恢复运行，但自事故发生日起3个月内该设备非计划停运累计时间达30天。

（4）符合下列条件之一的发电厂发生一次事故使2台及以上机组停止运行，并造成全厂对外停电：①发电机组容量

400MW 及以上的发电厂；②电网装机容量在 5000MW 以下，发电机组容量 100MW 以上的发电厂；③其他国电分公司、集团公司、省电力公司指定的发电厂。只有一条线路对外的发电厂，若该线路故障时断路器跳闸者除外。

（5）生产设备、厂区建筑物发生火灾，直接经济损失达 30 万元者。

（6）其他经国家电力公司或国电分公司、集团公司、省电力公司认定为重大事故者。

688. 发生哪些情况定为水电厂一般设备事故？

答：未构成特大、重大设备事故，符合下列条件之一者定为一般设备事故：

（1）发电设备和 35kV 及以上输变电设备（包括直配线、母线）的异常运行或被迫停止运行后引起了对用户少送电（热）。或停运当时虽没有对用户少送电（热），但在高峰负荷时，引起了对用户少送电（热）或电网限电。

（2）330kV 及以上输变电主设备被迫停止运行。

（3）发电机组、35～220kV 输变电主设备被迫停运，虽未引起对用户少送电（热）或电网限电，但时间超过 8h。

（4）发电机组和 35kV 及以上输变电主设备（包括直配线、母线）非计划检修、计划检修延期或停止备用，达到下列条件之一：

1）虽提前 6h 提出申请并得到调度批准，但发电机组停用时间超过 168h 或输变电设备停用时间超过 72h。

2）没有按调度规定的时间恢复送电（热）或备用。

（5）装机容量 400MW 以下的发电厂全厂对外停电。装机容量 400MW 及以上的发电厂或装机容量在 5000MW 以下的电网中的 100MW 及以上的发电厂，单机运行时发生的全厂对外停电。

（6）3kV 及以上发供电设备发生下列恶性电气误操作：带负荷误拉（合）隔离开关、带电挂（合）接地线（接地刀闸）、带接地线（接地刀闸）合断路器（隔离开关）。

（7）3kV 及以上发供电设备因以下原因使主设备异常运行或被迫停运：

1）一般电气误操作：误（漏）拉合断路器（隔离开关）；下达错误调度命令、错误安排运行方式、错误下达继电保护及安全自动装置定值或错误下达其投停命令；继电保护及安全自动装置（包括热工保护、自动保护）的误整定、误（漏）接线、误（漏）投或误停（包括压板）；人员误动、误碰设备。

2）热机误操作：误（漏）开、关阀门（挡板）；误（漏）投（停）辅机等。

3）监控过失：人员未认真监视、控制、调整等。

（8）设备、运输工具损坏，化学用品泄漏等，经济损失达到 10 万元及以上。

（9）由于水工设备、水工建筑损坏或其他原因，造成水库不能正常蓄水、泄洪或其他损坏。

（10）发供电设备发生下列情况之一：

1）50MW 及以上水轮机发电机组烧损轴瓦。

2）100MW 及以上发电机绝缘损坏。

3）120MVA 及以上变压器绕组绝缘损坏。

4）220V 及以上断路器、电压互感器、电流互感器、避雷器爆炸。

5）220kV 及以上线路倒杆塔。

（11）主要发供电设备异常运行已达到规程规定的紧急停止运行条件而未停止运行。

（12）生产设备、厂区建筑发生火灾，经济损失达 1 万元。

（13）其他经国电分公司、集团公司、省电力公司认定或本单位认定为事故者。

689. 发生哪些情况定为电力生产设备一类障碍？

答：未构成设备事故，符合下列条件之一者定为设备一类障碍：

（1）10kV（6kV）供电设备（包括直配线、母线）的异常运行或被迫停运引起了对用户少送电。

（2）发电机组、35~220kV输变电主设备被迫停运、非计划检修或停止备用。

（3）35~110kV断路器、电压互感器、电流互感器、避雷器爆炸，未造成少送电。

（4）110kV及以上线路故障，断路器跳闸后经自动重合闸重合成功。

（5）抽水蓄能机组不能按调度规定抽水。

（6）经上级管理部门或本单位认定为一类障碍者。

主要参考资料

1　李启荣编. 水电站机电设备运行与检修技术问答. 上、下册. 北京：中国电力出版社，2000.

2　钱振华. 电气设备倒闸操作技术问答. 第二版. 北京：中国电力出版社，2001.

3　刘文威编. 电业安全工作问答. 北京：中国电力出版社，2001.

4　华东电业管理局编. 电气运行技术问答. 北京：中国电力出版社，2000.

5　常兆堂，姜之琦，陈仲华编. 水轮机调节系统原理试验与故障处理. 北京：中国电力出版社，1995.